国家质量监督检验检疫总局 2017 年科研项目资金资助

光电直读光谱分析技术

周西林　叶反修
王娇娜　叶春晖　主编

北　京

冶 金 工 业 出 版 社

2020

内 容 简 介

　　本书介绍了光电直读光谱分析检测技术相关理论及仪器操作知识。全书由基础知识、光电直读光谱分析原理、仪器结构单元、仪器安装调试、仪器维护保养、样品制备、钢铁材料分析、铜及铜合金材料分析、铝及铝合金材料分析、其他金属基体材料分析、热处理工件分析、特殊样品分析 12 章组成。本书着重帮助各类分析测试人员解决实际工作中所遇到的疑难技术问题和经常容易混淆的基本概念。

　　本书可供学习化学分析专业知识的学生，化学检测分析学员，初级、中级、高级工业化学分析工以及工厂化验室岗位培训教师，理化检测中心、科研单位和大专院校等有关科技人员使用及参阅。

图书在版编目(CIP)数据

　　光电直读光谱分析技术/周西林等主编. —北京：冶金工业出版社，2019.1（2020.1 重印）
　　ISBN 978-7-5024-7960-2

　　Ⅰ.①光… Ⅱ.①周… Ⅲ.①光电直读光谱仪 Ⅳ.①TH744.11

　　中国版本图书馆 CIP 数据核字(2018)第 297811 号

出 版 人　陈玉千
地　　址　北京市东城区嵩祝院北巷 39 号　邮编　100009　电话　(010)64027926
网　　址　www.cnmip.com.cn　电子信箱　yjcbs@cnmip.com.cn
责任编辑　李培禄　美术编辑　吕欣童　版式设计　孙跃红
责任校对　石　静　责任印制　李玉山
ISBN 978-7-5024-7960-2
冶金工业出版社出版发行；各地新华书店经销；北京中恒海德彩色印刷有限公司印刷
2019 年 1 月第 1 版，2020 年 1 月第 2 次印刷
787mm×1092mm　1/16；16.5 印张；397 千字；253 页
65.00 元
冶金工业出版社　投稿电话　(010)64027932　投稿信箱　tougao@cnmip.com.cn
冶金工业出版社营销中心　电话　(010)64044283　传真　(010)64027893
冶金工业出版社天猫旗舰店　yjgycbs.tmall.com
　　　　　(本书如有印装质量问题，本社营销中心负责退换)

《光电直读光谱分析技术》
编 写 组

主　　编　周西林　叶反修　王娇娜　叶春晖

编写成员　（以姓氏笔画为序）：

王亚森　重庆市计量质量检测研究院

国家铝镁合金及制品监督检验中心（重庆）

王娇娜　重庆市计量质量检测研究院

国家铝镁合金及制品监督检验中心（重庆）

叶反修　无锡市金义博仪器科技有限公司

叶春晖　无锡市金义博仪器科技有限公司

任书川　重庆楚达机械有限公司

李启华　重庆长安工业（集团）有限责任公司

弥海鹏　重庆市计量质量检测研究院

国家铝镁合金及制品监督检验中心（重庆）

周西林　重庆市计量质量检测研究院

国家铝镁合金及制品监督检验中心（重庆）

前　言

　　光电直读光谱仪是快速分析金属固体试样的快速化学成分分析仪器。该仪器在近三十年的应用中，已广泛应用于冶金、机械、有色冶炼、兵工、汽车、造船及第三方检测机构等行业。为了适应生产企业现代化生产的快节奏，提高光谱分析人员的能力，提高光电直读光谱仪器分析的检测工作效率及质量，更好地为学习化学专业知识的学生、化学检测分析学员、工业化学分析工，以及工厂实验室、科研单位和大专院校等有关科技人员提供实实在在的经验借鉴，编者结合所学光电直读光谱专业知识，依据三十余年来生产及科研中光电直读光谱操作经验、相关最新实用国家标准资料、重庆市机械工程学会理化分会举办的光电直读光谱分析学术交流会及培训班教学经验等精心撰写而成此书。本书覆盖了光电直读光谱分析检测技术相关理论及仪器操作知识。书中采用法定计量单位，书末列有参考文献。全书由基础知识、光电直读光谱分析原理、仪器结构单元、仪器安装调试、仪器维护保养、样品制备、钢铁材料分析、铜及铜合金材料分析、铝及铝合金材料分析、其他金属基体材料分析、热处理工件分析、特殊样品分析12章组成。

　　本书主要由周西林、叶反修、王娇娜、叶春晖等作者共同撰写，其中周西林统稿，李启华修稿和审稿。

　　本书的编写工作分工如下：第1章：周西林（1.1、1.2）、王娇娜（1.3、1.4）、李启华（1.5、1.6）；第2章：周西林（2.2、2.4）、王娇娜（2.1）、弥海鹏（2.3）；第3章：周西林（3.1、3.5）、叶反修（3.2、3.3）、王娇娜（3.4）；第4章：周西林（4.1、4.4）、叶反修（4.2、4.3）；第5章：周西林（5.1~5.3）、叶反修（5.4~5.6）、叶春晖（5.7、5.8）；第6章：王娇娜（6.1~6.4）、周西林（6.5~6.8）；第7章：周西林（7.1、7.2）、叶反修（7.3、7.4）、叶春晖（7.5、7.6）；第8章：周西林（8.1、8.2）、叶反修（8.3、8.4）、叶春晖（8.5、8.6）；第9章：周西林（9.1、9.2）、叶反修（9.3、9.4）、任书川（9.5）；第10章：周西林（10.1、10.2）、叶反修（10.3、10.4）、叶春晖（10.5、10.6）、弥海鹏（10.7）；第11章：王亚森（11.1、11.2）、周西林（11.3、11.4）；第12章：周西林（12.1~12.3）、王

娇娜（12.4、12.5）。

　　本书由国家质量监督检验检疫总局科研项目（项目编号：2017QK031）资金资助，在编写过程中，重庆市计量质量检测研究院院长戚宁武先生、重庆市计量质量检测研究院副院长段飞先生、国家铝镁合金及制品监督检验中心（重庆）副主任于翔先生、重庆市计量质量检测研究院材料中心副主任云腾先生、重庆市机械工业理化计量中心主任叶建平先生、重庆钢铁股份有限公司钢研所标样室主任黄启波先生、重庆科技学院化工学院副教授姜和老师、重庆工业职业技术学院成人教育学院教授胡德声老师、重庆工业职业技术学院化学工程学院院长李应博士、重庆工业职业技术学院化学工程学院教授李芬老师等给予了大力支持和鼓励，在此一并致以衷心的感谢。由于编者水平有限，书中存在不足或遗漏之处，恳请广大读者批评指正，以利共同提高。

编　者

2018 年 6 月 30 日

重庆市计量质量检测研究院

目　录

1 基础知识

1.1 光谱基础

光谱学是光学的最重要分支之一。对它的研究可以追溯到 1666 年，牛顿把通过玻璃三棱镜的太阳光，分解成了按赤、橙、黄、绿、青、蓝、紫的顺序连续分布的色带（见图 1-1），从而发现了棱镜分光原理，证明了白光是由各种颜色的单色光组成的，后来又证实了光具有粒子性；另外，克里斯蒂安·惠更斯提出了光具有波动性理论。这可算是人们最早对光谱的研究历史。

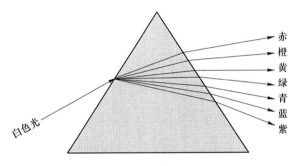

图 1-1　三棱镜分光原理

德国物理学家夫琅和费（1787～1826 年），采用狭缝研究玻璃对各种颜色光发生折射时，偶然发现了灯光光谱中的橙色双线；1814 年，发现太阳光谱中有许多暗线；1822 年，用钻石刻刀在玻璃上刻划细线的方法制成了衍射光栅。他是第一位用衍射光栅测量波长的科学家，被誉为光谱学的创始人。他利用自己的狭缝和光栅得以编排太阳光谱里 576 条狭窄的、暗的"夫琅和费线"。夫琅和费线是光谱中最早的基准标识，对这些暗线的解释，一直是其后 45 年中的一个重要问题。最后，海德堡大学的物理学教授基尔霍夫（1824～1887 年）给出了答案："夫琅和费线"与各种元素的原子发射谱线处于相同波长的位置。黑线的产生是由于处在太阳外层的原子温度较低，因而吸收了由较高温度的太阳核心发射的连续辐射中的某些特定波长造成的。这种吸收与发射之间的关系，促使他创建了现在众所周知的基尔霍夫定律。

什么是光谱？光谱就是电磁辐射，按照波长、波数或频率顺序排列的谱图，全称为光学频谱。国家标准 GB/T 14666—2003《分析化学术语》对波长（wavelength）的描述是：在周期波传播方向上，相位相同的两点间的距离。其符号为 λ，单位为米（m）。光谱，按外观形状可分为线状光谱、带状光谱和连续光谱；按能量传递方式可分为吸收光谱、发射光谱、荧光光谱和拉曼光谱；按电磁辐射的本质可分为原子光谱、分子光谱、X 射线能谱、γ 射线能谱等。

实用光谱学是由基尔霍夫与本生（1811～1899 年）于 19 世纪 60 年代发展起来的。

他们系统地研究了多种火焰光谱和火花光谱后提出：每一种元素的光谱都是独特的，并且只需极少量的样品便可得到。由此建立了光谱化学分析技术。

从广义上讲，各种电磁辐射都属于光谱，电磁波谱根据能量的高低排列：短波段的 γ 射线、X 射线以及紫外光、可见光、红外光至长波段的微波，见表 1-1。

表 1-1　电磁波谱与相关的光谱类型

电磁波区域	波长范围	光谱分析类型
γ 射线区	<0.005nm	穆斯堡尔光谱
X 射线区	0.005~10nm	X 射线荧光光谱
真空紫外区	10~200nm	原子光谱
近紫外区	200~400nm	
可见光区	400~780nm	
近红外光区	0.78~2.5μm	分子光谱
中红外光区	2.5~25μm	
远红外光区	25~1000μm	
微波区	1~1000mm	

在通常情况下，人们所谈到的光谱仅指光学光谱。从物质（固、液、气）加热或用光或用电激发时，得到三种类型的光谱。

线状光谱是由气体状态的原子或离子经激发而得到的，通常呈现分立的线状，所以称为线状光谱。就其产生方式而言，又可分为发射光谱（明线）和吸收光谱（暗线）两种，因此光谱分析又分为发射光谱分析和原子吸收光谱分析。如果是原子受到激发产生的光谱，称为原子光谱；如果是离子受到激发所产生的光谱，则称为离子光谱。

带状光谱是原子结合成分子发出的或两个以上原子的基团发出的，通常呈带状分布，是由分子光谱所产生的。如在光谱分析中采用的炭电极，在高温时碳与空气中的氮元素化合后生成氰（CN）分子，当氰（CN）分子在电弧中激发时产生的光谱称为氰带。

连续光谱是由白热化的固体发出的，是特定状态下的原子分子中发射出来的。所以，连续光谱是无限数目的线光谱或带光谱的集合体。

原子光谱是指原子受到激发后发射出许多不同波长的光，经色散后获得的光谱。每一种元素都有其本身的特征光谱。这就是鉴别某元素是否存在和测定其含量多少的基础。原子光谱属于线状光谱，是元素的固有特征。光谱激发处于基态的原子或离子获得足够的能量后，从低能态跃迁到高能态（激发态），这种激发态的原子或离子极不稳定，它瞬间向低能态跃迁而辐射出特征光谱，这个过程称为光谱激发。光谱激发主要有热激发、电激发和光激发三类。热激发光源，是指无规则热运动，使粒子（分子、原子、离子）相互碰撞获得能量而激发发光，经典光源基本都属于热激发光源。电激发光源，是指在外电场作用下作定向加速运动的带电粒子与中性原子碰撞，使原子激发发光，如空心阴极光源就是电激发光源。光激发光源，是指原子或分子吸收光能激发发光，光泵激光就是光激发光源。按光源的放电特性，光激发光源分为：常压下的气体放电光源、辉光放电光源、等离子体光源等。发射光谱（emission spectrum）是指物质在光源激发下发射出的光谱，可分为三类：由灼热的固体所产生的连续光谱、由被激发的分子发射的带状光谱、由被激发的原子或离子发射的线状光谱。

仪器分析（instrumental analysis）就是使用光、电、电磁、热、放射能等测量仪器进行的分析方法。仪器分析法（instrumental analysis method）是采用仪器设备，通过测量物质的某些物理或物理化学性质的参数及其变化来确定试样的组成、含量及结构的一类分析方法。光谱分析是根据物质的光谱来鉴别物质及确定它的化学组成和相对含量的方法。其优点是灵敏、快速。历史上曾通过光谱分析发现了许多新元素，如铷、铯、氦等。根据分析原理，光谱分析可分为发射光谱分析与吸收光谱分析两种。根据被测成分的形态，可分为原子光谱分析与分子光谱分析。光谱分析的被测成分是原子的称为原子光谱，被测成分是分子的则称为分子光谱。发射光谱分析，是根据被测原子或分子在激发状态下发射的特征光谱的强度计算其含量。在分析化学学科中，光谱分析法是仪器分析法中最重要的分支之一。

原子发射光谱法的全称是"atomic emission spectrometry"，简称 AES，是在一定条件下，根据原子或离子受到激发后自发发射的特征光谱的波长、强度，对元素进行定性、定量分析的方法。在电弧、火花、等离子体等激发光源的作用下，试样转变为气态原子，并使其外层电子激发至高能级，当它从高能级跃迁回到基态或其他较低能级时，原子发射出特征光谱线，经色散后可用照相或光电方法将谱线记录下来。根据各元素具有特征的线状光谱是否存在进行元素的定性检测；根据谱线强度的大小进行定量分析。实际上，原子发射光谱是被激发的原子或离子发射的线状光谱。

光谱仪（spectrometer）是利用一些部件和光学系统，将光辐射按波长分列，并用适当的接收器接收不同波长的光辐射的仪器。利用光谱仪获得的元素特征波长信息，可以定性判断样品中是否含有该元素；通过元素特征谱线的强度可以定量计算该元素含量，即利用一系列标样制定工作曲线，对比待测试样和工作曲线坐标上的强度，得到待测试样中元素的含量。原子发射光谱仪（atomic emission spectrometer）是用于原子发射光谱分析的测量仪器。其工作原理是，利用色散元件和光学系统将被分析物质发射的光谱按不同的波长分开排列，然后加以记录和测量。光谱分析所用仪器包括激发光源和光谱仪两大部分。常用的激发光源有：电弧、电火花、电感耦合高频等离子体。光谱仪由光源系统、分光色散系统、记录测量系统组成。常见的原子发射光谱仪器有：火花/电弧源原子发射光谱仪、电感耦合等离子体原子发射光谱仪（ICP－AES）、辉光放电原子发射光谱仪（GD－AES）等。根据所用色散元件的不同，可分为两类：棱镜光谱仪、光栅光谱仪。

火花源直读光谱仪是原子发射光谱仪。它主要通过测量样品被激发时发出代表各元素的特征光谱（发射光谱）的强度而对样品进行定量分析。国家标准 GB/T 14666—2003《分析化学术语》中，将火花源原子发射光谱法称为"光电直读光谱法"，其相对应的光谱仪为"光电直读光谱仪"。

根据光栅所处的环境不同，光电直读光谱仪可分为真空型和非真空型直读光谱仪。其中，非真空型直读光谱仪又可分为空气型直读光谱仪和充惰性气体型直读光谱仪。空气型直读光谱仪的工作波长范围在近紫外区和可见光区，无法测定真空紫外波段的碳、磷、硫、砷等元素含量。充惰性气体型直读光谱仪和真空型光电光谱仪，工作波长扩展至远真空紫外 120.0nm，可利用这个波段检测氮、磷、碳、硫等元素含量。

根据仪器的结构不同，光电直读光谱仪又可分为通道型光电直读光谱仪（见图 1-2）、全谱型光电直读光谱仪（见图 1-3）、通道＋全谱型光电直读光谱仪（见图 1-4）。其中，通道型光电直读光谱仪采用光电倍增管作为检测器；全谱型光电直读光谱仪采用固态检测器（如 CCD）作为检测器；通道＋全谱型光电直读光谱仪联合采用光电倍增管和固态检测器。

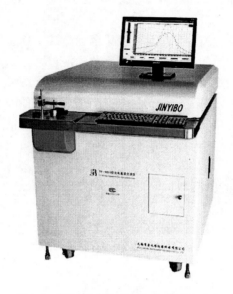

图 1-2　　TY-9610 通道型光电直读光谱仪

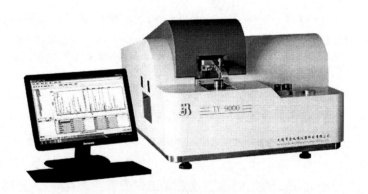

图 1-3　　TY-9000 全谱型光电直读光谱仪

图 1-4　　SPECTRO LAB 通道＋全谱型光电直读光谱仪

1.2 专业基础术语

对于原子光谱仪器来说，仪器灵敏度和检出限是比较重要的，它是衡量一个仪器是否可靠的标准。光电直读光谱仪也不例外，它们同样也是衡量仪器是否可靠的重要指标。

(1) 灵敏度（sensitivity）：国家标准 GB/T 4470—1998《火焰发射、原子吸收和原子荧光光谱分析法术语》中对灵敏度的描述是：在一定浓度时，灵敏度为测定值的增量（ΔX）与相应的待测元素浓度的增量（ΔC）之比，其计算公式如下：

$$S = \frac{\Delta X}{\Delta C}$$

国家标准 GB/T 13966—2013《分析仪器术语》中对灵敏度的描述是：对于非线性响应的仪器，灵敏度则为输出量对输入量的导数，即：

$$S = \frac{\mathrm{d}R}{\mathrm{d}Q}$$

式中　R——输出量；

　　　Q——输入量。

综上所述，灵敏度就是指被测组分的单位浓度或含量的变化可以引起分析信号的显著变化。在光电直读光谱法的工作曲线上，灵敏度相当于标准曲线的斜率，曲线斜率越大，则灵敏度越高。因此工作曲线的斜率是很重要的，较高的斜率，对提高分析准确度是有利的。在光电直读光谱法中，要获得较高灵敏度，首先在曝光试验中，静态测光强度的相对标准偏差要控制在 0.2% 以内。其曝光试验，就是在光栅前有一个疲劳灯作光源试验，它是考核光电倍增管和放大器采集系统的精密度的重要实验。其次，色散系统的信噪比要大、激发光源的激发稳定性要高。最后，样品中各元素成分的分布要求均匀、共存元素之间的干扰要求消除、标样与样品之间热处理状态要求一致。

(2) 检出限（detection limit，DL）：国家标准 GB/T 4470—1998《火焰发射、原子吸收和原子荧光光谱分析法术语》中对检出限的定义是：以适当的置信度检出的待测元素的最小浓度或最小量。它是用其强度或吸光度接近于空白（显然是可检测的溶液），经若干次重复测定所得强度或吸光度标准偏差的 K 倍求出的量（K 一般取 2 或 3）。检出限也可以用元素的绝对量表示。

仪器检出限是在一定的置信范围内，能与仪器噪声相区别的最小检测信号对应的浓度值。它是仪器在工作条件下本身存在着噪声导致测量读数发生漂移和波动而引起的。它是反映测量仪器信噪比和检出灵敏度的指标，可用相对标准偏差来衡量。在光电直读光谱仪中，检出限检定如下：

在仪器正常工作条件下，连续 10 次激发纯铁（空白）光谱分析标准物质，以 10 次空白值标准偏差的 3 倍所对应的含量为检出限，以% 表示，其计算公式如下：

$$DL = \frac{3s}{b}$$

式中　DL——每个元素的检出限；

　　s——标准偏差；

　　b——工作曲线斜率。

　　（3）分辨率（resolution）：国家标准 GB/T 4470—1998《火焰发射、原子吸收和原子荧光光谱分析法术语》中对分辨率的定义是：仪器分开邻近的两条谱线的能力。当两条谱线间最低点的辐射通量与两谱线中较强者的辐射通量之比小于或等于 80% 时，即可认为两条谱线被分开。但此比值仅适用于两条谱线强度相近的情况。分辨率可用该两个波长的平均值（λ）与两个波长之最小差值（$\Delta\lambda$）的比值（$\lambda/\Delta\lambda$）来表示。

　　分辨率是分析仪器的一个重要的性能指标。就光谱仪器而言，光谱分辨率也是考核仪器性能的一个重要指标。国家标准 GB/T 13966—2013《分析仪器术语》中对光谱分辨率的规定是：两条谱线能分开的程度，一般用光谱带宽表示，其计算公式为：

$$\frac{\lambda}{\Delta\lambda} = \frac{\nu}{\Delta\nu}$$

式中　λ——辐射波长；

　　　$\Delta\lambda$——光谱波长带宽；

　　　ν——辐射频率；

　　　$\Delta\nu$——光谱频率带宽。

　　（4）共振线（resonance line）：

　　1）由激发态直接跃迁至基态时原子所辐射的谱线。由第一激发态直接跃迁至基态时所辐射的谱线称为第一共振线。

　　2）对应于共振能级与基态间跃迁的谱线。

　　（5）基态（ground state）：

　　1）自由原子、离子或分子内能最低的能级状态。通常将此能级的能量定为零（GB/T 4470—1998《火焰发射、原子吸收和原子荧光光谱分析法术语》）。

　　2）自由原子、离子或分子内能最低的能级状态。通常将此能级的能量定为零（GB/T 14666—2003《分析化学术语》）。

　　（6）激发态（excited state）：原子从基态获得足够的能量跃迁到较高的能态，这种较高的能态称为激发态。

　　（7）分析线对（analytical）：分析线和内标线组成的具有均称性的一对谱线。一般也可称为均称线对。

　　（8）光谱最后线（persistent line）：当试料中元素的含量逐渐降低时，光谱线的数目亦相应地减少。含量进一步降低时，最后消失的谱线称为该元素的光谱最后线。

　　（9）灵敏线（sensitive line）：一般指激发电位较低的谱线，其强度较大。

　　（10）罗马金-赛伯公式（Lomakin-Scheibe equation）：光谱定量分析所依据的经验公式为：

$$I = ac^b$$

式中　I——试料中浓度为 c 的元素的分析线强度；

　　　c——浓度；

　　　a——常数；

　　　b——自吸系数。

（11）谱线干扰（spectral line interference）：另一元素的谱线重叠或部分重叠在被测元素的分析线或内标线上的现象。

（12）（原子的）谱线（spectral line (of atom)）：经历一次电磁跃迁的原子所发射或吸收的电磁辐射，其频带非常狭窄。此辐射形成为一个峰，用峰值波长来表征谱线，并对应于发射或吸收谱线轮廓的最大值。原子的跃迁谱线和离子的跃迁谱线应予区别，如 Ba 原子跃迁谱线为 Ba I 553.5nm 和 557.8nm；Ba 离子跃迁谱线为 Ba II 455.4nm。

注：术语"谱线"来源于用分光镜观察所得原子光谱，其不同的波长呈现为狭缝的单色图像。

（13）光栅公式（grating formula）：复色光以一定的角度入射到光栅上，经过光栅分光后，在不同的衍射角方向有不同的波长，可用公式（即光栅公式）表示：

$$m\lambda = d(\sin\alpha + \sin\beta)$$

式中　α——入射角；

　　　β——衍射角；

　　　d——光栅相邻两刻线间距离，称为光栅常数，又为衍射光的波长；

　　　m——光谱级。

此公式对平面或凹面、反射式或透射式光栅都适用。

（14）光谱级（spectral order）：光栅公式 $m\lambda = d(\sin\alpha + \sin\beta)$ 中的 m 称为光谱级，m 可以取 0，±1，±2，…。$m=0$，称零级光谱（此时光栅相当于反射镜，无分光作用）；$m=\pm 1$，称一级光谱；其余类推。

（15）光栅闪耀（blaze of grating）：光栅刻槽截面呈三角槽形，起衍射作用的槽面是光滑的平面，它与光栅的宏观表面成一角度，此角称为闪耀角。欲使衍射的某一波长的光具有最大强度，须使此波长的衍射光方向恰巧是槽面反射的方向，此时即称为光栅闪耀，而该波长称为闪耀波长。

（16）光谱范围（spectral range）：仪器可使用的波长范围。该范围主要取决于光源、波长选择器的光学元件和检测器。

（17）光谱带宽（spectral bandwidth）：除非另有规定，光谱带宽一般是参照通带轮廓而定义的，如同谱线半强宽度是参照发射谱线轮廓而定义一样。

（18）基体效应（matrix effect）：在许多用棒状或块状样品的金属或合金的分析工作中，常选用基体元素作内标，例如做钢铁分析时，可以铁作为内标元素。当分析简单的合金时，样品中的基体元素含量很大，并且它的含量变化也很小，因此，对于不同的样品，可以认为基体元素谱线的强度是不变的。然而，当进行复杂合金或高合金钢的分析时，假如仍然用基体元素作内标，就必须考虑基体含量变化的影响。当基体元素含量小于 95% 时，就必须注意这个问题。基体校正考虑两种情况：

1）如分析的复杂合金或高合金钢中分析的合金元素含量变化不大，则基体元素含量虽然降低，但变化仍不大，仍可视为常数。

2）若合金元素含量变化很大，以致基体元素含量变化也很大，就必须用基体校准的方法进行分析。

要做好基体校准必须：

1）全部主要元素必须一一列出，否则其总和有误。

2）每一个通道应处于良好的工作状态。

3）为了计算方便，基体浓度必须分析出来，或者从 100% 中减去全部已知元素浓度。

（19）暗电流（漏电流）（drak current（leakagecurrent））：没有光照射在光阴极上时，光电倍增管存在的输出电流。这是由光阴极表面的热电子发射及电极间所加电压产生的电流造成的。

1.3 标准方法

GB/T 20000.1—2014《标准化工作指南 第 1 部分：标准化和相关活动的通用术语》中，对标准的规定是：通过标准化活动，按照规定的程序协商一致制定，为各种活动或其结果提供规则、指南或特性，供共同使用和重复使用的文件。在该规定中，标准宜以科学、技术和经验的综合成果为基础。规定的程序指制定标准的机构颁布的标准制定程序。我国公认机构有：国家质量监督检验检疫总局（现：国家市场监督管理总局）、国家标准化管理委员会、国家安全生产监督管理总局（现：中华人民共和国应急管理部）、工业和信息化部等。

在我国，按照标准审批权限和作用范围可分为国家标准、行业标准、地方标准和企业标准。其中国家标准由国务院标准化行政主管部门国家市场监督管理总局与国家标准化管理委员会（属于国家市场监督管理总局管理）制定（编制计划、组织起草、统一审批、编号、发布）。

国家标准在全国范围内适用，其他各级别标准不得与国家标准相抵触。国家标准的编号由国家标准的代号、国家标准发布的顺序号和国家标准发布的年号（发布年份）构成。GB 代号国家标准含有强制性条文及推荐性条文，当全文强制时不含有推荐性条文；GB/T 代号国家标准为全文推荐性。具体情况见图 1-5、图 1-6。

图 1-5   强制性国家标准代号

图 1-6   推荐性国家标准代号

行业标准由国务院有关行政主管部门制定，它在全国某个行业范围内适用。如化工行业标准（代号为 HG）、石油化工行业标准（代号为 SH）由国家石油和化学工业局制定，建材行业标准（代号为 JC）由国家建筑材料工业局制定。行业标准代号详细情况见表 1-2。标准代号见图 1-7、图 1-8。

表 1-2 行业标准代号

序号	行业名称	行业标准代号	序号	行业名称	行业标准代号
1	教育	JY	30	金融系统	JR
2	医药	YY	31	劳动和劳动安全	LD
3	煤炭	MT	32	民工民品	WJ
4	新闻出版	CY	33	核工业	EJ
5	测绘	CH	34	土地管理	TD
6	档案	DA	35	稀土	XB
7	海洋	HY	36	环境保护	HJ
8	烟草	YC	37	文化	WH
9	民政	MZ	38	体育	TY
10	地质安全	DZ	39	物资管理	WB
11	公共安全	GA	40	城镇建设	CJ
12	汽车	QC	41	建筑工业	JG
13	建材	JC	42	农业	NY
14	石油化工	SH	43	水产	SC
15	化工	HG	44	水利	SL
16	石油天然气	SY	45	电力	DL
17	纺织	FZ	46	航空	HB
18	有色冶金	YS	47	航天	QJ
19	黑色冶金	YB	48	旅游	LB
20	电子	SJ	49	商业	SB
21	广播电影电视	GY	50	商检	SN
22	铁路运输	TB	51	包装	BB
23	民用航空	MH	52	气象	QX
24	林业	LY	53	卫生	WS
25	交通	JT	54	地震	DB
26	机械	JB	55	外经贸	WM
27	轻工	QB	56	海关	HS
28	船舶	CB	57	邮政	YZ
29	通信	YD			

图 1-7 强制性行业标准代号

图 1-8　推荐性行业标准代号

　　地方标准是指在某个省、自治区、直辖市范围内需要统一的标准。《标准化法》规定："没有国家标准和行业标准而又需要在省、自治区、直辖市范围内统一的工业产品的安全卫生要求，可以制定地方标准。地方标准由省、自治区、直辖市标准化行政主管部门制定，并报国务院标准化行政主管部门和国务院有关行政部门备案。在公布国家标准或者行业标准之后，该项地方标准即行废止。"下级标准必须遵守上级标准，只能在上级标准允许的范围内作出规定。下级标准的规定不得宽于上级标准，但可以严于上级标准。地方标准编号由地方标准代号、标准顺序号和发布年号组成。根据《地方标准管理办法》的规定，地方标准代号由汉语拼音字母"DB"加上省、自治区、直辖市行政区划代码（见表 1-3）前两位数字加斜线再加顺序号组成强制性地方标准代号。如 DB××/×××（顺序号）—××××（年号）或 DB××/T ×××（顺序号）—××××（年号），见图 1-9、图 1-10。

表 1-3　省、自治区、直辖市行政区划代码

名　　称	代　　码	名　　称	代　　码
北京市	110000	湖北省	420000
天津市	120000	湖南省	430000
河北省	130000	广东省	440000
山西省	140000	广西壮族自治区	450000
内蒙古自治区	150000	海南省	460000
辽宁省	210000	四川省	510000
吉林省	220000	贵州省	520000
黑龙江省	230000	云南省	530000
上海市	310000	西藏自治区	540000
江苏省	320000	重庆市	550000
浙江省	330000	陕西省	610000
安徽省	340000	甘肃省	620000
福建省	350000	青海省	630000
江西省	360000	宁夏回族自治区	640000
山东省	370000	新疆维吾尔自治区	650000
河南省	410000	中国台湾	710000

　　企业标准是指没有国家标准、行业标准和地方标准的产品，企业应当制定相应的企业标准，企业标准应报当地政府标准化行政主管部门和有关行政主管部门备案。企业标准一

图 1-9　强制性地方标准代号

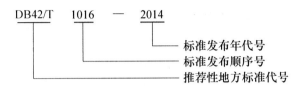

图 1-10　推荐性地方标准代号

经制定颁布，即对整个企业具有约束性，是企业法规性文件，没有强制性企业标准和推荐性企业标准之分。按照国际惯例以及我国标准化法的规定，企业标准的水平和严格程度应当高于它的上级标准。即一种产品如果执行企业标准，意味着其质量要求严于国家标准的要求。企业标准的代号由汉字"企"大写拼音字母"Q"加斜线再加企业代号组成，企业代号可用大写拼音字母或阿拉数字或两者兼用所组成。企业代号按中央所属企业和地方企业分别由国务院有关行政主管部门或省、自治区、直辖市政府标准化行政主管部门会同同级有关行政主管部门加以规定。企业标准代号示例见图1-11。

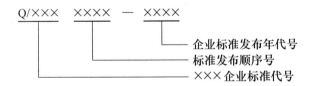

图 1-11　企业标准代号

　　标准按表达形式可分为文件标准和实物标准；按约束力可分为强制性标准和推荐性标准（强制性国家标准的代号为GB，推荐性国家标准的代号为GB/T）；按成熟程度可分为正式标准和试行标准。国家标准分类按照标准化对象，通常把标准分为技术标准、管理标准和工作标准三大类。技术标准是对标准化领域中需要协调统一的技术事项所制定的标准，包括基础标准、产品标准、工艺标准、检测试验方法标准，以及安全、卫生、环保标准等。管理标准是对标准化领域中需要协调统一的管理事项所制定的标准。工作标准是对工作的责任、权利、范围、质量要求、程序、效果、检查方法、考核办法所制定的标准。

　　我国国家标准的编号，由国家标准的代号、国家标准发布的顺序号、标准发布的年号构成。对于分析人员来说，接触最多的标准是方法标准，又称标准方法或检测标准，它是通用性的方法，可分为两类：第一类是以试验、检查、分析、抽样、统计、计算、测定和作业等方法为对象制定的标准。如试验方法、检验方法、分析方法、测定方法、抽样方法、工艺方法、生产方法、操作方法等项标准。第二类是合理生产优质产品，并在生产、作业、试验、业务处理等方面为提高效率而制定的标准。标准方法是一种经过全面研究的方法，它可清楚而严密地说明所需工作条件和操作步骤，适用于对物质一种或多种特性值进行测量。该方法业经证明具有与其用途相称的精密度与准确度。因此该方法适用于对标准物质进行鉴定，也可以用来评价测量同一物质所使用的其他方法的准确度。它不一定是技术上最先进、准确度最高的方法；是经过试验获得充分可靠的数据，并经过专家严格论证的成熟方法，也就是通常所说的权威分析方法。由于制定一个标准方法，经历时间较长，花费较大，因此标准方法对于实际应用来说是比较落后的。标准化组织一般每隔五年对已有的标准进行修订。

目前，在我国涉及光电直读光谱法的标准方法有 20 项，它们由国家标准、行业标准和出入境检疫行业标准组成。其检测对象覆盖了碳素钢和中低合金钢、不锈钢、铸铁、生铁、铝及铝合金、铜及铜合金、黄铜、阴极铜、锌、锌及锌合金、镁及镁合金、镁稀土合金、铅及铅合金、金、银、电子电气产品、锡铅焊料等金属材料。

其中钢铁类的标准方法有 4 项，分别是碳素钢和中低合金钢、不锈钢、铸铁、生铁；铝及铝合金 1 项；铜类的标准方法有 3 项，分别是铜及铜合金、黄铜、阴极铜；锌类的标准方法有 3 项，分别是锌、锌及锌合金；镁类的标准方法有 3 项，分别是镁及镁合金、镁稀土合金；其余类金属都是单项标准方法。其详细情况如下：

（1）YS/T 482—2005《铜及铜合金分析方法　光电发射光谱法》；

（2）YS/T 631—2007《锌分析方法　光电发射光谱法》；

（3）GB/T 11170—2008《不锈钢　多元素含量的测定　火花放电原子发射光谱法（常规法）》；

（4）SN/T 2083—2008《黄铜分析方法　火花原子发射光谱法》；

（5）GB/T 4103.16—2009《铅及铅合金化学分析方法　第 16 部分：铜、银、铋、砷、锑、锡、锌量的测定　光电直读发射光谱法》；

（6）GB/T 11066.7—2009《金化学分析方法　银、铜、铁、铅、锑、铋、钯、镁、锡、镍、锰和铬量的测定　火花原子发射光谱法》；

（7）GB/T 13748.21—2009《镁及镁合金化学分析方法　第 21 部分：光电直读原子发射光谱分析方法测定元素含量》；

（8）GB/T 24234—2009《铸铁　多元素含量的测定　火花放电原子发射光谱法（常规法）》；

（9）GB/T 26042—2010《锌及锌合金分析方法　光电发射光谱法》；

（10）SN/T 2003.6—2010《电子电气产品中铅、汞、镉、铬的定性筛选方法　第 6 部分：火花源发射光谱法》；

（11）SN/T 2260—2010《阴极铜化学成分的测定　光电发射光谱法》；

（12）SN/T 2489—2010《生铁中铬、锰、磷、硅的测定　光电发射光谱法》；

（13）SN/T 2785—2011《锌及锌合金光电发射光谱分析法》；

（14）SN/T 2786—2011《镁及镁合金光电发射光谱分析法》；

（15）YS/T 959—2014《银化学分析方法　铜、铋、铁、铅、锑、钯、硒和碲量的测定　火花原子发射光谱法》；

（16）GB/T 7999—2015《铝及铝合金光电直读发射光谱分析方法》；

（17）SN/T 4116—2015《锡铅焊料中锡、铅、锑、铋、银、铜、锌、镉和砷的测定 光电直读发射光谱法》；

（18）YS/T 1036—2015《镁稀土合金光电直读发射光谱分析方法》；

（19）GB/T 4336—2016《碳素钢和中低合金钢 多元素含量的测定 火花放电原子发射光谱法（常规法）》，GB/T 4336—2016/XG1—2017《碳素钢和中低合金钢 多元素含量的测定 火花放电原子发射光谱法（常规法）》国家标准第 1 号修改单；

（20）GB/T 10574.14—2017《锡铅焊料化学分析方法 第 14 部分：锡、铅、锑、铋、银、铜、锌、镉和砷量的测定 光电发射光谱法法（常规法）》。

另外，还有与光电直读光谱法有关的检定规程、规范、规则和通则 4 项，具体内容如下：

（1）JJG 768—2005《发射光谱仪检定规程》；

（2）CSM 01 01 01 05—2006《火花源发射光谱法测定低合金钢测量结果不确定度评定规范》；

（3）YB/T 4144—2006《建立和控制光谱化学分析工作曲线规则》；

（4）GB/T 14203—2016《火花放电原子发射光谱分析法通则》。

1.4 标准物质

标准物质是测量溯源中重要的一类计量器具。同时它也是国家标准的一部分，属于实物标准，具有一种或多种特性值，并建立了溯源性的程序，使之可溯源到准确复现的用于表示该特性值的计量单位，而且每个标准值都附有给定置信水平的不确定度。JJF 1005—2016《标准物质通用术语和定义》中，标准物质（reference material，RM）是指具有足够均匀和稳定特性的物质，其特性被证实适用于测量中或标称特性检查中的预期用途。有证标准物质（certified reference material，CRM）是指附有权威机构发布的文件，提供使用有效程序获得的具有不确定度和溯源性的一个或多个特性量值的标准物质。另外需特别注意，由最新标准物质的定义可以看出，标准物质既可用于定量分析，也可以用于定性检查。

GB/T 13966—2013《分析仪器术语》中对标准物质的定义是：具有足够的准确度，以校准或检定仪器、评定测量方法或给其他物质赋值的物质。由此可见，标准物质可以普通物质的三种基本状态出现，即可以是纯粹的或混合的气体、液体或固体；其化学成分可以是以任何元素的任意含量组合，并且高度均匀、性能稳定、量值准确。

GB/T 15000.2—1994《标准样品工作导则（2）标准样品常用术语及定义》中对标准样品（standard sample）的定义是：具有足够均匀的一种或多种化学的、物理的、生物学的、工程技术的或感官等的性能特征，经过技术鉴定，并附有说明有关性能数据证书的一批样品。根据国家实物标准暂行管理办法《国家标准局 1986 年 1 月 2 日国标发（1986）004 号文件发布》，国家实物标准（称为标准样品）是国家标准化组织适用于与文字标准有关的以实物形态出现的国家实物标准的管理。在国际上只有标准物质一说，在我国有标准物质和标准样品之分，实际上两种物质对于研制工作者来说，其研制程序是相同的，对其内在质量要求也是一样的；对于使用者而言，其作用也是相同的，均是作为一种标准，所不同的是管理的程序不同，分别所属不同的管理机构。我国计量工作者将其称为"标准物质"，又简称为"标物"；标准化工作者将其称为"标准样品"，又简称为"标样"。

　　无论标准物质，还是标准样品，都要涉及标准值（certified value）这个概念。那什么又是标准值呢？GB/T 15000.2—1994《标准样品工作导则（2）标准样品常用术语及定义》中规定：标准值为经过技术上有效的程序鉴定，并有证书或随同标准样品所附的其他文件上所确认的数值。GB/T 17433—2014《冶金产品化学分析基础术语》中规定：标准值就是指标准物质证书中给出的，由定值部门确定的具有确定准确度的标准物质特性量值。由此可见，标准物质经过技术上有效的程序所获得的信息都是以证书的形式表现出来的。从法律上来讲，标准物质或标准样品必须是有证的，也就是说必须是"有证标准物质"或"有证标准样品"。

　　有证标准样品（CRM）是指具有一种或多种性能特征，经过技术鉴定，附有说明上述性能特征的证书，并经国家标准化管理机构批准的标准样品。标准物质或标准样品证书就好比产品的合格证，它必须包含以下信息：（1）标准物质生产者名称、地址；（2）标准物质的名称、物理性质或化学形态；（3）标准物质的样品编号、批号和证书编号；（4）标准物质的生产日期、发布日期、定值日期和有效期限；（5）特性量值（主要是化学成分值）及其不确定度；（6）定值实验室（单位）及其程序；（7）特性量值溯源至基本单位的信息。

　　标准物质或标准样品都是一种实物标准。其特点首先是化学成分稳定均匀，并有准确的标准量值，其次是标准量值只与物质的性质有关，与物质的数量和形状无关。其实际应用有五个方面：（1）用于评价测量方法和测量结果的准确度；（2）用作校准各种测试仪器；（3）作为分析的标准，研究及验证标准分析方法和建立新方法；（4）用于分析质量控制及质量保证计划；（5）用于仲裁分析依据。标准物质是给被测参数赋值的标尺，它可以对一种或多种特性值进行溯源，是数据准确性决定因素之一。标准物质应溯源到 SI 测量单位或有证标准物质。如果无法溯源到 SI 单位时，要求能够溯源到标准方法。在有效期内，有证标准物质的特性量值一旦被确定，它们就会被贮存在有证标准物质中，其不确定度越小越好。当有证标准物质从一地发送到另一地时，就像测量仪器的传递，其量值也被传递了。在使用时，标准物质必须尽可能地与被测样品基体相近，以便消除基体效应，同时对标准物质和被测样品的分析步骤应该相同，可减少或者避免分析时引起误差。最后，分析人员要注意，不要混淆标准物质和化学试剂这两个概念。标准物质可以是高纯的化学试剂，但是高纯试剂不一定就是标准物质，只有符合标准物质的基本特征并具有相应的标准证书的高纯化学试剂才能成为标准物质。

　　国际实验室认可合作组织（ILAC）根据标准物质的特性将它分为五大类，分别是：

　　（1）化学成分类：标准物质，纯的化合物或是有代表性的基体样品，天然的或添加（被）分析物的（如用作农药残留分析的添加了杀虫剂的动物脂肪），以一种或多种化学或物理化学特性值表征。

　　（2）生物和临床特性类：与目录 A 相似的标准物质，但以一种或多种生化或临床特性值表征，如酶活性。

　　（3）物理特性类：以一种或多种物理特性值表征的标准物质，如熔点、黏性和密度。

　　（4）工程特性类：以一种或多种工程特性值表征的标准物质，如硬度、拉伸强度和表面特性。

（5）其他特性。

目前，我国是按照"计量法"和"标准物质管理办法"的规定，将标准物质作为计量器具实施法制管理。大体上分为三类：化学成分类、物理性质类和工程类。另外，国际标准化组织标准物质委员会（ISO/REMCO）按专业学科将标准物质分为 17 类。它们分别是：（1）地质学；（2）核材料、放射性材料；（3）有色金属；（4）塑料、橡胶、塑料制品；（5）生物、植物、食品；（6）临床化学；（7）石油；（8）有机化工产品；（9）物理学和计量学；（10）物理化学；（11）环境；（12）黑色金属；（13）玻璃、陶瓷；（14）生物医学、药物；（15）纸；（16）无机化工产品；（17）技术和工程。我国按照这种方式将标准物质分为 13 个大类：钢铁成分分析标准物质（01）、有色金属及金属中气体成分分析标准物质（02）、建材成分分析标准物质（03）、核材料成分分析与放射性测量标准物质（04）、高分子材料特性测量标准物质（05）、化工产品成分分析标准物质（06）、地质矿产成分分析标准物质（07）、环境化学分析标准物质（08）、临床化学分析与药品成分分析标准物质（09）、食品成分分析标准物质（10）、煤炭、石油成分分析和物理特性测量标准物质（11）、工程技术特性测量标准物质（12）、物理特性与化学特性测量标准物质（13）。目前，大部分标准物质都是化学成分类，与光电直读光谱法有关的标准物质是钢铁成分分析标准物质（01）、有色金属及金属中气体成分分析标准物质（02）。

标准物质可分为两个级别。一级标准物质代号为 GBW，即汉语拼音中 Guo（国）、Biao（标）、Wu（物）三个字的字头（见图 1-12）；二级标准物质代号为 GBW(E)，即汉语拼音中 Guo、Biao、Wu 三个字的字头 GBW 加上二级的汉语拼音中 Er（二）字的字头 E，并以小括号括起来（见图 1-13）。它们都符合有证标准物质的定义。一级标准物质是由国家权威机构审定的标准物质，主要用于研究和评价标准方法、对二级标准物质定值等。二级标准物质常被称为工作标准物质，主要用于工作标准，以及同一实验室或不同实验室间的质量保证。

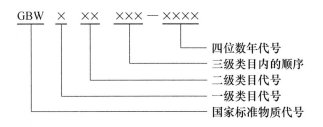

图 1-12　国家标准物质代号

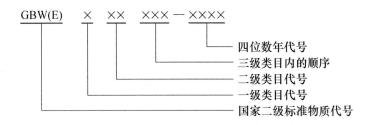

图 1-13　国家二级标准物质代号

标准物质的编号由国家市场监督管理总局计量部门统一指定、颁发。其中一级标准物质的编号是以标准物质代号"GBW"冠于编号前部，编号的前两位数是标准物质的大类号。第三位数是标准物质的小类号，最后二位是顺序号。生产批号用英文小写字母表示，排于标准物质编号的最后一位，即GBW××××，见表1-4。与光电直读光谱法有关的标准物质为GBW01101～GBW01999和GBW02101～GBW02999。例如：GBW01117铸铁喷粉碳硫成分分析标准物质，属于钢铁类（序号01）国家一级标准物质；GBW02105～GBW02109锌白铜光谱分析标准物质，属于有色金属类（序号02）国家一级标准物质。其他依次类推。

二级标准物质的编号是以二级标准物质代号"GBW"冠于编号前部，编号的前两位数是标准物质的大类号，后四位数为顺序号，生产批号用英文小写字母表示，排于编号的最后一位。国家二级标准物质的编号方法是用GBW（E）加五位阿拉伯数字组成，即GBW（E）××××·××表示，见表1-4。例如：GBW（E）010028a 45号碳钢成分分析标准物质，属于钢铁类（序号01）国家二级标准物质。

表1-4　标准物质分类编号

标准物质分类名称	一级标准物质分类号	二级标准物质分类号
钢　铁	GBW01101～GBW01999	GBW（E）01101～GBW（E）01999
有色金属	GBW02101～GBW02999	GBW（E）02101～GBW（E）02999
建筑材料	GBW03101～GBW03999	GBW（E）03101～GBW（E）03999
核材料与放射性	GBW04101～GBW04999	GBW（E）04101～GBW（E）04999
高分子材料	GBW05101～GBW05999	GBW（E）05101～GBW（E）05999
化工产品	GBW06101～GBW06999	GBW（E）06101～GBW（E）06999
地　质	GBW07101～GBW07999	GBW（E）07101～GBW（E）07999
环　境	GBW08101～GBW08999	GBW（E）08101～GBW（E）08999
临床化学与医药	GBW09101～GBW09999	GBW（E）09101～GBW（E）09999
食　品	GBW10101～GBW10999	GBW（E）10101～GBW（E）10999
能　源	GBW11101～GBW11999	GBW（E）11101～GBW（E）11999
工程技术	GBW12101～GBW12999	GBW（E）12101～GBW（E）12999
物理学与物理化学	GBW13101～GBW13999	GBW（E）13101～GBW（E）13999

我国标准样品可分为国家标准样品和行业标准样品，都属于有证标准样品。行业标准样品不等于在水平上低于国家标准样品，只是批准的主管部门不同而异。国家标准样品的编号由国家市场监督管理总局标准部门统一指定、颁发。国家标准样品的代号为国家实物标准的汉语拼音中Guo（国）、Shi（实）、Biao（标）三个字的字头，以GSB表示。编号方法是用GSB加上《标准文献分类法》的一级类目、二级类目的代号与二级类目范围内的顺序号、年代号相结合的办法组成，即GSB×××××××—××××（见图1-14）。国家二级标准样品代号为GSB（E），汉语拼音中Guo、Shi、Biao三个字的字头GBW加上二级的汉语拼音中Er（二）字的字头E，并以小括号括起来（见图1-15）。

行业标准样品是由各个行业的标准部门统一指定、颁发，并上报国家市场监督管理总局审批备案。光电直读光谱法的标准样品编号，主要是由冶金和有色金属行业标准部门批

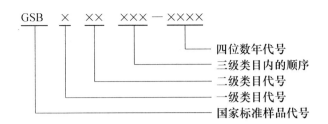

图 1-14 国家标准样品的代号

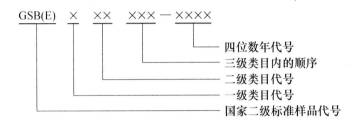

图 1-15 国家二级标准样品的代号

准的。冶金行业编号用 YSB 代号表示。有色金属用 YSS 代号表示。冶金行业标准样品代号 (YSB) 按国家标准样品代号 (GSB) 的取义方式进行，即取"冶金行业"的第一个字汉语拼音字母"Y"代替"国家"的第一个字的第一个汉语拼音字母"G"，后面两位汉语拼音与字母"SB"相同。在行业标准样品的品种及数量上，以冶金行业为最多。冶金行业标准样品的编号为 YSB X ××××—××××。编号为 YSB C ××××—×××× 表示化学分析用冶金行业标准样品；编号为 YSB S ×× ×××—××× 表示仪器分析用冶金行业标准样品。

目前，我国标准物质及标准样品有固、液、气三种状态，其中常见的是固、液两种状态。金属标准物质（样品）外观形状为固态，其形状有两种。一种是钻屑或粉末样，俗称"化学分析标物（样）"，使用时需要用酸或者碱将它溶解成溶液，采用化学分析法、原子吸收法、ICP- AES 法对其各元素的含量进行测定。在光电直读光谱法中，也可把钻屑标准物质（样品）采用冷压法压制成片，或采用冷压-热成型法对金属粉末样品进行制样，在光电直读光谱仪中对各元素含量进行测定。另一种是块状金属样品，俗称"光谱标样"。该标样只需要通过磨、铣或车的方式将其加工成一个平面即可分析，主要用于光电直读光谱法和 X 射线荧光光谱法。这种光谱标样有两种规格，一种是成套标准样品，每套有 5~11 块，该种标样适用于工作曲线制作以及曲线标准化，比如国家一级标准物质 GBW01396~GBW01400《中低合金钢光谱分析标准物质》，该套标准物质有 5 块，各元素含量值都是按照梯度分布。一般来说，一套标准物质中元素含量的最高值为最低含量的 5~100 倍之间。主要合金元素含量范围按产品规定的含量值向上、下延伸 5%~30%。光谱标样的元素含量分布应按等比递变，使工作曲线上含量坐标点等距离分布，同时还可以选择各元素最高点和最低点进行工作曲线标准化。另外一种是单一标准物质，该种标准样品适用于控样法分析，比如国家二级标准物质 GBW(E)010327 20CrMo 合金结构钢，该标准物质可以作为控样来检测牌号为 20CrMo 的合金结构钢。由于光电直读光谱分析法和 X 射线荧光光谱法一样，都是采用比较方法测定样品中元素含量，所以分析结果准确度与标准物质状态和规格有关。比如，经过渗碳淬火的 20CrMo 主副轴样品，如果要选择 GBW（E）010327 20CrMo 合金结构钢作为控样对其成分进行分析，首先就要保证其样品和标样的热处理状态必须一致，即对渗碳淬火的 20CrMo 主副轴样品进行退火使其热处理状态和标准样品一致。在光电直读光谱法中，样品的形状一般采用棒状和块状，它的最大特点是便于切削加工，还可获得较好的重现性。但棒状和块状样品的制备必须经过熔炼、铸造及加工等工序。为了确定标样中元素含量的均匀性和准确性，必须采用多种测试手段进行分析。由于光电直读光谱分析实际取样量很少，所以样品成分不均匀必然引起较大的误差。因此光谱的均匀性和化学分析定值是非常重要的。

1.5　不确定度及其评定

"不确定度"一词起源于 1927 年，德国物理专家海森堡（Heisenberg）首次在量子力学领域中提出了测不准原理。1963 年，美国 NBS（原美国国家标准局）的 Eisenhart 首先在计量校准中提出了定量表示不确定度的建议。1977 年 5 月，国际计量委员会（CIPM）下设的国际电离辐射咨询委员会（CCEMRI）正式讨论了如何表达不确定度的建议。1978 年，国际计量委员会（CIPM）要求国际计量局（BIPM）协同各国解决这个问题。BIPM 就此制定了一份详细的调查表，并分发到 32 个国际计量院及 5 个国际组织征求意见。1980 年，国际计量局（BIPM）成立了不确定度表示工作组，并起草了一份建议书，即 INC-1（1980）。该建议书主要是向各国推荐不确定度的表示原则，从而使测量不确定度的表示方法逐渐趋于统一。1981 年，国际计量委员会（CIPM）发布了 CI—1981 建议书，即"实验不确定度的表示"，重申了不确定度表示的统一方法。1986 年，国际计量委员会（CIPM）再次发布建议书即 CI—1986，要求参加由 CIPM 及其咨询委员会主办的国际比对或其他工作的成员国在给出测量结果时给出用标准偏差表示的合成不确定度。1993 年，由 ISO 第四技术顾问组（TAG4）的第三工作组（WG3）负责起草《测量不确定度表示指南》（缩写为《GUM》），以 7 个国际组织的名义正式由 ISO 出版。1995 年，ISO 对《GUM》作了修订和重印，《GUM》是在 INC-1（1980）、CI—1981 和 CI—1986 的基础上编制而成的应用指南，在术语定义、概念、评定方法和报告的表达方式上都做出了更明确的统一规定。它代表了当前国际上表示测量结果及其不确定度的约定做法。

在我国，1999 年，原国家质量技术监督局发布了国家计量技术规范 JJF 1059—1999《测量不确定度评定与表示》（Evaluation and Expression of Uncertainty in Measurement）。2002 年，中国实验室国际认可委员会制订了 CNAL/AG07：2002《化学分析中不确定度的评估指南》。该指南是等同采用 EURACHEM（欧洲分析化学中心）和 CITAC 联合发布的指南文件《测量中不确定度的量化（第二版）》。2008 年，原国家质量监督检验检疫总局发布的最新标准 GB/T 27025—2008《检测和校准实验室能力的通用要求》中对不确定度评定做出了相关要求。

那么什么是测量不确定度？测量不确定度的含义是指表征合理地赋予被测量之值的分散性，与测量结果相联系的参数。这里的"合理"是指在统计控制状态下的测量。所谓统计控制状态就是一种随机状态，即处于重复性条件下或重现性条件下的测量状态。"分散性"是指测量结果的分散性，即为一个量值区间，可以是某一个概率包含可能得到的测量结果。"相联系"是指不确定度与测量结果有关联。测量不确定度表明在给定条件下对被测量进行测量时，测量结果所可能出现的区间。测量不确定度可以用不确定度 U、相对不确定度 U_{rel} 表示。

测量不确定度是与测量结果相关联的、表征合理的赋予被测量值分散性的参数。它的定义表达了三个方面的意思，第一是指该参数是一个分散性参数。它是一个可以定量表示测量结果的质量指标，可以是标准差或其倍数，同时也说明了置信水平的区间半宽度。第二是指该参数一般由若干分量组成，统称它们为不确定度分量。第三，根据 JJF 1059.1—2012《测量不确定度评定与表示》，该参数用于完整表征测量结果。完整地表征测量结果应包括对被测量的最佳估计及其分散性参数两个部分。详细情况如下：

标准不确定度（standard uncertainty）是指用标准偏差表示的测量结果的不确定度，用符号 u 表示。

A 类标准不确定度（type A standard uncertainty）是指用对观测列的统计分析来评定的标准不确定度，用符号 u_A 表示。

B 类标准不确定度（type B standard uncertainty）是指用不同于观测列的统计分析来评定的标准不确定度，用符号 u_B 表示。

合成标准不确定度（combined standard uncertainty）是指当测量结果由若干其他量（输入量，也包括影响量）得来时，测量结果的合成标准不确定度等于这些量的方差或协方差加权和的正平方根，其中权系数按测量结果随这些量变化的情况而定。合成标准不确定度用符号 u_c 表示。

扩展不确定度（expanded uncertainty）是确定测量结果区间的量，并合理赋予被测量之值分布的大部分可望含于此区间。扩展不确定度有时也称为展伸不确定度，或范围不确定度，或总不确定度。扩展不确定度用符号 U 表示。

相对标准不确定度（related standard uncertainty）是指测量不确定度与估计值的比值，用符号 $u_{c,rel}$ 表示。

测量不确定度和测量误差又有什么不同呢？在测量时，测量结果与真实值之间的差值叫误差。真实值或称真值是客观存在的，是在一定时间及空间条件下体现事物的真实数值，但很难确切表达。测得值是测量所得的结果。这两者之间总是或多或少存在一定的差异，就是测量误差。测量误差与测量不确定度的区别和联系见表 1-5。

表 1-5　测量误差与测量不确定度的区别

序号	测 量 误 差	测 量 不 确 定 度	备 注
1	测量结果与真值之差，有正负之分	与测量结果相关联的、表征合理的赋予被测量值分散性的参数。用标准偏差或其倍数或置信区间的半宽度表示，恒为正值	定义
2	表示测量结果偏离真值的大小	表示测量结果不能肯定的程度，即被测量值的分散性	含义

序号	测 量 误 差	测量不确定度	备 注
3	客观存在，不以人的认识程度改变	与人们对被测量及测量过程的认识程度有关	主客观性
4	由于真值未知，故误差不能准确得到，用约定真值代替真值可以得到其估计值，对不同性质的误差须分别处理和合成	根据可获得信息，或用统计方法（A类）或用其他的方法（B类）来评定测量不确定度分量的大小；有合成不确定度的方法	可操作性
5	误差按性质分为随机误差和系统误差，对它们分别进行统计分析，随机误差和系统误差都是理想概念	评定不确定度分量时不必按性质区分	性质的区分性
6	已知系统误差的估计值时，可以对测量结果进行修正，得到已修正的测量结果。待修正而未修正的误差，应在测量结果中予以单独说明；除此之外，其他误差只在测量结果中予以出现	测量结果必须合理地给出测量不确定度的大小	结果的说明

　　不确定度的来源的是什么？首先，被测量的定义不完整或不完善，实现被测量定义的方法不理想，取样的代表性不够，即被测量的样本不能完全代表所定义的被测量。其次，对测量过程受环境影响的认识不足，或对环境条件的测量与控制不严，对模拟式仪器的读数存在人为偏差（偏移）以及测量仪器灵敏度、分辨率、稳定性及死区等计量性能的局限性的影响。最后，赋予计量标准的值或标准物质的值不准确，引用的数据或其他参数的不确定度有问题以及被测量重复观测值的变化等。

　　不确定度的评定步骤有概述、建立数学模型、测量不确定度来源分析、（相对）标准不确定度分量的评定、计算合成（相对）标准不确定度、计算扩展不确定度、测量不确定度的报告与表示。概述就是将测量方法的依据、环境条件、测量标准（使用的计量器具、仪器设备等）、被测对象、测量过程及其他有关说明等叙述清楚。建立数学模型就是根据测试方法的原理建立被测量 y 与输入量 x 间的函数关系式，即建立 $y = f(x_1, x_2, \cdots, x_n)$。测量不确定度来源分析就是按测量方法和条件对测量不确定度的来源进行认真分析，找出测量不确定度分量的主要来源。（相对）标准不确定度分量的评定分为 A 类标准不确定度的评定方法和 B 类标准不确定度的评定方法两个方面。其中 A 类标准不确定度的评定可采用贝塞尔法、最大残差法、极差法、合并样本标准偏差或最小二乘法等方法进行计算来评定。B 类标准不确定度的评定又分为 B 类评定的信息来源和 B 类评定的方法两部分。B 类评定的信息来源是以前的测量数据，这些数据第一来源于校准证书、检定证书、测试报告及其他证书文件；第二来源于测量的经验、仪器说明书或手册提供的不确定度以及有关仪器的特性和其他材料的知识。B 类标准不确定度的评定方法可采用已知 U 求 u，同时考虑样品的均匀分布情况、正态分布情况和其他分布情况。在实际工作中，相对标准不确定度分量的评定一般采用标准不确定度分量对测量结果进行评定，但是当标准偏差数值的量纲不一致时，无法直接计算合成标准不确定度。此时，宜将标准不确定度分别转换为相对标准不确定度 $u_{c,rel}$，以便于不确定度的合成。合成（相对）标准不确定度由两部分组成：第一是合成标准不确定度计算，即当测量结果（输出量 y）是由若干其他量（输

入量 x_i）的值求得时，合成标准不确定度（u_c）按各量的方差或协方差计算。第二是当所有输入量 x_i 相互独立或者说不相关以及量纲不一致时，要对合成相对标准不确定度进行计算。扩展不确定度是测量结果分散在某区间的半宽度，也就是该测量结果不确定度的几倍。这个倍因子又称为包含因子，常用符号 k 或 k_p 表示，p 称为置信水平。

$$U_p(y) = k_p u_c(y)$$

在不至于发生混淆的情况下，可以简记为：

$$U = k u_c$$

包含因子的确定方法：自由度法、超越系数法、简易法。包含因子的取值一般为 2 ~ 3。大部分情况下，推荐使用 $k = 2$，置信水平约为 95%。

测量不确定度的报告与表示可按下列方式表达：

例如：某容量瓶的容积为 V，其测量结果为 $V_s = 100.02 \text{mL}$，合成标准不确定度 $u_c(V_s) = 0.01 \text{mL}$，$\nu = 9$。

（1）合成标准不确定度 $u_c(V_s)$ 的报告，可用以下三种形式之一：

1）$V_s = 100.02 \text{mL}$，合成标准不确定度 $u_c(V_s) = 0.01 \text{mL}$；

2）$V_s = 100.02(0.01) \text{mL}$，括号内的数按标准差给出，单位相同；最好再给出自由度 $\nu = 9$；

3）$V_s = (100.02 \pm 0.01) \text{mL}$，正负号后面的值按标准差给出，它是 ISO 31《量和单位》中规定的一种表示方式，它并非置信区间。

（2）用扩展不确定度 $U_p(y) = k_p u_c(y)$ 的表示方式：

已知 $V_s = 100.02 \text{mL}$，$u_c(y) = 0.01 \text{mL}$，$\nu_{eff} = 9$，取包含因子 $k_p = t_p(\nu_{eff}) = t_{95}(9) = 2.26$，$p = 95\%$，同时给出扩展不确定度 $U_p(y) = k_p u_c(y) = 2.26 \times 0.01 = 0.02 \text{mL}$，则测量结果的表示方式为：

1）$V_s = 100.02 \text{mL}$，$U_{95} = 0.02 \text{mL}$，$k_p = t_{95}(9) = 2.26$，$\nu = 9$；

2）$V_s = 100.02 \text{mL}$，$U_p = 0.02 \text{mL}$，$k_p = t_{95}(9) = 2.26$，$\nu = 9$。

（3）用扩展不确定度 $U = k u_c(y)$ 的表示方式：

已知 $V_s = 100.02 \text{mL}$，$u_c(y) = 0.01 \text{mL}$，取包含因子 $k = 2$，$U = k u_c(y) = 2 \times 0.01 = 0.02 \text{mL}$，则测量结果的表示方式为：

1）$V_s = 100.02 \text{mL}$，$U = 0.02 \text{mL}$，$k = 2$；

2）$V_s = (100.02 \pm 0.02) \text{mL}$，$k = 2$；

3）$100.00 \text{mL} \leqslant V_s \leqslant 100.04 \text{mL}$，$k = 2$。

另外，在不确定度评定过程中，首先要注意根据格拉布斯（Gruss）准则，当残差的绝对值大于 $\lambda(\alpha, n)S$ 时，则测量结果 x_i 应被剔除。这里的 $\lambda(\alpha, n)$ 是与给定的置信水平 α 及测定次数 n 有关的数值，可通过查阅 $\lambda(\alpha, n)$ 数值表得到；其次要注意测量结果的有效位数的选择应符合材料和测量方法等有关技术要求。需考虑到测量结果的修约区间应等于 U 的修约区间，按"数值修约规则"进行修约，不确定度数值的位数与测量结果的尾数对齐；最后要注意标准不确定度和相对标准不确定度的有效位数，一般最多取两位，多余的部分按"不为零即进位"原则处理。在某些情况下，为了在连续计算中避免修约出现误差而需多保留 1 位有效位数。

不确定度评定实例：

采用 GB/T 4336—2016《碳素钢和中低合金钢　多元素含量的测定　火花放电原子发射光谱法（常规法）》，对碳素钢标准样品中碳含量测定值进行不确定度评定。

1　测量方法

采用 GB/T 4336—2016《碳素钢和中低合金钢　多元素含量的测定　火花放电原子发射光谱法（常规法）》，测定碳素钢标准样品中碳含量。

1.1　分析仪器

TY-9610 通道型光电直读光谱仪。

1.2　测量条件

环境温度 20～26℃，最大温度变化 ±2℃/h；相对湿度 45%～60%。

1.3　实验方法

准备一套碳素钢光谱分析标准物质（GBW01223～GBW01227）和一个试样。将标样和样品表面用铣床车平后，先用碳素钢光谱分析标准物质制作工作曲线，曲线做完后，直接以碳素钢试样同一平面不同位置连续激发 10 次，根据碳含量计算其标准偏差 S 和不确定度 U。

2　数学模型

$$I = bc + a$$

式中　I——未知试样中被测元素的谱线强度；

　　　　c——未知试样中被测元素的测定结果；

　　　　a——截距；

　　　　b——斜率。

3　不确定度来源

光电发射光谱法测量结果不确定度主要来源于以下分量：（1）测量结果的重复性；（2）工作曲线的变动性；（3）标准物质标准值的不确定度；（4）高低标校正产生的变动性；（5）被测样品基体不一致引起的不确定度。

4　不确定度评定

4.1　A 类不确定度评定 $u_{rel,A}$

A 类不确定度主要是由测量重复性引入的，本实验以标样相对标准（偏）差的方式进行评定，记为 $u_{rel,A}$。碳素钢样品在光电直读光谱仪连续上测量 10 次，其质量分数 $w(C)$ 为：0.1825%、0.1851%、0.1838%、0.1862%、0.1816%、0.1861%、0.1835%、0.1866%、0.1833%、0.1804%。求得质量分数 $w(C)$ 的平均值为 0.1839%，标准偏差 S 为 0.0021%。

标准不确定度：

$$u_A = \frac{S}{\sqrt{10}} = \frac{0.0021}{\sqrt{10}} = 0.0006641$$

相对标准不确定度：

$$u_{rel,A}(X) = \frac{u_A}{X} = \frac{0.0006641}{0.1839} = 0.0036$$

4.2　B 类不确定度评定

4.2.1　由标准物质引起的输入量 x 的不确定度 u_{b1}

碳素钢光谱分析标准物质引入的不确定度主要来源于两个方面：一是由标准物质的不均匀性和变动性引起的不确定度；二是由标准物质定值引起的不确定度。假设标准物质是均匀的、稳定的，则由此引起的不确定度就可以忽略。该标样定值由国家一级标准物质证书中列出了碳素钢光谱分析标准物质 C 的标准值和扩展不确定度。

4.2.2 由试样制备引起的不确定度 u_{b2}

假定试样是均质、表面处理合乎制样标准要求，制样引起的不确定度可以忽略，即 $u_{b2}=0$，相对标准不确定度 $u_{rel,b2}=0$。

4.2.3 由仪器引起的输入量 x 的不确定度 u_{b3}

（3-a）仪器分辨率引起的不确定度是本实验仪器设置的最小读数为 0.0001，按照均匀分布，标准不确定度如下：

$$u_{rel,3-a} = \frac{0.0001\%}{\sqrt{3}} = 0.00006\%$$

（3-b）由仪器波动引起的不确定度：仪器波动有随机波动和定向波动两种，随机波动引起的不确定度已包含在 A 类中，此处不重复评定。当仪器出现定向波动时，是指仪器引起的系统误差，需要重新做标准化，由仪器定向波动引起的不确定度可以忽略。

因此，由仪器引起的输入量 x 的相对标准不确定度为 $u_{rel,3-b}=0.0001$。

4.2.4 由曲线拟合引起的不确定度 $u_{rel,3}$

根据仪器上提供的信息，工作曲线是由 5 个碳素钢光谱分析标准物质制作，由仪器软件本身给出的曲线回归方程，其质量分数 $w(C)$ 数据见表 1-6。

表 1-6 碳素钢光谱分析标准物质中 $w(C)$ 及测得的强度值

标准样品	标准值 $w(C)/\%$	不确定度 $U/\%$	强度值
GBW01223	0.095	0.001	521.3
GBW01224	0.167	0.002	865.1
GBW01225	0.292	0.005	1512.1
GBW01226	0.423	0.003	2196.2
GBW01227	0.493	0.006	2552.0

用最小二乘法对表中的数据进行拟合，其计算如下：

$$\bar{c} = \frac{\sum\limits_{i=1}^{n} c_i}{n} = \frac{0.095 + 0.167 + 0.292 + 0.423 + 0.493}{5} = 0.294$$

$$\bar{I} = \frac{\sum\limits_{i=1}^{n} y_i}{n} = \frac{521.3 + 865.1 + 1512.1 + 2196.2 + 2552.0}{5} = 1529.3$$

式中　n——工作曲线点数，$n=5$。

$$b = \frac{\sum\limits_{i=1}^{n}(c_1 - \bar{c})(y_1 - \bar{y})}{\sum\limits_{i=1}^{n}(c_1 - \bar{c})} = 5131$$

$$r = \frac{\sum\limits_{i=1}^{n}(c_1 - \bar{c})(y_1 - \bar{y})}{\sqrt{\left[\sum\limits_{i=1}^{n}(c_1 - \bar{c})\right]\left[\sum\limits_{i=1}^{n}(y_1 - \bar{y})\right]}} = 0.9999$$

$$a = \bar{I} - b\,\bar{c} = 20.8$$

得到线性方程 $I = 5131c + 20.8$，其中，$b = 5131$，$a = 20.8$，$r = 0.9999$。

对一个样品的同一面激发 10 次，$p = 10$；n 为工作曲线点数，$n = 5$；由直线方程求得平均浓度 $c_x = 0.1824\%$，则 c_x 的标准不确定度为：

$$u(3) = \frac{s_y}{b}\sqrt{\frac{1}{n} + \frac{1}{p} + \frac{(c_x - \bar{c})^2}{\sum\limits_{i=1}^{n}(c_i - \bar{c})^2}}$$

其中：

$$\sum_{i=1}^{n}(c_i - \bar{c})^2 = (0.095 - 0.294)^2 + (0.167 - 0.294)^2 + (0.292 - 0.294)^2 +$$
$$(0.423 - 0.294)^2 + (0.493 - 0.294)^2$$
$$= 0.1120$$

$$s_y = \sqrt{\frac{\sum\limits_{i=1}^{n}\left[I_i - (a + bc_i)\right]^2}{n - 2}} = \sqrt{\frac{404.43}{5 - 2}} = 11.6$$

将上述各值代入公式得：

$$u(3) = \frac{s_y}{b}\sqrt{\frac{1}{n} + \frac{1}{p} + \frac{(c_x - \bar{c})^2}{\sum\limits_{i=1}^{n}(c_i - \bar{c})^2}} = \frac{11.6}{5131}\sqrt{\frac{1}{5} + \frac{1}{10} + \frac{(0.1839 - 0.294)^2}{0.1120}} = 0.0014$$

$$u_{rel,3} = \frac{u(3)}{c_x} = \frac{0.0014}{0.1839} = 0.0076$$

4.2.5 标准物质不确定度 $u_{rel,4}$

测量所使用的碳素钢光谱分析标准物质编号为 GBW01223 ~ GBW01227，其不确定度见表 1-6，按正态分布 $k = 2$，其相对标准不确定度为：

$$u_1 = \frac{0.001}{2 \times 0.095} = 0.0053 \quad u_2 = \frac{0.002}{2 \times 0.167} = 0.0060 \quad u_3 = \frac{0.005}{2 \times 0.292} = 0.0086$$

$$u_4 = \frac{0.003}{2 \times 0.423} = 0.0035 \quad u_5 = \frac{0.006}{2 \times 0.493} = 0.0061$$

$$u_{rel,4} = \sqrt{u_1^2 + u_2^2 + u_3^2 + u_4^2 + u_5^2} = 0.014$$

5 相对标准不确定度的合成 $u_{c,rel}$

$$u_{c,rel} = (u_{rel,A}^2 + u_{b1}^2 + u_{b2}^2 + u_{rel,3-a}^2 + u_{rel,3-b}^2 + u_{rel,3}^2 + u_{rel,4}^2)^{0.5}$$
$$= (0.0036^2 + 0^2 + 0^2 + 0.00006^2 + 0.0001^2 + 0.0076^2 + 0.014^2)^{0.5}$$
$$= 0.016$$

$$u_c = 0.1839 \times 0.016 = 0.0030$$

6 扩展不确定度 U

取包含因子 $k = 2$，可求得扩展不确定度 U：

$$U = 2u_c = 2 \times 0.0030 = 0.0060$$

7 测量不确定度报告

包含因子 $k = 2$（95% 置信度），自由度 $\nu = 45$，碳元素的测量结果报告为：

$$w(C) = 0.184\% \pm 0.006\%, \quad k = 2$$

1.6　分析方法评价

　　光电直读光谱法是一种仪器分析法，同样也是定量分析方法。仪器可靠性（reliability of the equipment）是仪器分析法的首要问题。仪器可靠性是指仪器保持其所有性能（精密度、准确度和稳定性）的能力。除此之外，作为定量分析方法还要考虑灵敏度、线性范围、检出限、基体效应和耐变性等几个方面。一种理想的定量分析方法，精密度、准确度及灵敏度要高，稳定性要好，线性范围要宽，检出限要低，基体效应要小，耐变性要强。

　　（1）精密度：精密度是指在相同的实验条件下，多次重复测定的结果彼此相符合的程度，也就是重复性（repeatability）。GB/T 14666—2003《分析化学术语》中，重复性是指：在重复性条件下，相互独立的测试结果之间的一致程度。一种好的定量分析方法，首先应该具有较高的精密度。精密度的高低通常用相对标准偏差（RSD）表示。RSD 越小，表明方法的精密度越高，其重复性也越好。

　　在不同的实验室，由不同的操作者使用不同的设备，按相同的测试方法，从同一被测对象取得测试结果的条件，也就是所说的再现性条件（reproducibility conditions）。不同实验室，由不同分析人员在不同条件下对同一量进行测定时，测定结果相互接近的程度就是方法的再现性（reproducibility）（GB/T 17433—2014《冶金产品化学分析基础术语》）。

　　在相同的实验条件下，即在同一实验室，由同一操作者使用相同设备，按相同的测试方法，并在短时间内从同一被测对象取得相互独立测试结果的条件。RSD 受测定次数的影响。平行测定次数越多，计算所得的 RSD 越能准确地反映方法的精密度。对定量分析方法的精密度研究表明，平行测定次数一般不少于 5 次。平行测定时，应该从样品的准备阶段（比如取样或称量）开始，保持实验条件完全一致。

　　（2）准确度：在分析化学中，国家标准对准确度（accuracy）有两种解释。GB/T 14666—2003《分析化学术语》中指出：准确度是指测试结果与被测量真值或约定真值间的一致程度。注：当应用于一组测试结果时，"准确度"这个术语则包括随机成分的集合和一个共有系统误差或偏倚成分。GB/T 4470—1998《火焰发射、原子吸收和原子荧光光谱分析法术语》中指出：在给定的水平下，准确度是多次重复分析过程所测得的平均值与真值的接近程度。它是以真值与测量值之差间接度量的。根据上述两种解释，准确度就是指测定结果与标准值的符合程度。一种比较好的定量分析方法，准确度是重中之重。

　　方法的准确度可以采用标准物质对照法、标准加入法和方法对照法进行验证。

　　标准物质对照法就是用含有标准值的标准样品代替样品，在相同的实验条件下进行测定，如果标准物质的测定结果与标准物质证书上所给的标准值相比，$E_n < 1$，即可接受；反之，不能接受。E_n 的计算可以按照下列公式进行：

$$E_n = \frac{|\bar{x} - A|}{\sqrt{U_{Ref}^2 + U_{Lab}^2}}$$

式中　$\bar{x}$——平均值；

　　　A——标准值；

　　　U_{Lab}——测定值的不确定度；

　　　U_{Ref}——标准值的不确定度。

　　标准加入法是在测定方法所允许的浓度范围内，向样品基体（可能含有或不含有被测成分）中加入一定量的待测成分并加以测定，利用测定数据计算回收率。标准加入法适合液体样品的验证。由于光电直读光谱法采用的是固体金属标准样品做的工作曲线，无法采用标准加入法进行验证。

　　方法对照法与法定（标准）方法或文献方法进行实验结果对照比较，判断两种方法的准确度有无显著性差异。具体做法是，首先利用两组实验数据进行 F 检验，判断两种方法的精密度有无显著性差异，该方法的精密度是否明显优于对照方法。然后，与用 t 检验判断两种方法的测定结果有无显著性差异。应该指出，当 t 检验表明两种方法的结果存在显著性差异时，只表明两种方法有明显不同，并不说明该方法的准确度比对照方法高。一种定量分析方法，只有精密度满足要求时，其准确度才有意义。只有高准确度而精密度很差，这种方法用于定量分析，会导致很大的偶然误差。

　　（3）稳定性：仪器的稳定性（stability of the equipment）是指在一段时间内，仪器保持其精密度的能力（GB/T 4470—1998《火焰发射、原子吸收和原子荧光光谱分析法术语》）。

　　（4）灵敏度：灵敏度是指测定量对样品量值变化的响应灵敏程度，常用工作曲线的斜率来表示，斜率越大，表明方法的灵敏度越高。一般而言，高灵敏度的分析方法，其精密度也高，同时，方法对实验条件的稳定性要求也较高。

　　（5）线性范围：线性范围也就是测定范围（range of determination），它是在一定允许差下，某一分析方法的测定上限至测定下限的范围。在光电直读光谱法中，所用的校准曲线是用标准样品绘制的，即工作曲线。测定下限（minimum limit of determination）就是通常把相当于 10 倍空白响应值标准偏差，确定为方法线性范围的下限。测定上限（maximum limit of determination）是做工作曲线所用标准样品的最大标准值。

　　（6）检出限：对于特定的定量分析方法，方法的检出限实际上是样品的检出限，即方法所能检出样品的最低限量（质量或浓度）。

　　当样品基体对测定无干扰时，方法的检出限定义为响应值等于空白响应值标准偏差的 3 倍对应的样品溶液浓度。当样品基体对测定有干扰时，方法的检出限通常定义为响应值等于基体响应值加上 3 倍标准偏差时对应的样品溶液浓度。方法的检出限通常比方法的线性范围的下限低 1～2 个数量级。检出限越低，检测灵敏度和精密度往往越高。

　　（7）基体效应：基体（matrix）是指试样中的一个或多个主要组成元素。样品基体元素对测定结果有一定的影响，这种影响称为基体效应。基体效应在定量分析中是一种干扰，光电直读光谱法是采用内标法来消除基体效应的，即基体元素作为内标元素。

　　（8）耐变性：耐变性是指测定结果对环境变化的耐受程度。一般定量分析方法的研究，应考虑方法的稳定性（受时间变化的影响）和共存物的干扰。

2 光电直读光谱分析原理

2.1 仪器分析原理

在自然界中，元素的原子都包含着一个小的结构紧密的原子核，原子核由质子和中子组成，核外分布着电子，每个电子都带有负电荷，其电荷大小与质子所带的电荷相等而符号相反。中子是不带电的，在中性的原子内，质子的数目与电子数目相等，这个数目表征着每一元素的特征，通常称为原子序数。正是由于电子在原子核周围分布不是随意的，而是有一定规律的，所以才显示了每个元素的不同化学性质和不同光谱，因此电子处于一定轨道上，同时电子在每一个轨道（或状态）上所具有的能量是不相同的，每个轨道可认为是相当于原子中的一个能级。原子核外的电子结构可以采用波耳的原子模型图来解释，见图2-1。

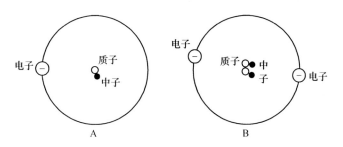

图2-1 氢原子（A）和氦原子（B）的波耳模型

原子发射光谱的产生是基态的气态原子或离子在外界能量的作用下（激发），吸收了一定的外界能量时，原子最外层的一个或几个电子就从一种能量状态（基态）跃迁至另一能量状态（激发态）。处于激发态的原子或离子很不稳定，约 10^{-8} s 便跃迁返回到基态，这时原子或离子就会释放出多余的能量，这个能量以电磁辐射的形式释放出来，就形成了具有特殊波长的光，见图2-2。谱线波长与能量的关系为：

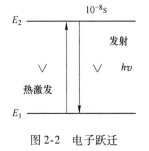

图2-2 电子跃迁

$$\Delta E = E_1 - E_2 = \frac{hc}{\lambda}$$

式中　E_1——处于基态的原子或离子能量；

　　　E_2——处于激发态的原子或离子能量；

　　　h——普朗克常数，6.626×10^{-34} J·s；

　　　c——光速，2.997925×10^{10} cm/s。

原子线是指原子的外层电子受到激发所产生的谱线，用 Ⅰ 表示；离子线是指离子的外层电子受到激发所产生的谱线。Ⅱ表示一级离子发射的谱线；Ⅲ表示二级离子发射的谱线。上述这种特殊波长的光是多种元素特定的波长组成的复合光，可通过色散系统将这些波长分开，并按照波长大小顺序进行排列。它也称为磁波谱，具有波动性和微粒性，对于化学成分分析主要应用紫外区及可见光区。元素的光谱分析线包括灵敏线、共振线、最后线、特征谱线组。灵敏线是指强度最高的谱线，一般都是激发电位低、跃迁几率大的原子线、离子线。共振线是指从激发态直接跃迁到基态时所辐射的谱线。其中由能量最低的激发态直接跃迁到基态所辐射的谱线称为第一共振线。从理论上讲，元素的第一共振线也就是最灵敏线。最后线是指样品中元素含量减少时，谱线强度减弱，谱线数目也减少，最后消失的谱线。理论上元素的最后线也是其第一共振线。由于原子或离子的能级很多并且不同元素的结构是不同的，每个元素被激发时，就产生自己特有的光谱，即可根据发射谱线对应的波长来判断出待测物中有哪些元素，进行定性分析。元素谱线见图 2-3。

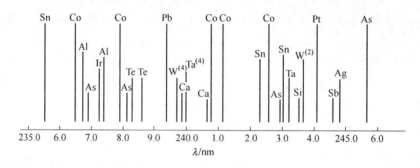

图 2-3　元素谱线

特征谱线的强度特性大小是由发射该谱线的光子数目来决定的，光子数目多则强度大，反之则弱，而光子的数目又由处于基态的原子数目所决定，基态原子数目又取决于某元素含量多少，而某元素含量多少与特征谱线的强度大小呈线性关系，这就是它的定量分析原理。其中谱线强度是指在单位时间内从光源辐射出某波长光能的多少，也即某波长的光辐射功率的大小。具体计算公式是根据格拉奇（W. Gerlach）提出的内标原理法进行计算的，罗马金（B. A. Lomakin）和赛伯（Scheibe）用试验方法建立了光谱线的谱线强度 I 与分析元素含量 c 之间试验关系式，即罗马金-赛伯公式，它是光谱定量分析的基本公式。公式如下：

$$I = ac^b$$

式中　I——光谱线的谱线强度；

　　　c——分析元素含量；

　　　a——与试样的蒸发、激发过程和试样组成等有关的一个参数；

　　　b——自吸系数，它的数值与谱线的自吸收有关。

其中：$b=1$，无自吸；$b<1$，有自吸；b 越小，自吸越大。只有控制在一定的条件下，在一定的待测元素含量的范围内，a 和 b 才是常数。取对数得光谱定量分析的基本关系式为 $\log I = b \log c + \log a$。

自吸和自蚀是原子发射光谱的固有现象。自吸是原子在高温发射某一波长的辐射，被处于边缘低温状态的同种原子吸收的现象称为自吸。自蚀是自吸严重的表现形式，谱线中心强度都被吸收了，完全消失，好像两条谱线。从图 2-4 可见，1 为无自吸，2 为有自吸，

3 为自蚀，4 为自蚀严重。光谱无自吸或者自吸很小才是可以接受的。

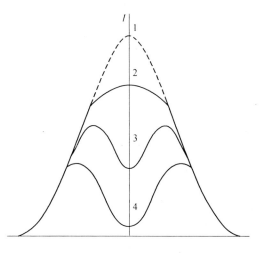

图 2-4 自吸、自蚀光谱谱线轮廓

在光谱分析时，要注意分析线的自吸程度，如果分析线自吸性强，会使工作曲线的斜率降低，不利于分析的准确度。每个元素的共振线自吸最强，所以只有当分析元素含量很低时，才采用共振线作分析线。自吸最严重时，谱线形成自蚀（或称自返），此时原来的一条谱线轮廓中央强度降至零，因而一条谱线成为两条谱线的形状。自蚀线不能用作光谱的定量分析线。

光电直读光谱仪是一种常见的原子发射光谱仪，它与其他光谱仪器一样，都是由光源系统、分光（色散）系统、检测系统和数字信号处理系统组成。其配套系统有氩气系统和真空系统。氩气系统与光源系统配套；真空系统与分光（色散）系统配套。其工作原理是对金属固体样品直接放电产生火花源，火花源的高温使金属固体样品被直接气化形成原子蒸气，蒸气中原子或离子被激发而发射出各元素的特征波长（复合光），进入光谱仪分光室，经光栅分光后，成为按波长排列的"光谱"。各个元素的光谱通过出射狭缝射入检测系统，由检测系统的检测元件（光电倍增管或固体检测器）将各自的光信号转变成电信号，再转入测量系统，然后经仪器的控制测量系统将电信号积分并进行数模转换，通过检测元件的测量获得每个元素最佳谱线的强度值，该强度与样品中元素含量呈正比关系。最后，由计算机系统通过内部预制或者自制校正曲线就可以获得该元素的含量，直接以质量分数显示。光电直读光谱仪基本结构见图2-5。

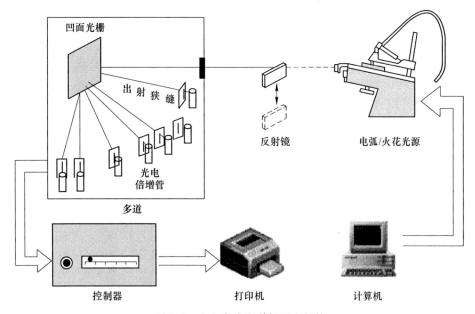

图 2-5 光电直读光谱仪基本结构

2.2 定量分析原理

在分析化学中，校正曲线是定量分析不可缺少的，它是描述待测物质浓度（量）与检测仪器响应值（指示量）的定量关系的曲线，这个曲线可以是二元一次方程，也可以是二元二次方程。在应用中它包括标准曲线和工作曲线两种。标准曲线就是配制一系列不同浓度的标准试样，由低到高依次分析，将获得的吸光度 A 数据对应于浓度作标准曲线，在相同条件下测定试样的吸光度 A 数据，在标准曲线上查出对应的浓度值。注意在高浓度时，标准曲线易发生弯曲，这是压力变宽影响所致。工作曲线一般是指用于绘制工作曲线的标准溶液系列需经与实际样品检测方法一致的处理步骤进行检测，根据浓度与检测响应值间的关系绘制的曲线即为工作曲线。两者区别是：工作曲线需要与样品同样进行前处理，而标准曲线则不需要，直接用标准溶液稀释配制即可。标准曲线就是采用标准溶液配制，直接上机测试做出的曲线，工作曲线有时可用和所做样品基体相同的物质，采用和样品相同的前处理过程对样品进行处理，做出曲线。一般工作曲线比标准曲线更接近样品，误差更小。由于光电直读光谱法是对固体样品进行分析，无法用配制好了的系列标准溶液进行分析，因此只能采用系列固体标准样品（光谱标样）来制定工作曲线。

光电直读光谱法是利用工作曲线来测定试样中元素的含量。而工作曲线是采用成套光谱标准样品依照内标法，选择基体元素为内标元素来制作的。内标法在光谱分析中是采用多条分析线和一条内标线组成的，常用样品中的基体元素为内标元素。在光谱定量分析中，内标元素的含量必须固定，它可以是样品中的基体成分，也可以是以一定的含量加入样品中的外加元素。这种按分析线与内标线强度比进行光谱定量分析的方法称为内标线法。在选择分析线时，首先要注意分析线与内标线之间要求均称性，也就是要求它们的电离电位及激发电位都很接近为最好。其次要注意其他元素的干扰，要尽量不受其他元素的重叠干扰。最后要注意分析线要有足够的灵敏度，并要求分析线的含量范围要大，有利于分析工作。分析线、内标线的强度（数字电压值、计数值）的零值含量，宜在分析含量范围的中间。

在光谱分析过程中，样品的蒸发、激发条件以及样品组成等的任何变化，都可使罗马金-赛伯公式（$I = ac^b$）中的参数 a 发生变化，而这种变化往往是难以避免的，所以要采用分析线与比较线强度比进行光谱定量分析，以抵偿这些难以控制的变化因素 a 的影响。所采用的比较线称为内标线，提供这种比较线的元素称为内标元素。组成的线对要求均称，就是当激发光源有波动时，两条线对的谱线强度虽有变化，但强度比或相对强度能保持不变。其计算公式如下：

$$R = \frac{I_1}{I_0}$$

式中　R——光谱强度比；

　　　I_1——分析线的强度；

　　　I_0——内标线强度。

当条件可变化时，I_1 和 I_0 同时变而不受影响。采用分析元素线和内标元素谱线组成的分析线对，以它们的相对强度或强度比取对数得 $\log R$，$\log R$ 与含量 c 之间有线性关系，可作工作曲线。这样可以使谱线强度由于光源波动而引起的变化得到补偿。

设分析元素含量为 c_1，对应的分析线强度为 I_1，根据罗马金-赛伯公式 $I = ac^b$ 得出：$I_1 = a_1 c_1^{b_1}$；同样对内标线则可得出：$I_2 = a_2 c_2^{b_2}$。因为当以基体元素作为内标线元素时，标准样品或分析样品中内标元素含量都较高，接近常数，则 $I_2 = a_2 c_2^{b_2}$ 可写成：$I_2 = a_3$（a_3 为常数）。将式 $I_1 = a_1 c_1^{b_1}$ 除以 $I_2 = a_2 c_2^{b_2}$，简化（并改写分析元素含量 c_1 为 C）后得到：

$$R = \frac{I_1}{I_2} = \frac{a_1 c_1^{b_1}}{a_3} = AC^b$$

式中 R——分析线对的相对强度，称强度比；

   A——常数。

此式为内标法定量分析的基本公式。对上式取对数得到：

$$\log R = \log \frac{I_1}{I_2} = b \log C + \log A$$

以分析线对的相对强度 $\log R$ 为纵坐标，以样品元素含量的对数 $\log C$ 为横坐标，作出工作曲线。

在光电直读光谱法中，其工作曲线元素的分析线强度比与它对应的含量呈不同线性关系；即使同一条谱线不同的含量段，线性响应关系也不尽相同。在低含量时，可能呈二次曲线；高含量时，亦可能是直线对应关系。因此，有的元素的工作曲线是采用一次曲线，有的元素采用的是二次曲线。在绘制工作曲线前，分析人员应针对元素的分析范围，选择适当的分析通道。光电直读光谱法的工作曲线与 X 射线荧光光谱法制作方式是一样的，一旦制作完毕，在理论上是永久的。目前，大部分仪器在出厂前已经将工作曲线制作好（称为内置曲线）。一般情况下，分析人员在每次分析前，用与被测样品相近的标准控样进行校准即可进行测定。经过一段时间后，该工作曲线会受到外界环境因素的影响发生偏离，此时对该工作曲线进行标准化（漂移校正）后即可校正偏离。对于工作曲线的制作，分析人员对工作曲线的制作过程，在一般情况下只做了解，可不必掌握。如果遇到新产品研发、特殊样品或者仪器中没有该分析样品的工作曲线时，需要制作工作曲线。下面针对曲线标准化和控样法检测样品进行分别阐述。

2.2.1 曲线标准化

曲线标准化，又称两点标准化或高低标准化，它是通过高低两个点的标准样品对元素工作曲线的截距和斜率进行调整修正的一种方法。仪器工作的条件是由多种因素组成的相对稳定状态。仪器工作环境（温度、湿度）的变动，更换氩气的纯度不同，氩气压力的高低（流量的大小），样品加工面的不同以及操作人员的操作习惯等许多外界因素差异，会造成仪器的实际工作曲线发生漂移（内置工作曲线固定不变，而环境条件不同，修正系数不同。或者说，每次测定的实际工作曲线发生不同程度的漂移，有时可以接受，有时不能接受。所以，需要校正。如同标定标准滴定溶液的浓度情况一样，需要对滴定体积进行不同温度条件下的温度校正和滴定管体积校正）。具体表现为同一标准样品的再现性很差，即不同时期对同一样品的检测结果差异很大。因此，分析人员应根据使用频率，对仪器的实际工作曲线定期进行标准化。除此之外，仪器其他条件变化也会导致工作曲线的漂移，比如透镜的污染和电子系统老化等因素。由于上述因素导致实际工作曲线的漂移，因此为了在一段时间内保持内置工作曲线的相对稳定，就必须对这些漂移的工作曲线通过曲线标准化的手段来进行校正。曲线标准化的原理就是采用高低两点标准样品对强度或强度比进行线性修正，其公式如下：

$$I_c = a_0 + a_1 I_0$$

对于每个元素的标准化校正，都需要高标和低标两个标准样品，其中所含元素的浓度大部分或全部位于分析范围的上限和下限附近。设在标定时高标的强度比为 H，低标的强度比为 L。进行标准化时测得的强度比分别为 h、l，它应满足：

$$H = a_0 + a_1 h$$
$$L = a_0 + a_1 l$$

解此方程，可获得截距 a_0 和斜率 a_1 值：

$$a_0 = \frac{Lh - Hl}{h - l}$$

$$a_1 = \frac{H - L}{h - l}$$

当只有一个标准化样品时：

（1）低标，平移　　　　　　　$a_1 = 1$　　$a_0 = L - l$

（2）高标，旋转　　　　　　　$a_0 = 0$　　$a_1 = \dfrac{H}{h}$

曲线标准化后，通过截距和斜率的变化将实际工作曲线的线性方程进行校正。其操作过程可以通过快捷键或者工具栏中菜单在光谱仪操作软件中完成。由于生产仪器厂家不同，对快捷键功能设置不一样，但是操作过程基本上大同小异，分析人员只需要按照操作说明书提示即可完成曲线标准化。具体标准化操作方法如下：

点击操作软件中"性能"菜单里面的"光强标准化"下的"新建"，进入到标准化界面（见图2-6）。用鼠标点击对应的样品编号进行激发标准化样品，如：用鼠标点击AS1，就把AS1样品放在上面激发，激发2~3次后，重复性符合要求就用鼠标点击下一个样品进行激发。当所有样品激发完毕后，点击"下一步"后会自动计算每个元素的标准化系数和偏差，点击"保存"后确认本次激发有效。

标准化样品主要使用强度比进行自动曲线修正，对均匀性要求较高。只有标准化样品均匀，曲线修正才可靠。标准化样品一般每个通道需两块，低含量作低标，高含量作高标。仅有低标，曲线仅作平移修正；仅有高标，曲线仅作旋转修正。因此，除特殊情况，一般需采用两块标准化样品。为了检测方便，标准化样品包含的元素，尽量包括本套曲线全部通道并照顾大多数通道的上下限。选择块数少，标准化才方便快捷。另外，要注意曲线标准化完毕后要仔细查看标准化系数。正常情况下，系数一般在1左右。如果系数偏移较大时，特别是系数超出 0.5~2.5 范围的分析结果，则说明正常测量结果的修正量较大，测量的偏差也较大。分析人员应查找原因或通过仪器的入射窗口透镜进行维护。如果只是P、S等真空紫外区的元素不正常，则表示光学室的真空度有问题了。

2.2.2　控制试样法

控制试样法，简称控样法，又叫类型标准化。根据 GB/T 17433—2014《冶金产品化学分析基础术语》中试样与试料的不同定义，严格意义上讲应该叫做控制试料法，简称

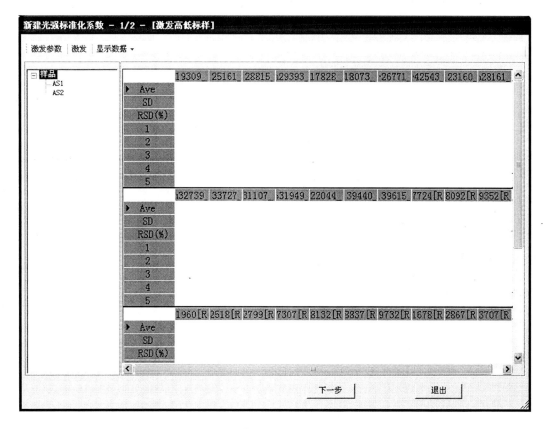

图 2-6　新建光强标准化系数对话框

控料法。它是用一块基体、第三元素、被测成分含量、生产工艺、磨制样条件、激发过程等与被测试样相近似，并且有较好的均匀性的标准物质来校准，得到校准系数，然后对样品测定数值进行校准。该标准物质又叫类型标样（type standard）。该法的目的，是为了消除光源在激发过程中的环境变化、光源激发不稳定等因素可能造成的偏高或偏低的系统误差。由于采用控制样品进行类型标准化，获得合适的校准系数，分析样品与控制样品又是在相同条件下进行激发的，利用合适的校准系数可对分析样品进行有效的校准。该法通过控样分析值修正试样分析值，可减少系统误差，从而得到准确的分析结果。

　　在控制试样法中，由于控制样品本身就是一个标准样品，因此控制样品的选择是保证测定结果准确度的重要因素。当一个分析程序的某个通道分析范围比较大或存在干扰（如叠加干扰、基体效应等）时，标准化后对控样分析仍有偏差，则要进行类型标准化。类型标准化可有效消除上述各种干扰对分析结果的影响，特别适合样品含量基本一致或相同牌号的金属及其合金的多样品分析工作。另外，类型标准化是对元素分析通道的工作曲线进行局部修正的一种方法，修正类型有加和修正、乘积修正两种模式。加和修正就是指当被测元素受到靠近或者重合的另外一条谱线影响，或受到第三元素含量变化呈正比例影响时整个工作曲线将产生平行移动。而在中合金钢或高合金钢中，乘积修正表现最为明显，是由于干扰元素含量高，在金属蒸气中含量大，使得分析元素的光强随着干扰元素的含量变化呈近似比例。加和修正就是对线性方程中截距的校正；乘积修正就是对线性方程斜率的校正。如果设类型标准化试样的已知浓度为 C_0，测量得到的值为 C，则显示：

$$C_0 = C + \Delta C \quad （加和修正）$$
$$C_0 = KC \quad （乘积修正）$$

式中　ΔC——修正浓度；

　　　K——标准化系数。

$$\Delta C = C_0 - C$$
$$K = \frac{C_0}{C}$$

另外，注意当元素浓度含量值小于 1 时，采用乘积修正；大于 1 时采用加和修正。在正常情况下，曲线标准化后采用比例修正的比例系数应接近 1，采用平移修正的偏移量也应比较小。如果出现其偏差较大时，首先要检查选择的测定曲线是否正确；其次要检查标准化是否做好；最后要检查样品激发后是否是黑点，测定次数是否为 3 ~ 4 次。该法由建立控样、测定控样和调出控样组成。建立控样就是先调出相对应的工作曲线，比如测定 45 号碳素钢，需要先调出系统中碳素钢低合金钢工作曲线。然后选择一个与样品相近似的标准物质作为控样，将标准样品进行编号及标准值输入系统中并存储起来，比如测定 45 号碳素钢，需要 45 号碳素钢标准样品作为控样。测定控样就是将建立起的控样进行测定，在标准样品的同一面不同的地方测定 3 ~ 4 次，将几次数据进行统计处理，并存储在系统中。调出控样就是将测定控样的数据调出来进行样品的检测，即样品的检测过程；样品也同样在同一面不同的地方测定 3 ~ 4 次，将几次数据进行统计处理，并存储在系统中，最后将此检测结果打印出来。

另外，分析人员在分析过程中还会遇到以下情况：

（1）分析样品成分不完全与所选分析程序一致，个别元素有较大偏差。

（2）分析结果要求快速而来不及做类型标准化。

（3）仪器长期稳定性对于超低或超高含量元素分析往往不十分理想，或要求对个别重要元素进行监控。

用于控样法的标准样品可以购买，也可以自制。自制的控制标准样品可以采用冶炼方式经浇铸成型后获得，也可以采用各元素成分比较均匀的原材料获得。不管采用哪种制样方式制取标准样品，都要进行均匀性检验和化学分析法定值。另外，该方法所制作的标准样品与生产样品比较容易满足一致性。因此，在生产企业中，内控样品选择就是采用这个方法获得的。最后，对内控标样制备时，首先要选择成熟的工艺条件，要以成分准确控制以及元素分布均匀为目的。其次熔炼中的原材料、辅助材料，必须事前进行化学或光谱检查。最后控样的化学定值结果要准确可靠，控样中的各组成分要分布均匀，控样和分析试样的组分和组织结构要基本一致，并对它做好期间核查。

2.2.3　控样修正法

控样修正法就是将样品的分析结果扣除与标准样品的绝对误差来进行修正并获得报告结果的方法。注意采用的标准样品，其标准值一定要与样品的分析结果相近。其操作方法就是先分析待测样品，然后找与元素含量相接近的标准样品进行再次分析，并按如下公式进行修正：

$$校准值 = 标准样品标称值 - 分析值$$
$$样品报出值 = 样品分析值 + 校准值$$

例如：45 号碳素钢标准样品中 Mn 的标准值为 0.587，在仪器上的测定值为 0.582，则绝对误差值为 0.587 - 0.582 = 0.005；如果 45 号碳素钢样品在仪器上的测定值为 0.563，那么分析结果报出值为 0.563 + 0.005 = 0.568。该法分析简单直观，在实际工作中有着广泛的应用，该法适用于炉前快速分析和金属材料混料筛选。注意：仪器测定值在标准值上下 1% 以内可以采用该法校准数据，否则还需采用控制试样法。

2.3　校正与干扰

在光电直读光谱法中，选用基体元素作内标元素。例如作钢铁分析时，可以铁作为内标元素。当分析低合金样品时，样品中的基体元素含量都在 95% 以上，其含量变化波动较小，在此可以认为基体元素谱线的强度是不变的，是个固定值。但是当分析中、高合金钢时，其基体元素含量小于 95% 时，就会出现以下两种情况：

（1）样品的合金元素含量波动不大，因而基体元素含量虽然降低，但变化仍不大，其基体元素谱线的强度值仍可视为常数。

（2）样品中合金元素含量波动较大，导致基体元素含量变化也很大，其基体元素谱线的强度值就不是一个固定值了。

2.3.1　基体校准

上述第二种情况就必须用基体校准的方法进行分析。下面以实例说明什么是基体校正。比如：有三个都含有 1% 的 Mn 元素的钢样。样品中 A 含 Fe 为 95% 样品，B 含 Fe 为 75%，样品 C 含 Fe 为 50%，见表 2-1。

表 2-1　样品中 Mn 和 Fe 的质量分数　　　　　　　　（%）

元　素	样品 A	样品 B	样品 C
Mn	1	1	1
Fe	95	75	50

上述样品被激发后，由于 Mn 的质量分数都是 1%，因此 Mn 所测定的绝对光强值也是相同的。但是由于基体元素的质量分数不同，它的光强比值（在持久曲线上使用光强比值求未知元素的含量）是不同的。在建立持久工作曲线时，强度比值不相同，因此其相对应的浓度也必须用浓度比所代替。其计算公式如下：

$$百分含量比值(PCR) = \frac{元素浓度(\%)}{基体元素浓度(\%)} \times 100\%$$

经过上述公式计算，样品 A 中 Mn 与基体元素的质量分数比值为 1.05，样品 B 为 1.33，样品 C 为 2。由此可知，当分析元素含量总量大于 5%、基体元素含量小于 95% 时，必须用基体校准。

在使用基体校准中，首先要注意在光谱内所有主要元素都要列入分析，否则由于它的总和差异将导致结果发生偏差；其次每一个分析通道应处于良好的工作状态；最后为了计算求和，基体浓度必须分析出来，或者采用 100% 减去全部已知元素浓度来求得。

2.3.2　光谱背景干扰

在光谱分析中，由于分子辐射、固体颗粒的连续光谱、谱线扩散等原因，会形成光谱背景干扰。光电直读光谱仪也不例外，同样也有光谱背景干扰，其来源主要有以下几个方面：

（1）有些金属元素如锌、铅、镁、铝的谱线都有很强的扩散线形成背景。

（2）在光源作用下，样品与周围的空气产生氧化物及氮化物辐射带状的分子光谱，也形成背景。例如氰的带状光谱。

（3）由炽热的电极头或弧焰中的固体质点所发射的连续光谱，也形成背景。

（4）在电流密度很大时，例如铝的光谱中出现连续背景，在紫外域强度很大。

（5）离子复合过程而产生的辐射也形成背景。在使用火花光源时，这种背景较强。

为了避免或减小光谱的背景干扰，样品可在惰性气体气氛（氩气）中激发。另外，出射狭缝的宽度太宽，也会导致光谱的背景增大，因此选用合适的狭缝也可减小其光谱的背景。

2.3.3　谱线干扰

在光谱分析中，当某一元素的谱线用来测量含量，其附近有一条谱线影响时，干扰校准是必须的。如果光谱仪分辨率不能消除这条线的影响，则它将受到"干扰"，即元素的谱线、测量含量显著增加，原因是存在一个叠加光强值。其谱线干扰的消除和预防的方法，是在待测样品中选择不受干扰的谱线。另外，如果条件许可，可选择分辨率较大的光谱仪。

（1）选择不受重叠干扰的谱线。光谱分析测定时，分析谱线往往会受到共存元素的谱线重叠干扰、谱线的背景干扰、光源中所产生的复合分子光谱与散射光以及激发影响，呈现为可确定的系统误差，将严重地影响测定的准确度，必须进行校正，以扣除谱线干扰等各种影响，对保证光谱分析结果的准确度是一个重要环节。

（2）用分辨率较大的光谱仪。在光电直读光谱仪中，一般长焦距仪器具有更大的分辨率。一台 3m 的光谱仪分辨率比 1m 光谱仪更大。这样，产生的问题是占据较大的空间，光学系统不够稳定，到达光电倍增管的光强也弱。为了克服这些问题选用衍射光栅的二级谱线。二级谱线的分辨率是一级光谱的 2 倍。例如入射狭缝宽度为 $25\mu m$，出射狭缝宽度为 $88\mu m$，其一级光谱的分辨率为 0.0375，二级光谱的分辨率为 0.0188。若入射狭缝宽度为 $10\mu m$，其二级光谱的分辨率则为 0.0058。但是，一般来讲随着光谱的级数增加，能量逐渐降低。在不是闪耀区域，二级谱线的强度，只是一级光谱强度的 0.25 倍。

光谱仪选用刻线为 1440 条/mm 凹面光栅，主要是要考虑光谱波长范围和分辨率这两个主要因素。光谱仪包括了全部待测元素最灵敏的波长，一级谱线波长范围 346.0 ~ 767.0nm，其中包括 Na、Li、K 的灵敏线，并在光学设计上没有附加光路，波长越长，干扰越小。二级光谱波长范围是 173.0 ~ 383.5nm，包括 P、S、B 等元素在其区域的灵敏线，此区域有发射光谱最佳的谱线和最好的分辨率。

首先，检查校正曲线。如果不存在测量错误，全部标样的元素点应在持久曲线上，则可以排除干扰；如果干扰存在，某些标样的元素点出现在持久曲线的右面，这是由于干扰强度叠加在原有含量上而引起的强度比的增加。其次，从波长表查阅所用的波长是否有干扰。在钢中 Nb、Zr、S、Mo、W 等元素是很重要的，但在很多低合金钢中 Nb、W、S、Zr 含量很低，可不予考虑。而在一些低合金钢中，Mo 却有较高的浓度，尤其在火花放电时其强度较大。另外，要检查待测样品中上述元素的浓度是否很高。例如，以 NBS 1260 系列标样制作曲线，其中 1261 中 Mo 的浓度为 0.19%，1264 中 Mo 的浓度为 0.49%，这两个样品就可能产生对 Al 396.1nm 的干扰。而在作 Al 校正曲线时，1261 和 1264 的两点降落在校正曲线的右面，其计算含量将超过真实值（0.008%）。1264 的结果可能是 0.012%，一旦证明有干扰存在，就需要进行校正。验证干扰的简单过程如下：

（1）点子是否落在校正曲线的右面；

（2）查看波长表，干扰元素的浓度以及强度是否很高；

（3）被干扰的浓度与真值之间存在一定的偏差。

除此之外，还要注意下述几个问题：

（1）有时在波长表中没有列出干扰元素；

（2）因为有时干扰元素有某些补偿，干扰现象可能部分地被校正曲线掩盖；

（3）干扰是光源的函数，对一种光源可能是强干扰，而另一种光源可能不是。

一般光谱仪操作程序都具有干扰校正程序。通常干扰校准只能工作在干扰元素光强值较小的情况，干扰元素光强值太大，程序无法进行校正。

校正公式有两种形式：

（1）加法干扰校正公式：

$$\text{Conc}/\%\,(\text{真值}) = \text{Conc}/\%\,(\text{测量值}) - \text{SUM}\left[K_1 \times \text{Conc}/\%\,(\text{干扰值})\right]$$

式中　　K_1——加法干扰校正系数。

（2）乘法干扰校正公式：

$$\text{Conc}/\%\,(\text{真值}) = \text{Conc}/\%\,(\text{测量值}) - \text{SUM}\left[K_2 \times \text{Conc}/\%\,(\text{被测量值})\right]$$

式中　　K_2——乘法干扰校正系数。

干扰校正系数可通过标样激发测试获得。下面以一套中低合金钢 1260 系列标准样品数据为例来说明干扰系数的计算方法。其数据见表 2-2。

表 2-2　标准样品 1260 系列数据表

样　品	Al 数值/%	Al 计算值/%	偏差值/%	干扰元素 Mo/%	K 偏差 Mo/%	Al 干扰校正值/%
1261	0.021	0.023	0.002	0.19	0.010	0.0215
1262	0.098	0.096	0.001	0.068	—	—
1263	0.24	0.24	—	0.030	—	—
1264	0.008	0.012	0.004	0.49	0.008	0.008
1265	0.0007	0.0007		0.005		
BA45	0.025	0.029	0.004	0.51	0.008	0.025
BA46	0.45	0.45	—	0.21	—	—
BA47	0.045	0.046	0.001	0.25	—	—
BA48	0.038	0.037		0.005		
BA49	0.003	0.010	0.007	0.95	0.007	0.035

　　由表2-2可知：BA46没有看到有干扰，因为两者含量几乎没有差别。而1264和BA49干扰就很明显，因为两者Al含量很低。而1262的强度比恰好落在校正曲线上，显示有干扰。同时，负偏差也是允许的。通过干扰系数公式计算如下：

1261：$K_1 = 0.002/0.19 = 0.010$；

1264：$K_1 = 0.004/0.49 = 0.008$；

BA45：$K_1 = 0.004/0.51 = 0.008$；

BA49：$K_1 = 0.007/0.95 = 0.007$。

　　然后，取平均值，则Mo对Al的干扰系数K_1值为0.008。只有求出校正系数（系数K_1值）才能取得良好的分析结果。例如：$K_1 = 0.008$，1264的干扰校正值计算如下：

$$Al/\%（真实值）= Al/\%（仪器显示值）- SUM(K_1 \times Mo/\%)$$
$$= 0.012\% - 0.008 \times 0.49\%$$
$$= 0.008\%$$

　　不过要特别注意，如果你使用基体校准，在计算系数K值时，将基体校正值换成含量值，不是浓度比值，再进行计算校正系数。最后，在干扰校正操作程序中，会提出选定元素干扰的"起始浓度"。这是很有用处的，在上述例子中，当Mo的浓度很低时，则没有必要扣除干扰。假定在全部标样中，Mo的浓度为0.5%~1.0%。在小于0.5%时，观察不到干扰，那么"起始浓度"应该是0.5%。如果全部样品都含有1%的Mo，则其干扰是相同的，因此也观察不到干扰，但其强度值比正常值高很多。

　　目前，随着计算机的普及和计算速度的加快，光谱仪操作软件都有干扰自动校准这一操作项。计算机程序的干扰校准，只能工作在干扰元素光强值较小的情况下，而且干扰元素必须存在一个可测量的通道，即使有干扰线，但没有该通道也不能干扰自动校准。元素光强比值可使用最小二乘法，拟合计算百分含量值的公式如下：

$$Conc/\% = A(IR)^3 + B(IR)^2 + C(IR) + D$$

　　元素间干扰（inter element correction，IEC）能够被并入最小二乘法拟合，公式变成：

$$Conc/\% = A(IR)^3 + B(IR)^2 + C(IR) + D - [K_1(INT_1\%) + K_2(INT_2\%)]$$

式中　A，B，C，D——持久曲线的常数；

　　　　　　IR——光强比值；

　　　　　　$INT\%$——光强比值浓度；

　　　　　　K_1，K_2——元素间干扰校准常数（由计算机程序自动计算而获得）。

　　这种方法的优点，是不用调节A、B、C、D值，这应归功于光强值的影响。干扰校正在曲线校准中自动进行，不需要输入干扰的初始值，因为这也满足最小二乘法拟合需要。另外要注意：IEC是负值。如果它是正值，将不能使用。

2.4　方法特征参数

2.4.1　光源参数

　　在直读光谱分析中，其分析数据的准确度和被测元素检出限与光源的参数选择有关。光源的主要参数是电容、电感和电阻。而这三个参数对分析数据的重复性是很重要的。因此，在分析样品前，需要对上面三个参数进行条件试验，选择其最佳值，才能对样品进行分析。目前，光电直读光谱仪在出厂前，厂家已经将上面三个参数的最佳值设置好了，对于一般常用金属材料样品不需要条件试验选择，分析人员直接使用即可。但是，对于特殊材料的样品需要重新选择试验参数，比如金属复合材料锌铝合金镀层钢板上的镀层材料中铝的测定，由于其镀层厚度很薄，直接使用仪器的推荐参数，很容易击穿镀层材料，导致无法测定。因此，必须根据该材料的性质进行放电次数的条件试验，然后对上述参数进行更改。

2.4.2 电极间距

电极间距就是电极尖端和分析样品间的距离。电极间距过大，样品难以激发，激发时稳定性差，分析数据精密度也较差。电极间距过小，样品激发较易，但是随着放电次数的增加，辅助电极凝聚物质增加，容易造成长尖使得间距变小，这样也会影响分析精密度。特别是对间距变化比较敏感的分析元素分析精密度更差。电极间距的大小对样品激发是有很大影响的，因此，电极间距不能过大也不能过小，一般分析间隙采用 3~6mm。该指标在每个仪器上都是固定值，在常规分析中是不需要考虑的。但是，对于特殊材料需要重新考虑其电极间距。比如金属复合材料锌铝合金镀层钢板上镀层材料中铝的测定，由于其镀层厚度很薄，因此必须根据该材料的性质进行电极间距条件试验选择。

2.4.3 氩气流量

氩气流量就是每分钟流入仪器的氩气体积数，其单位用 L/min 表示。由于光电直读光谱分析是在氩气氛围条件下进行的，要想保持这个氩气氛围，就必须选择好氩气流量这个参数。如果氩气流量过小，火花室中的空气没有排净，空气中的氧气对紫外光有强烈的吸收作用，使谱线的强度大大减弱，分析灵敏度急剧下降；同时，由于散热太慢导致样品或电极发生变形，火花室中的空气和试样激发分解出来的含氧化物产生扩散放电；激发过程中产生的大量金属蒸气或粉尘积聚在火花室无法及时排除至机外，很容易对聚光镜（透镜）造成污染。上述现象的存在都会对分析结果的准确度产生影响。氩气流量过大，在激发样品时火花产生跳动，也会对分析结果的准确度产生影响，另外也造成氩气资源浪费，增加使用成本。因此，氩气流量的最佳值选择是必要的。一般来说，大流量冲洗控制在 5.0~10.0L/min，激发时的流量为 3.0~5.0L/min 之间，待机或静态时的流量为 0.5~1.0L/min。

2.4.4 预燃时间和积分时间

在光电光谱分析的样品激发过程中，激发过程是由两部分组成的。首先，样品在充有氩气的火花室中激发，空气绝大部分被赶跑，所以激发放电中选择性氧化的影响、氧化吸收紫外线的影响就比较小。但是，样品被激发后产生的电火花，由于样品存在着复杂的物理化学过程，如蒸发、扩散等，必须经过一定的时间后才能达到稳定的放电。也就是说各元素谱线的绝对强度和相对强度才更趋于稳定。而这个稳定，需要一定的时间，这就是预燃阶段。电火花稳定后，对电火花产生的光谱开始采集信号，并对信号进行积分处理（就像照相技术里的曝光）。不管是预燃阶段还是积分阶段，都需要一定的时间来完成，这个就是光电直读光谱法的重要参数：预燃时间和积分时间。

预燃时间和积分时间长短的选择，除了与光源有关外，还与样品材料性质有关。一般来说，为获得满意的激发参数，可将预燃时间和火花积分时间按正交试验法进行组合。在光源确定的情况下，比较容易激发的金属，即熔点低的金属，比如锌和铅，其预燃时间要短；对于熔点较高的铸铁，难以激发，其预燃时间要长。不同材料、不同元素的预燃时间是不一样的。中低合金钢的预燃时间可选 4~6s，高合金钢的预燃时间可选 5~8s，易切削钢的预燃时间可选 10~30s，铝合金的预燃时间可选 3~10s。

对于积分时间来说，主要取决于激发样品中元素分析再现性的好坏和元素含量值以及被选择的光谱谱线。一般情况下，元素含量越高，其光谱强度值越高，检测器信号越易发生溢出。因此，积分时间设置要短，反之可以适当延长。对于光谱谱线来说，弱光曝光时间长，强光曝光时间短。如果选择灵敏度较高的光谱谱线，在一定的含量值时，其光谱强度值比其他光谱谱线强度值要高，检测器信号也容易发生溢出，积分时间要短一些，反之可以适当延长。一般来说，对于痕量和微量元素，其积分时间要长一些；对于常量元素或高含量元素，积分时间要短。在选择谱线时，对于痕量和微量元素要选择特征灵敏线，对于高含量元素以选择次灵敏线为佳。

2.4.5   电极选择

电极的规格有 0.5mm、1.0mm、2.0mm、3.0mm、4.0mm、6.0mm，常用规格为 6.0mm，材料为钨棒。对于 0.5mm 的针式钨电极，其激发能力比 6.0mm 钨电极要低。因此，其极限激发厚度要小，可以对厚度只有几十微米的样品进行分析，比如采用 0.5mm 的针式钨电极，可对热镀锌铝合金钢丝样品上镀层材料的铝进行测定。除此之外，还适合纯金属样品、小件样品、箔状样品、点接触和线接触样品。

2.4.6   极限击穿厚度

极限击穿厚度就是在一定件下，样品在同一点位置连续激发 9 次未击穿，在第 10 次刚刚被击穿时的材料厚度。材料不同，其极限击穿厚度也不同。该指标和金属材料的熔点有关，熔点越低，其值越大；熔点越高，其值越小。对于同种金属材料，其极限击穿厚度也不是固定不变的，与电极规格、预燃时间和积分时间设置有关。在一定条件下，电极直径越小，其值越小；时间设置越小，其值越小；反之越大。比如铝合金板材样品，在额定工作条件下，激发 10 次，其极限击穿厚度在 0.5mm（500μm）左右。电极规格、预燃时间和积分时间改变后，其极限击穿厚度可降至 0.06mm（60μm）左右。

2.4.7   样品激发方式

样品激发方式与样品激发位置有关，根据激发位置不同可分为面激发和点激发两种形式。面激发就是在样品的分析面上的不同位置上（通常是三个或三个以上）各激发一次。选择这几个位置的激发值进行统计处理。它是光电光谱分析法常用激发方式，适用于分析平面较大的样品，即规则样品的检测，比如中板钢材样品。面激发包含单面激发和多面激发。单面激发只对一个分析面进行激发分析，用于原材料元素成分含量分析。多面激发是对两个及两个以上分析面的激发分析，常用于金属原位统计分布分析。点激发就是在样品的分析面上的同一位置上激发 10 次，选第 4~7 次之间的连续激发值进行统计处理。在光电直读光谱法中同一点连续激发，第 4 ~ 7 次之间的连续激发值精密度最好，在同等条件下，可以进行检测。该模式适用于小件以及分析面不能完全覆盖激发孔的样品检测，即不规则样品分析，比如外径小于8mm 的线材。

2.4.8 样品与平面接触方式

从几何学来讲，样品与平面的接触方式有面接触（图 2-7（a））、线接触（图 2-7（b））和点接触（图 2-7（c））三种方式。面接触是物体与平面接触闭合时，其接触部分为一个平面。线接触是物体与平面接触闭合时，其接触部分为一根线。点接触是物体与平面接触闭合时，其接触部分为一个点。大多数情况下，样品与平面的接触方式是面接触；常见的线接触方式为管材样品；常见的点接触方式为球形样品。

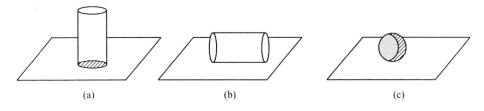

(a) (b) (c)

图 2-7 物体与平面接触方式

3 仪器结构单元

光电直读光谱仪的结构与其他光谱仪具有相似之处，也是由光源系统、光学系统、检测系统、数据处理系统四部分组成。除此之外，还有与仪器有关的配套附属系统，比如氩气系统、真空系统（非真空光谱仪没有）、恒温系统。上述每个系统都具有独立性，可以方便测试和检修，每个系统都是光谱仪器不可缺少的组成部分。其结构示意见图3-1。

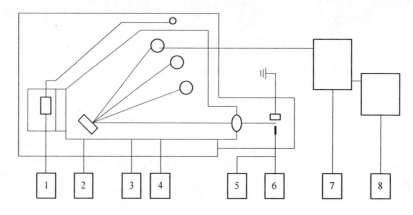

图 3-1　光电直读光谱仪结构示意图

1—恒温系统；2—分光系统；3—抽真空系统；4—真空控制系统；

5—供氩系统；6—激发光源；7—测控系统；8—数据处理系统

3.1 光源系统

光源系统，又称为"激发系统"，其基本功能是为样品中被测元素原子化和原子激发发光提供所需要的能量，也就是为试样蒸发、离解、原子化、激发等提供能量。光电直读光谱仪的光源系统，是通过电火花激发放电，使金属固态样品蒸发和离解并充分原子化。原子被激发后放出各元素的发射光谱。光源系统的基本要求：首先是灵敏度要高，即要求检测能力强，能够进行微量和痕量元素分析；其次是稳定性好，即在激发过程中，要求光源的电稳定性及发光过程中光的稳定性都要良好，这是进行光谱定量分析和保证分析准确度的基本要求；最后是要求蒸发性能要好、光谱背景小。因样品的组成不同，各组分的蒸发温度也不相同，这就要求光源能提供不同的蒸发温度，且蒸发温度应稳定可重复。光谱背景，一般是分子带光谱或高温热辐射的连续光谱。背景对光谱定性和定量分析都是有干扰的，是要消除的。另外，激发光源的结构还要满足简单、易操作且使用安全等要求。原子发射光谱分析的误差，主要来源是光源，因此选择光源应尽量满足以下要求：灵敏度高、检出限低、稳定性好、信噪比大、分析速度快、自吸收效应小、校准曲线的线性范围宽等。其仪器结构单元有激发光源、激发电极和激发台，见图3-2。

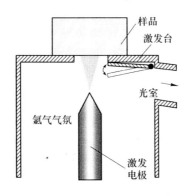

图 3-2　样品激发示意图

光电直读光谱仪的光源系统是电光源。电光源都有两个电极,当电极间有电流通过时,电极间就形成一个光源。待分析样品就置于电极间,样品被激发而发射光谱。两电极间因气体放电所产生的电流称为气体放电电流。气体放电电流是导致样品元素发光的直接原因。其主要特征是利用高压给电容充电,再借助电容放电使电极间隙气体电离而击穿,引起火花放电,这种光源具有很高的激发温度,最高可达到17000K。其温度分布见图3-3。

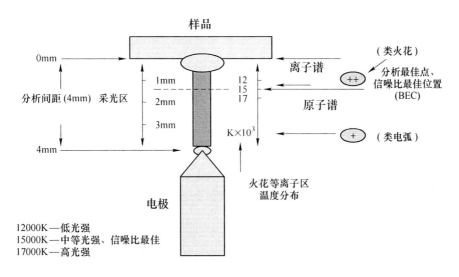

图 3-3　火花温度分布

在光电直读光谱仪的样品分析中,在火花光源的作用下,物质由固态到气态是一个非常复杂的过程,这个过程表现在试样中各元素的谱线强度,并不在试样一经激发后立刻达到一个稳定不变的强度,而是必须经过一段时间后才能趋于稳定。这是由于,在放电时试样表面各成分进入分析间隙的程度随着放电时间的延长而发生变化。因此,在光谱定量分析时,必须等待分析元素的谱线强度达到稳定后才开始曝光,这样才能保证分析结果的准确度。从光源引燃到开始曝光这段时间称为预燃时间。对不同的试样在不同的光源下,其预燃时间是不一样的,这主要取决于试样在火花放电时的蒸发程度,它不仅与光源的能量、放电气氛密切有关，还与试样的组成、结构状态、夹杂物的种类、大小等密切相关。目前，光电直读光谱仪所用激发能量方式，是高纯氩气气氛中的电火花激发类型光源，属于火花放电形式，这些光源激发所产生的光谱，都是在高纯氩气气氛中产生的。

在工业生产中，在火花光源的作用下对样品表面进行激发，使表面物质从固态变化到气态，这是一个复杂的过程。在样品检测中，为了对样品中难激发元素进行分析，传统火花激发光源通常采用 14～15kV 高压进行预燃。高压的引入会造成系统干扰，影响到光谱分析结果，还会带来大量热量，造成系统运行不稳定。为解决系统运行稳定性的问题，在数字式火花激发光源系统中引入高能预燃技术。采用高能预燃技术，可去除传统火花激发光源高压预燃带来的干扰，增强系统稳定性，提高样品元素检出限。高能预燃技术的特点是预燃电压不需要高压。通过控制电路控制电容进行放电，其电流上升速度快，可以使样品表面元素蒸发解离形成放电通道。高能预燃技术通过控制电容充放电，产生预燃火花放电，其放电能量与电容两端电压大小有关，通过调整放电电容两端不同电压，可以对不同材质的样品以及难激发物质进行激发。由于高能预燃进行火花放电其能量大，在对样品进行预燃时，可以使样品表面均匀激发，减小样品自身物理特性带来的干扰。

火花放电是一种电极间不连续的气体放电，在系统预燃时是一种电容放电，它是一种包含有电感 L、电阻 R、放电间歇 G 的线路上的电容器放电，也即存在 RLC 线路。预燃能量计算公式如下：

$$W = \frac{1}{2}CU^2$$

式中　W——电容的功率；

　　　C——电容的电容量；

　　　U——电容器充电所达到的电压。

3.1.1　激发光源

在光源系统中，激发光源为样品激发提供所需能量。样品中被测元素的原子蒸发离解，除了与被测元素的物理化学性质有关外，还与光源系统的放电特性（激发能量方式）有关。光源提供的能量，决定着原子被激发程度的好坏，当然也决定了检出限、精密度、准确度等几个重要指标。在光电直读光谱仪中，光源系统中的脉冲电源两极分别连接电极和样品，在电极与样品上施加的脉冲电压产生火花放电，放电的瞬间温度可高达 10000℃以上。高温使得样品表面局部气化或熔化产生光谱。因此，在原子光谱分析中，光源系统的好坏对光谱分析方法起着至关重要的作用。理想的光源应该是，根据不同样品的激发特点，提供相应的激发能量，在同一台仪器上使不同样品都能得到最佳的激发效果。

原子发射光谱仪激发光源的类型有：电弧光源（交流电弧和直流电弧）、电火花光源、电感耦合等离子体光源（ICP）。火花光源是光电直读光谱仪的激发光源，它是在通常气压下，两电极间加上高电压，达到击穿电压时，在两极间尖端迅速放电，产生电火花。放电沿着狭窄的发光通道进行，并伴随有爆裂声。日常生活中，雷电即是大规模的火花放电。相比其他光源来说火花光源具有更强激发和电离能力，有利于对难激发元素进行分析，并且火花激发光源具有放电稳定、重现性好、激发谱线自吸收小等优点。

按充电回路中电容器充电电压的高低，火花光源可分为低压火花光源（10～30kV）、中压火花光源（1kV）、高压火花光源（110～380kV）。高压火花光源是利用高压给电容充电，再借助电容放电，使电极间隙气体电离而击穿，引起火花放电，这种光源具有很高的激发温度，其基本电路如图3-4所示。电源交流电压经R进行适当的调节，通过升压变压器T后，使次级产生10～25kV高压。然后，通过扼流圈D向电容器C充电。当电容器两级间电压超过分析间隙G的击穿电压时，电容C就向G放电。G被击穿产生振荡性火花放电。转动续断器M2和M3为钨电极，每转动180°对接一次，转动频率为50r/s，接通100次/s。保证每半周电流最大值瞬间放电一次。在多数情况下，在电场中试样原子先电离成离子后再被激发。放电回路的状态取决于放电回路的电阻、电容和电感，可以是阻尼放电、临界阻尼放电和振荡放电。高压火花放电过程具有火花性和电弧性，放电电流具有强脉冲性，火花放电的激发温度可达10000K以上。其特点是放电瞬间能量很大，产生的温度高，激发能力强，某些难激发元素可被激发，且多为离子线。另外，放电间隔长，使得电极温度低，蒸发能力稍低，适于低熔点金属与合金的分析。分析结果稳定性好、重现性好，适用于定量分析。但是，还存在灵敏度差、噪声大等缺点。例如贝尔德公司生产的KH-3/5火花激发光源，就是采用高压预燃技术。

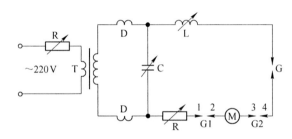

图3-4 高压火花发生器线路原理

R—可变电阻；T—升压变压器；D—扼流线圈；C—可变电容；L—可变电感；

G—分析间隙；G1，G2—续断控制间隙；M—同步电机带动的续断器

低压火花和高压火花一样，基本电路是由电容C、电感L、电阻R和分析间隙G组成。也就是在电容器上充电，通过电感和电阻放电，而在分析间隙处产生火花。对于振荡放电，减小R，缩短放电时间，放电性质趋向火花；对于阻尼放电，增大R，增长放电时间，降低峰电流，放电性质趋于电弧。其基本电路见图3-5。

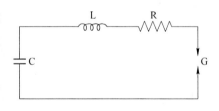

图3-5 低压火花发生器线路原理

在20世纪60年代，低压火花采用50Hz，分析时间长，分析再现性也较差。现在采用单向交变放电电路。单向交变放电是以阻塞二极管代替电路中原来的电阻，能精确控制放电的终点。这种光源的特点：首先是可以防止第二个半周产生振荡形式，使放电既是交流又是单向。其次是单向交变 di/dt 很大，每个火花的放电终点是固定的，因而精密度高。由于电路中去掉电阻，光源的散热量大大减少。最后是它可以减少标准化的次数、更换对电极清理火花室的次数。

目前，国内外大部分光电直读光谱仪所用光源都是数控激发光源。全数字光源的应用，提高了样品的测量精密度和相似性，提高了样品激发速度，提高了火花稳定性，使样

品有更好的重现性。这是因为全数字化智能复合光源 DDD 技术，可以根据不同材料的激发特点，自动调节光源激发参数，真正实现全数字化控制。另外，采用全数字控制模式和高能预燃技术，在氩气环境中可保证超稳定的能量释放以激发样品。该技术具有放电稳定、分析重现性好、放电间隙长、电极温度（蒸发温度）低、检出限低等特点，适宜易熔金属、合金样品、高含量元素分析；同时还具有谱线自吸小、激发温度高（瞬间可达10000K）的特点，适宜难激发元素分析。数字激发光源采用模块化设计，主要包括控制单元、主能量单元、点火单元、氩气控制单元，其原理见图 3-6。

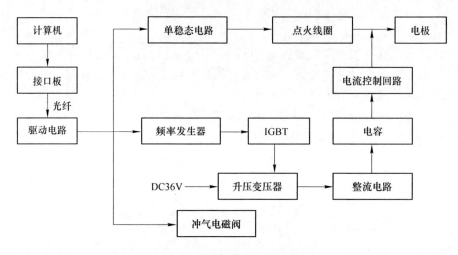

图 3-6　数字激发光源原理

　　控制单元也叫激发控制电路，它是通过接收上位机发出的控制信号，控制各电路模块正常工作。它是根据激发参数，控制主能量单元实现不同电流波形的放电。

　　主能量单元由整流、逆变电路组成。它是将输入电压经过逆变、升压、整流后，实现了交流稳压电源的整流和滤波，得到 DC520V 电压，供高压点火电路和脉冲形成网络使用。另外，还可以根据控制单元不同的控制信号，实现不同的放电电流波形，从而根据材质中不同分析元素定制放电参数，实现分析元素最优激发。主能量单元采用多通道主能量放电回路，各通道可以同时工作，也可以分时工作，不仅保证了较大的电流参数范围，而且避免了单通道连续工作发热造成的可靠性下降。主能量单元的电路采用脉宽调制（pulse width modulation，PWM）技术，在硬件电路参数一定的情况下，可以实现任意电流波形的放电，不同的放电电流波形具有不同的放电特性，从而实现不同样品的良好激发。控制单元内部建立各种优化的电流波形函数，通过调用不同的电流波形函数分析不同材质的样品，可以根据样品材质，建立多达 256 种电流波形函数，基本涵盖所有金属材质。脉宽调制（PWM）是利用微处理器的数字输出，对模拟电路进行控制的一种非常有效的技术，现广泛应用于从测量、通信到功率控制与变换的许多领域中。放电瞬间释放很大的能量，具有很强的激发能力，一些难激发的元素可被激发。放电稳定性好，重现性好，可做定量分析。例如英国专利"IntelliSource"就是国外仪器常用的数控激发光源，双电流控制火花源（CCS）具有较高的灵活性，以及可输出单峰值和多峰值电流。可根据样品的不同，提供高、低能量对外输出，在分析过程中，保证各个参数达到最优。火花源编辑器工具是以电流形式输入数值，不存在死时间，总体性能提高，干扰减少，精密度提高，夹杂物分析改善。短路导致放电中断（DISC）、可编程放电中断，提高火花可重复性，可用于样品的痕量分析。

点火单元又叫高压点火电路，它是通过点火变压器升压实现顺利点火，高压击穿电极气隙引燃主能量进行放电。也就是说，它是采用高能预燃技术产生15kV电压，将分析间隙电离，在样品和分析间隙之间形成一个供脉冲形成网络放电的通道。

氩气控制单元，它是通过氩气控制电路来控制氩气冲洗，在分析间隙间形成氩气保护气氛。

根据样品中各元素的光谱特性，对于数控激发光源，可把激发过程分为击穿前阶段、击穿阶段、电弧阶段、余辉阶段四个阶段。在样品分析前，操作者可根据样品中包含元素激发难易程度不同、不同元素激发后发出的谱线强度不同、元素被激发后进入分析间隙发出的谱线强度需要一定时间才能趋于稳定等特点，需要在电脑软件上，根据待测样品确定冲洗、预燃、曝光三者所需时间，确定激发频率等参数。上述参数调整原则，是保证被测元素的检出限、精密度和准确度三大重要指标，在最佳化的基础上进行优化，并找出被测元素最佳激发状态的时间段。因此，为了保证样品光谱分析的准确度，需要对不同样品选取不同激发频率和激发时间。一般铁基材料的激发频率设定为400Hz，而锌、铝、锡、铜等有色金属，由于较软，其激发频率可设定为200Hz或300Hz。铁基材料的预燃时间设定为10~15s，而锌、铝、锡、铜等有色金属设定为8~10s；曝光时间可以根据成分含量进行设定，常量范围设置为4~6s即可，微量及痕量范围可设置为6~8s。

从定量分析的观点来考虑，对光电直读光谱仪光源的要求，首先必须满足灵敏度高、检出限低和基体效应低，即其检出的信号可迅速感受到样品中元素浓度的微小变化，基体元素不干扰测定，可完成微量及痕量成分的检测工作；其次要满足信噪比大、自吸收效应小和良好的稳定性，即样品能够稳定地蒸发、原子化和激发，校准曲线的线性范围宽，其结果具有较好的精密度；最后要求光源结构简单和预燃时间短来满足分析速度快。

数字激发光源的主要技术指标有：放电频率100~1000Hz可调，最大放电电流达到400A，引燃点火脉冲为1~14kV，火花激发脉冲为20~230V，电弧激发脉冲为20~60V。其外观见图3-7。

图3-7 数字激发光源外观

3.1.2   激发电极

电极是电子或电器装置、设备的一种部件，用做导电介质（固体、气体、真空或电解质溶液）中输入或导出电流的两个端。输入电流的一极叫阳极或正极，放出电流的一极叫阴极或负极。电极有各种类型，如阴极、阳极、焊接电极、电炉电极等。在光电直读光谱仪光源系统中。电极的作用是用来激发样品。其电极属于输入电流的阳极，其功能是向激发区传输电流、传递压力及调节和控制电阻加热过程中的热平衡。因此，对电极材料的性能要求：首先，要有足够的高温硬度与强度，再结晶温度高。其次，要有高的抗氧化能力，并在常温和高温都有合适的导电及导热性；最后，要有良好的加工性能。常用的激发电极材料，采用碳、铜、铝、钨、银等材料制作。电极材料选择的原则是要有较好的分析精密度，被分析的元素不应在激发电极材料中，并且电侵蚀要小和具有连续多次使用等功能，激发电极的选择根据分析方法或分析对象的不同而选用。目前，在光电直读光谱仪中，使用单向放电激发光源；在放电时，为了防止激发电极被侵蚀，大多数仪器都采用钨棒做激发电极。采用钨做激发电极的特点是：激发部位不容易长尖，可连续使用数百次；另外，还具有蒸汽压力低、电阻小、导电性好、热膨胀小、弹性模量高等特点。但是，也有个别仪器采用银做激发电极。

目前，激发电极外径为：0.5mm、1.0mm、2.0mm、3.0mm、4.0mm、5.0mm、6.0mm 等。光电直读光谱仪的光源系统采用棒－板间隙（棒为正极）激发。这是因为在直流电压下，常见的激发方式有棒－板间隙（棒为正极）、棒－板间隙（棒为负极）、针－针间隙、球－球间隙，在同一间隙距离（10mm）下，其中棒－板间隙（棒为正极）击穿电压最低。一般样品的分析电极的外径为 6mm，特别是在难以激发的金属材料激发时，由于散热面积大，散热较快，不宜导致电极变形。但是电极激发后容易遗留许多金属粉尘颗粒，特别是低熔点金属，沉积在电极上在高温的作用，在电极表面形成合金结构，即使经过电极刷的清洁仍旧留有一定量的残余粉尘，影响电极的使用寿命和分析的准确度。因此在纯物质分析过程中，就必须采用 0.5mm 的针式电极。另外有个别仪器普通样品分析也是采用 1.0mm 或 2.0mm 的电极，其目的是为了减少电极的消耗，在更换基体时无需频繁更换电极，比如 GNR 光电直读光谱仪就是采用了小直径电极设计，直径只有常规直径的 1/5，它的使用可大大减少电极头粉尘的沉积。

3.1.3   激发台

激发台是提供样品激发所需要的平台及条件。功能是能承载样品；在氩气氛围中，保证样品激发，使样品激发产生的光谱线能量不损失。激发台内部是否清洁和电极极距是否稳定也会影响激发效果，如果激发台内部很脏就会影响电极极距，最终影响测定结果，因此经常清扫激发台是仪器维护保养的日常工作。最后，还要关注激发台内部的连接头的密封性能，以及氩气气路。如果密封不好，或者氩气气路设计有缺陷，都会发生漏气也将影响电极激发。理想的样品台应具有能够适合各种不同大小形状的样品分析、氩气消耗量小、冷却效果好、故障率低、容易清理、日常维护保养方便等优点。样品激发后在火花台内产生黑色沉积物可导致电极与火花台之间短路，所以火花台应定期清理。清理火花台前，先关闭光源。然后，拧下火花台前的电极定位螺杆，卸下激发台板，小心取出火花室内圆石英垫片和玻璃套管，再用吸尘器清理火花室的黑色沉积物。在卸激发台板时，注意要小心取下来，否则由于钨电极脆性较大，容易被撞断。激发台内部清理完成后，安装火花台板时要用中心距定好中心，再拧紧固定螺丝，然后用电极定距螺杆调整好电极距。再将玻璃套管套在电极上。另外要注意密封圈一定要上好，否则容易漏气；同时电极位置要对，否则影响入射光强。激发台清理后，一般都要做标准化，以校正和电极标准化。在激发过程中，每激发一个试样前，须用软纸擦净火花台，再用电极刷擦净电极。

3.1.4 光导纤维

光导纤维是一种能够传导光波、各种光信号的纤维。其外观是一种透明的玻璃纤维丝，直径只有 $1 \sim 100 \mu m$。它是由内芯和外套两层组成，内芯的折射率大于外套的折射率，光由一端进入，在内芯和外套的界面上经多次全反射，从另一端射出。光导纤维为混合物，属于非晶体，其基本成分是石英，只传光不导电。其不受电磁场的影响，在其中传输的光信号不受电磁场的影响，故光纤传输对电磁干扰、工业干扰有很强的抵御能力。光纤技术是以光纤的导波现象为基础的传感器。光从光纤射出时，光的特性得到调制，通过对调制光的检测，便能感知外界的信息，实现对各种物理量的测量，这就是光纤传感器的基本原理。光纤传感器是用待测量对光纤内传输的光波参量进行调制得到调制信号，该信号经光纤传输至光探测器进行解调，从而获得测量值的一种装置。与传统的传感器不同，它将被测信号转换为光信号的形式取出。

在光电直读光谱仪中，光导纤维是提供所有光谱线所需的传光及导光的条件和载体，现用于部分全谱型光电直读光谱仪。使用光导纤维的主要原因是 CCD 无法接受光强度为 $1000000 cts/s$ 以上的光。因此，需要通过光纤衰减光信号来使低像素 CCD 接受激发光。光强度对测样结果稳定性极其重要。该光导纤维是通过强度调制方式对光信号的强度进行衰减的。但是，有的全谱型光电直读光谱仪是不用光导纤维传递光信号的。它们在数控激发光源中采用电阻式设计，即通过软件对不同的元素来设置不同的火花电阻，可以使得火花的放电非常稳定，这样 CCD 检测到的光强度不会出现烛光似的跳动；另外，也可直接采用像素为 3048 以上的 CCD，这种高像素的 CCD 可直接接受高强度的光。通过上述两种改进，解决了由于光信号强度波动太大导致 CCD 衰减的问题。比如意大利 GNR 公司的 S5 型仪器。

3.2 光学系统

光电直读光谱仪的光学系统，也叫色散系统，它是光谱仪的核心，其作用是对光源系统产生出的各元素的发射光谱（不同波长的复合光）进行处理（整理、分离、筛选、捕捉），复合光经过光栅分离后，将各元素的特征光谱，按照波长大小进行排列。光学系统的元件有狭缝、透镜、棱镜、光栅、罗兰圆，其中在光谱仪中起分光作用的光学元件，即色散元件（dispersion element）为棱镜和光栅。

目前，光电直读光谱仪主要分为通道型光谱仪、全谱型光谱仪、通道+全谱型光谱仪。其分光（色散）系统设计是以帕邢－龙格光学系统为主。

通道型光谱仪的分光（色散）系统具有入射狭缝、凹面光栅、排列在罗兰圆轨道上的固定出射狭缝阵列。在罗兰圆上，刻有一系列宽为 $20 \sim 80 \mu m$ 的出射狭缝，后端安装对应数目的光电倍增管，在光电倍增管前面装有凹面反射镜。一条出射狭缝和与它对应的光电倍增管组成一个通道，用于测量一条分析谱线。多通道测量系统，每个通道输出一个光强值，反映的是透过出射狭缝的光谱的总强度。其特点是光学系统结构稳定、笨重和体积大。通道型光谱仪色散光学系统见图3-8。

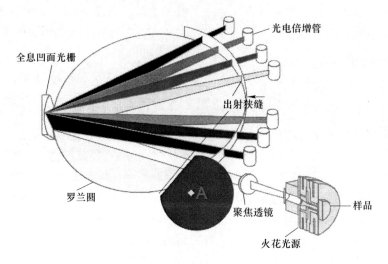

图 3-8　通道型光谱仪色散光学系统

全谱检测系统采用CCD（光电耦合器件）实现光谱信号的采集工作。为实现全谱检测，将CCD以互补交错排列方式摆放，有效缩小检测盲区，同时为了保证元素的分析精密度和检出限，低波段采用镀膜CCD，对于分析检出限要求较高的元素通道，采用普通CCD采集光谱数据，在实现全谱分析的同时，尽量降低元素分析的检出限。全谱型光谱仪的分光（色散）系统，从设计上，按分光方式可分为一维分光系统和二维分光系统两种。目前，全谱型光谱仪的光学系统采用一维分光系统设计，见图3-9。它主要包括入射狭缝、凹面光栅、罗兰圆上的CCD探测器等。入射狭缝和CCD均安装在与凹面光栅相切的罗兰圆上。根据凹面光栅的成像原理，透过入射狭缝的光，经过凹面光栅的分光作用后，会按波长顺序分布在CCD的不同位置。

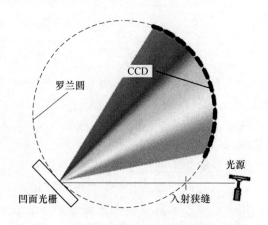

图 3-9　全谱型光谱仪色散光学系统一维分光

由于光室容易受到温度、湿度、真空度等环境变化的影响，光室内的元器件将会发生位移或变形，导致仪器精密度变差。因此，不管采用上述哪种技术，必须保证光室内部各元器件的位置固定。要想保证这些元器件位置不发生位移，其元器件的安装座就不能变形（其材料一般采用铸铁），才能够保证光学系统的稳定。

3.2.1　狭缝

狭缝有两个：一个是入射狭缝（entrance slit）；另外一个是出射狭缝（exit slit）。

入射狭缝安装在光谱仪光学系统最前面。光源光束通过狭缝射入光谱仪的分光系统。入射狭缝在光电直读光谱仪中作用很大，从成像关系上来看，光谱线是入射狭缝的单色像，从光能传递的关系上看，入射狭缝是限制光能量的有效光栏。入射狭缝的质量与谱线质量有直接的关系。因此，狭缝刀口的几何形状必须符合设计标准的要求。光电直读光谱仪的入射狭缝宽度为 $20mm \pm 5\mu m$。其平行性有一定要求，狭缝宽度必须有相应的读数机构。入射狭缝可以在罗兰圆的切线方向上作往复运动，实现谱线对出射狭缝相对位置的扫描。图 3-10 为 TY-9610 通道型光电直读光谱仪的入射狭缝装置图。此入射狭缝是依靠直线电机的走动来实现狭缝的扫描过程。由于受到外界机械振动、室内温度的影响，元素谱线偏离出射狭缝。这时就可对内标线进行扫描，通过电机的走动，使各个元素分析线都进入出射狭缝内。

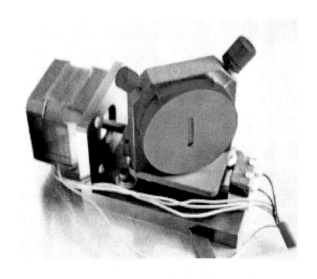

图 3-10　TY-9610 通道型光电直读光谱仪的入射狭缝装置

在光谱仪中，出射狭缝是用于分离出不同波长的谱线所使用的长方形孔。它安装在罗兰圆轨道上，其位置在未确定之前是可以任意移动的。仪器出厂前，已将它和所选用的分析线对准了，并且牢固地紧固在罗兰圆轨道上。一般情况下，不用进行调整。对应每个出射狭缝装置一个光电倍增管，将光强信号转换成电流信号。

3.2.2　透镜

入射窗口镜片（透镜）配置，在光电直读光谱仪中也是比较重要的。根据分析样品不同及分析元素含量下限不同，透镜配置会有一定的差异。不同仪器在解决碳、氮、硫等三个元素方面策略都不同。如 Thermofisher 公司，用户要分析钢铁中超低碳、超低氮或高纯铜产品的氧，则配置的透镜必须是表面含有镀膜的透镜。同时，采用高真空系统。透镜的表面镀有一层薄膜，称为"增透膜"，其材料为氟化镁。增透膜的主要作用是减少折射，增加透明度。氟化镁并不溶于乙醇，但是氟化镁容易吸潮而变形。在入射窗口镜片的维护保养方面，分析人员要注意该窗口除了通光功能外，还兼具真空光室的密封作用。如果操作不当，会造成不可估量的损失，严重时甚至造成光谱仪不可修复。入射窗口镜片的清扫或更换频次，可依据实际使用环境、日常的火花台维护保养情况、测量样品材料的种类、日均分析样品的数量等来确定。比如钢铁材料的炉前分析，按日均 100 个样品分析，维护保养周期可定为半年，如果低于这个量可以酌情确定维护保养周期。

3.2.3　棱镜

棱镜是一种由两两相交，但彼此均不平行的平面围成的透明物体。其作用是分光或使光束发生色散。材料采用玻璃或水晶等透明材料制作。但是，棱镜的工作光谱区，常常受到材料折射率的限制，在小于 120nm 真空紫外区和大于 $50\mu m$ 的远红外区是不能采用该器件的。

3.2.4　光栅

在光电直读光谱仪中，用于分光的重要光学元件是光栅。光栅也称"衍射光栅"（diffraction grating）。它是利用多缝衍射原理，使光发生色散（分解为光谱）的光学元件。它是在一块平面（或凹面）玻璃或其他材料上喷薄铝层后，刻有大量相互平行、等宽、等距（凹面按弦等距）的刻痕而制成（相邻刻痕间距离约与光的波长同数量级）。平行单色光通过光栅每条缝的衍射、各缝间的干涉，形成很宽的暗条纹、很窄的明条纹，其窄而明亮的条纹称作谱线。谱线的位置随波长而异，当复色光通过光栅后，不同波长的谱线在不同的位置出现而形成光谱。平面的称平面光栅（plane grating），凹面的称凹面光栅（concave grating）。在薄的平玻璃片上，刻制相互平行、等宽、等距的刻痕，亦可制成透射式的光栅。光栅的刻线很多，一般每毫米几十至几千条。这样的光栅可以是透射光栅或反射光栅。光通过光栅色散所形成的光谱是单缝衍射和多缝干涉的共同结果，它不受材料折射率的限制，可以在整个光谱区中应用。光栅主要有色散、分束、偏振和相位匹配四个基本性质，其主要参数是分辨率。另外，光栅的角色散率几乎与波长无关。在第一级光谱中，光栅角色散，比棱镜要大。在紫外 250nm 时，石英的角色散要比光栅大。光栅的分辨率比棱镜大。由于光栅具有上述优点，将会得到更进一步的应用。

按原理和用途，光栅分为物理光栅、计量光栅。物理光栅基于光栅的衍射现象，常用于光谱分析、光波长测量等。计量光栅是利用光栅的莫尔条纹现象进行测量的器件，常用于位移的精密测量。计量光栅又分为长光栅、圆光栅。根据栅线形式不同，分为黑白光栅、闪耀光栅。黑白光栅是对入射光波的振幅或光强进行调制的光栅，亦称幅值光栅。它是利用照相复制工艺加工而成。其栅线与缝隙为黑白相间结构。闪耀光栅是对入射光波的相位进行调制，亦称相位光栅。它是采用刻划工艺加工而成。其横断面呈锯齿状。根据光线的走向，长光栅又分为透射光栅、反射光栅。用得较多的是反射光栅。反射光栅又分为平面反射光栅、凹面反射光栅。透射光栅是将栅线刻制在透明材料上，如光学玻璃和制版玻璃。反射光栅是将栅线刻制在具有强反射能力的金属上，如不锈钢或玻璃镀金属膜。前者使光线通过光栅后产生明暗条纹，后者使反射光线产生明暗条纹。根据光栅原理设计光栅的槽型分布，实现光栅在140~500nm波长范围内多个波段闪耀，并通过Matlab仿真验证设计结果并优化设计，实现光栅在多个波段范围内闪耀，提高重要谱线范围内的衍射效率。衍射光栅制作方法有机械刻划、全息光刻、压模复制三种。它们制作的光栅分别称为刻划光栅、全息光栅、复制光栅。

机械刻划是加工母衍射光栅的传统方法，机刻光栅的刻槽是先划线后刻制。刻槽的轮廓为三角形或梯形。使用专用光栅刻划机生产机刻光栅。其制作过程是，先在光栅毛坯上，真空镀上一层铝（或某些其他金属），然后用金刚石刻刀将其表面刻划成大量平行、等距、平直的刻槽。实际上，机械刻划的光栅就是闪耀光栅，它是利用具有不同角度的金刚石刻刀来改变光栅的闪耀角和闪耀波长，从而可以产生较高级次的光谱。所以，选线更具灵活性，从而避免光谱干扰。因此，刻划光栅具有衍射效率高、有明显闪耀特征等优点，这些都归功于光栅的槽型，它是完全依赖刀具刃口形状所产生的。机刻光栅的质量，直接与刻槽的直线性、平行性、等间距性有关，并要求刻槽的轮廓必须从第一根到最后一根保持不变。因此，机刻光栅在制作过程中，要保证金刚石刻刀的刀刃上禁止出现豁口。否则，在刻划过程中，光栅的刻槽会出现质量缺陷，影响光栅的直线性、平行性、等间距性，从而导致光栅的杂散光增强、产生"鬼线"（伪谱线）。目前，在国内外还有部分仪器采用机械刻划光栅。比如：ThermoFisher SID4460仪器，采用1m焦距机刻光栅，具有波长覆盖范围宽（120~850nm）、分辨率高、灵敏度好等优点。

全息光栅是将激光产生的干涉条纹在干板上曝光，经显影定影制成的母衍射光栅。在1cm距离内，通常刻有成千上万条多光束干涉狭缝。复合光经过全息光栅后，可形成尖锐明亮的光谱线。通过该种技术，也可制作出透射全息光栅和反射全息光栅。其制作方法是，在光学稳定的平玻璃坯件上，涂上一层给定型厚度的光致抗蚀剂或其他光敏材料的涂层。由激光器发生两束相干光束，使其在涂层上产生一系列均匀的干涉条纹，则光敏物质被感光。然后，用特种溶剂溶蚀掉被感光部分，即在蚀层上获得干涉条纹的全息像。所制得为透射式衍射光栅。如在玻璃坯背面镀一层铝反射膜后，可制成反射式衍射光栅。由此可见，全息光栅分光不是基于光的反射和折射，而是基于光的衍射和干涉原理。所以，全息光学元件又称为衍射元件。这种方法制造的光栅线槽密度高、划面宽度大，刻线可达3663~4234条/mm，面积可达$165 \times 320mm^2$。选用高刻线光栅进行分光，是为了减少紫外光能量损失。鉴于全息光栅的刻线总数大幅度增加，色散率和分辨率也大幅度得到提高，其实际分辨本领可达理论分辨本领的80%~100%。

复制光栅就是用原刻光栅制成的复制品，以用来代替昂贵的原刻光栅。其最大的优点是，使用同一块母光栅，可以大批量生产出光栅参数相同的复制光栅。所以，复制光栅的成本低。目前，复制法有：一次复制法、二次复制法。一次复制法就是真空镀膜法；二次复制法就是明胶复制法。二次复制法是，先复制母光栅的划痕，然后用该划痕印划在毛坯的明胶上。二次复制工艺比较烦琐，但所需设备和条件都比较简单。明胶复制法所复制的光栅质量比母光栅差。一次复制法制作过程是，在原刻光栅上，利用真空镀膜法镀一薄层硅油和一层厚1.5μm的铝膜，用胶黏剂将它牢固地黏结在复制光栅的基板玻璃上，再用分离工具将两片玻璃分开，基板玻璃上便得到与原刻光栅相同条纹数的光栅膜层，即复制光栅。全息离子速刻蚀衍射光栅，也是通过全息成像技术复制而成的。其刻槽轮廓为正弦形或近似正弦形，它利用干涉现象生产。其刻槽的制作过程，是先用全息干涉产生正弦槽形的光刻胶光栅，然后将光栅放入离子束刻蚀机中，并保持光栅槽与离子束（投影）垂直，根据闪耀角的大小调整基片与离子束间的夹角，就可将正弦槽形的光刻胶光栅转移到基片上，成为锯齿槽形的闪耀光栅。因此，从工作原理来说，它应该是复制光栅。它是经过全息成像技术制得的胶片复制而成全息离子束刻蚀衍射光栅，其衍射效果和全息光栅无差别，与传统的刻划光栅相比，具有无鬼线伴线、杂散光少、分辨率高、有效孔径大等优点。另外，该光栅可以进行批量生产，由于其生产效率高，可降低生产成本使之价格降低。全息离子刻蚀光栅扫描电子显微镜获取的断面图像见图 3-11。

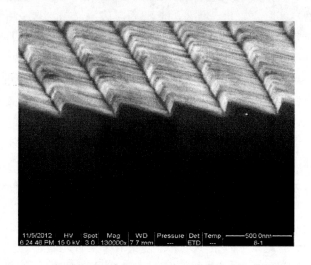

图 3-11　全息离子刻蚀光栅扫描电子显微镜获取的断面图像

光电直读光谱仪选择光栅，主要考虑光栅刻线、闪耀波长、光栅效率三大因素。这是因为，光栅刻线的多少直接关系到光谱分辨率。刻线多，光谱分辨率高；刻线少，光谱覆盖范围宽。其两者要根据实验灵活选择。光栅的刻线数量与分析元素的波长有关。远紫外光波长短、能量高，要求光栅具有极强的分光能力，故应选择高刻线光栅，如 3600 条/mm 进行分光，并且为了减少紫外光能量损失，应选择对远紫外光吸收小的材料作光栅。可见光波长居中、能量居中，要求光栅具有较强的分光能力，故应选择中刻线光栅 2400 条/mm 进行分光，且对光栅材质无特殊要求。闪耀波长为光栅最大衍射效率点，因此选择光栅应尽量选择闪耀波长在实验需要波长附近。比如，实验为可见光范围，可选择闪耀波长为 500nm。光栅效率是衍射到给定级次的单色光与入射光的比值。光栅效率越高，信号损失越小。为提高效率，除提高光栅制作工艺外，还采用特殊镀膜提高反射效率。这也是为什么很多光栅脏了不能擦洗的原因。目前，国际上大部分光电直读光谱仪的光栅，普遍采用全息照相技术直接制作成的全息光栅。无锡金义博、烟台东方、聚光盈安、钢研纳克、江苏天瑞等厂家，采用全息光栅作为分光元件。比如：TY-9000 全谱型光电直读光谱仪，采用焦距为 400mm 全息凹面光栅，刻线为 2400 条/mm 或 3600 条/mm；在色散率中，一级光谱为 0.55nm/mm，二级光谱为 0.275nm/mm；其分辨率为优于 0.01nm。TY-9610

通道型光电直读光谱仪光栅，采用曲率半径为 750mm 的全息凹面光栅，刻划密度为 2400 线/mm，刻划面积为 $30mm^2$，闪耀波长（一级）为 300nm，线色散为 0.55nm/mm。

3.2.5 罗兰圆

1880 年年初，物理学家罗兰（Henry A. Rowland）发现了罗兰圆。若将缝光源和凹面光栅放置在直径等于凹面光栅曲率半径的圆周上，且该圆与光栅中点相切，则由凹面光栅形成的光谱呈现在这个圆周上。它是一个经典的分光结构，能将入射狭缝、光栅、出射狭缝同时聚焦在罗兰圆上。与衍射光栅组合在一起，形成罗兰光栅系统。它是光栅的辅助器件，因为是罗兰最先发现的，因此该圆称为罗兰圆，参见图 3-12。

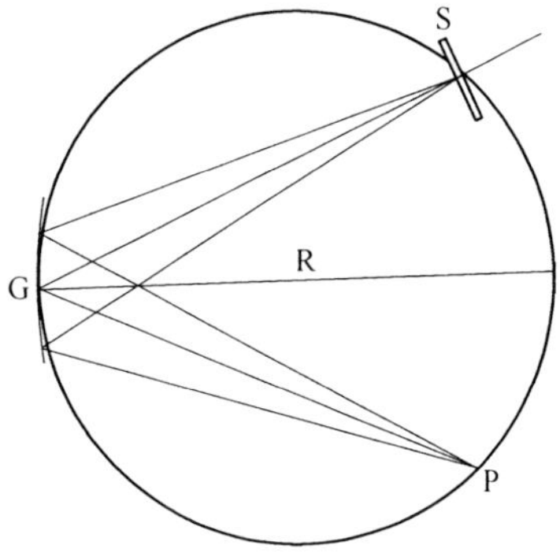

图 3-12 罗兰圆示意图
G—光栅；S—入射狭缝

3.2.6 光室

使用光电直读光谱仪分析铸铁、不锈钢、低合金钢、哈氏合金、蒙乃尔合金等金属材料时，除了检测金属元素以外，还需要检测 C、S、P、As、B、N 等非金属元素。以上这些非金属元素的最佳光谱分析线均在真空紫外波段，干扰较少，但是灵敏度不如可见区的分析谱线高。另外，空气中的氧气、氮气、水蒸气等，对这个波段的谱线会产生强烈的吸收，使光谱仪能够测量到的紫外光谱强度很弱，从而影响被测元素的准确性及可靠性。所以，必须将光室中的空气除尽，以避免谱线被空气所吸收。

目前，主要有两种方式可以实现真空紫外波段元素的测量。一是光室抽真空方式；二是光室充氩气方式。单纯从紫外光传输看，这两种方式都能很好地实现 C、S、P、As、B、N 等元素的测量。光室抽真空方式是利用真空泵把光室中的空气抽出，使光室内部形成真空状态，从而避免空气中的氧气、氮气、水蒸气等对光谱的吸收。光室抽真空方式的光学系统由光室、真空泵、电磁阀、光学器件、电器部分组成。此类光谱仪的光室一般都比较大。国际上比较有代表性型号的光电直读光谱仪有 TY-9000、OBLF、QSN750 等。真空型光电直读光谱仪，对仪器的设计及制作工艺有很高的要求，而市场上大多数抽真空产品，因技术积累及成本控制原因，很难能够达到这种工艺水平。目前，市场上常见的真空光谱仪大多存在以下问题：

（1）由于光室的抗压强度不够而使光室发生形变，进而导致数据稳定性差。

（2）低成本采购的电磁阀故障率高，导致油气倒吸入光室，严重时会导致光学系统报废。目前，部分真空泵故障率较高，需要频繁地维护，从而给用户造成较大维护成本及人工成本。

光室充氩气方式是用惰性气体（一般为氩气）充入光室，将光室中的空气排出，从而达到紫外区 C、S、P、As、B、N 等元素的最佳分析状态。光室充氩气方式的光学系统由光室、气路系统、光学器件、电器部分组成，没有机械泵，没有像真空条件一样的气密性要求，且光室与外界压差基本可以忽略不计，所以对光室的抗压强度要求也没有那么高。因此，仪器可以做小，大大方便了仪器的安装及移动。同时，也避免了真空系统带来的故障率，大大降低了用户的维护成本。另外，一般充氩气方式的光谱仪，检测器为CCD或CID。不仅可以实现全元素（全谱）检测，而且也十分易于扩展。国内外比较有代表性的厂家有：德国斯派克、中国金义博科技、英国阿郎等。代表性型号有spectro MAX、金义博M2、英国阿朗ARTUS。另外，其光室采用双光室设计，C、S、P、As、B、N等元素使用单独一个光学系统检测。Fe、Cr、Ni、Mo、V、Ti、Cu、Al等常规元素使用另外一个光学系统检测。检测效果要比一个光室涵盖所有紫外及可见元素的效果好不少。整体铸造光谱室可隔绝外部环境对光谱室的影响。光谱室采用恒温控制和连续抽真空技术。由于温度和压力的变化是引起波长漂移的主要原因，所以，利用严格的恒温控制技术（34℃±0.2℃）和高度稳定的真空环境，来确保波长漂移的可能性。由于分光室温度的变化会引起入射狭缝位置的偏移，造成谱线整体的移动，可采用双极温度控制设计，即分光室恒温和电路系统恒温，确保温度不出现较大波动，从而避免引起谱线较大范围的漂移。

3.3　检测系统

检测系统就是通过电子读出系统的积分板和数模转换板，将谱线的光强信号转化为电脑能够识别的数字电信号，从而测量各元素的特征谱线强度值。它是光谱仪的大脑，控制整个仪器正常运作。目前，光电直读光谱仪所用检测器有：光电倍增管（PMT）、固体检测器（CCD/CID），或者两者联合使用。

光电倍增管，英文"Photomultiplier tube"，缩写"PMT"。它是一种具有极高灵敏度和超快响应时间，可快速将微弱光信号通过光电效应转变成电信号，并利用二次发射电极转变为电子倍增的真空电子管类光探测器件，是常见的光电发射器件之一。光电倍增管可分为光电阴极、电子光学输入系统、电子倍增系统、阳极四部分。光电阴极是光电子发射探测器中的外光电效应的材料，是完成光电转换的重要部件。其性能好坏直接影响整个光电发射器件的性能。其基本参数主要包括阴极灵敏度、阳极灵敏度、电流增益、暗电流、光谱响应范围以及阴极均匀性等。光电阴极性能要求光吸收系数大、光电子在体内传输过程中受到的能量损失小、表面势垒低、表面逸出几率大。光电倍增管是由光电管发展而来的，光电管的基本工作原理是光电效应。即在电场作用下，当光电阴极受光照后，释放出光电子轰击发射极，引起电子的二次发射，激发出更多的电子。然后，飞向下一个倍增电极。如此，电子数不断倍增，阳极最后收集到的电子可增加$10^4 \sim 10^8$倍，使光电倍增管的灵敏度提高，从而检测微弱光信号。其发射极的二次放大系数与其加上的电压成正比。通道型光电直读光谱仪以光电倍增管作为检测器。光电倍增管具有电流放大倍数高、噪声小、极限灵敏度高、线性范围宽、工作频率范围宽、稳定性好、坚固耐用和使用寿命长等优点。在光电直读光谱仪中，光电倍增管（PMT）用于通道型、通道+全谱型仪器检测系统中。光电倍增管内，除光电阴极和阳极外，两极间还放置多个瓦形倍增电极。使用时，相邻两个倍增电极间均加有电压用来加速电子。其中，电子倍增系统又分打拿极和微通道板（MCP）两种。

打拿极型光电倍增管由玻璃封装，其内部高真空，倍增器由一系列倍增极组成，每个倍增极工作在前级更高的电压下，见图3-13。打拿极型光电倍增管接收光的方式有端窗式和侧窗式两种。其工作原理是光子撞击光阴极材料，克服了光阴极的功函数（work function）后产生光电子，经电场加速聚焦，带着更高的能量撞击第一级倍增管，发射更多的低能量的电子，这些电子依次被加速向下级倍增极撞击，导致一系列的几何级倍增，最后电子到达阳极，电荷累积形成的尖锐电流脉冲，可表征输入的光子数多少。功函数，又称功函、逸出功，在固体物理中被定义成：把一个电子从固体内部刚刚移到此物体表面所需的最少的能量。一般情况下功函数指的是金属的功函数，非金属固体很少会用到功函数的定义，而是用接触势来表达。

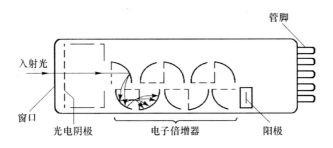

图 3-13 打拿极型光电倍增管结构示意图

微通道板型光电倍增管是一种新型的光电倍增管，英文为"Micro Channel Plate Photomultiplier Tube"，缩写为"MCP-PMT"。与传统光电倍增管相比，微通道板型光电倍增管所使用的电子倍增系统为微通道板，适于受照面积大的光源应用，见图 3-14。MCP-PMT 的光入射方式均为端窗式。其组成有输入光窗、光电阴极、电子倍增极和电子收集极（阳极）等。微通道板由上百万根微细玻璃管构成，玻璃管孔径一般在几到几十微米，微孔内壁敷有二次电子发射材料。常规状态下，单块板的厚度为微孔直径的 40 倍。单块微通道板一般能获得 1000 倍以上的电子增益。基于微通道板的薄片式结构，以此作为倍增极的光电倍增管通常采用近贴聚焦的方式，这样各电极间的距离大大缩短，极间电场分布均匀。同时，为实现近贴聚焦而采取的真空转移工艺技术，减小了碱金属对器件内部的污染，这样微通道板型光电倍增管在基本参数、应用参数和运行性能方面，较之传统的光电倍增管都有了较大的提高，特别适用于快速且极微弱信号的探测。其系列产品可广泛应用于激光技术、高能物理研究、光学仪器、物理化学分析、宇宙射线检测、天文学和地质探测及航空航天等领域。

按进光方式，光电倍增管入射光窗可分为侧窗式和端窗式，见图 3-15。目前，大多数通道型光电直读光谱仪的光电倍增管检测器都采用侧窗式。其主要生产厂家为日本的滨松光子学株式会社。另外，还有美国的 BURLE、俄罗斯的 BINP 等厂家。

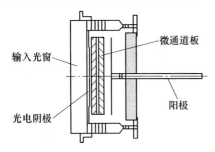

图 3-14 微通道板型光电倍增管结构示意图

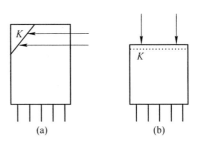

图 3-15 光电倍增管进光方式
（a）侧窗式；（b）端窗式

通道光电倍增管，英文为"Channel Photomultipliers"，缩写为"CPM"，属于端窗式光电倍增管。它是美国珀金埃尔默股份有限公司研发出的一种新型超高灵敏度的光电探测器。该器件采用独特的探测器原理，实现了超高增益、高动态范围的紧凑设计、极低的暗电流和快速响应。其特点为：暗电流较低、动态范围较宽（10^8）、受磁场干扰较小。与传统的 PMT 相比，其体积较小。大多数光电直读光谱仪以传统的侧窗式光电倍增管（PMT）作为检测器；个别仪器以通道光电倍增管（CPM）作为检测器，如 Q6 COLUMBUS 型、Q8 MAGELLAN 型光电直读光谱仪，就是以通道光电倍增管（CPM）作为检测器。

通道光电倍增管（CPM）的工作原理是：通过安装在端窗式光窗口内表面的一个半透明的光电阴极，接收非常微弱的入射光，把低电平（低微弱）的光转换成光电子。然后，光电子从阴极到阳极，穿过一个狭窄的半导体通道，光电子每次撞击弯曲通道的内表面时，产生类似于光电倍增管的雪崩效应，发射出倍增的二次电子。这个效应沿着整个倍增通道，发生多次倍增，导致雪崩效应，增益达到 10^8。弯曲的玻璃管形状加强了倍增效应。它与传统的侧窗式光电倍增管（PMT）相比，阳极灵敏度提高了一个数量级，达到 $10^7 A/W$。暗电流降低两个数量级；噪声电平长时间极端稳定。极低的暗电流具有更高的动态范围，而且扩展了检测应用范围，能够替代传统的光电倍增管（PMT）以及雪崩管（APD）。新型端窗式光电倍增管（CPM）结构见图 3-16。

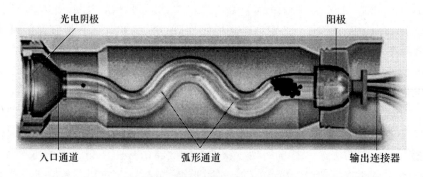

图 3-16 新型端窗式光电倍增管（CPM）结构

固体检测器是用于全谱型光电直读光谱仪的检测器。其元件类型有电荷耦合器件（CCD）和电荷注入器件（CID）两种，常用的是电荷耦合器件（CCD）。

电荷耦合器件（Charge Coupled Device）的英文缩写为 CCD。它是由美国贝尔实验室的 W·S·博伊尔和 G·E·史密斯，于 1969 年发明的。它由一系列紧密配列的 MOS 电容器组成。因其很小的面积上集中了很多的检测单元，所以它能实现全谱记录而无任何遗漏。它不需过多的配置，这也是它相对光电倍增管的一个优势。CCD 检测器的光谱仪尺寸小、质量轻，也不需要加高压电，可作为全谱型光电直读光谱仪的检测器。

CCD 的工作原理是，在 P 型或 N 型硅单晶的衬底上，生长一层厚度为 $0.1 \sim 0.2 \mu m$ 的 SiO_2 层。然后，按一定次序沉积 N 个金属电极作为栅极。栅极间的间隙约 $2.5 \mu m$，电极的中心距离为 $15 \sim 20 \mu m$。于是，每个电极与其下方的 SiO_2 和半导体间构成了一个金属－氧化物－半导体结构，即 MOS 结构。其工作原理是：利用半导体材料的光电效应，将光信号转换为电荷，并存储在由电势差而形成的势阱中，通过改变电势分布，控制电荷的定向移动，最终读出电荷量的大小，从而获得光信号的强度。与光电倍增管所不同的是，CCD 通常由几千个甚至更多个微小的光敏面（像素）构成。每个像素宽度仅为几个微米。由于 CCD 具有灵敏度高、暗电流小、动态范围宽、几何尺寸稳定等特点，现已成功应用于各种光学仪器。CCD 的特点是以电荷作为信号，不是以电流或电压作为信号。它可以实现光电转换、信号储存、转移（传输）、输出、处理以及电子快门等一系列功能。输入部分的作用是，将信号电荷引入到 CCD 的第一个转移栅下的势阱中。引入的方式有：光注入、电注入。光注入是将光信号通过正面和背面进入 CCD。电注入机构由一个输入二极管和一个或几个输入栅构成，它可以将信号电压转换为势阱中等效的电荷包。

按结构，CCD 器件可分为线阵 CCD、面阵 CCD。线阵 CCD 由一个输入二极管（ID）、一个输入栅（IG）、一个输出栅（OG）、一个输出二极管（OD）和一列紧密排列的 MOS 电容器构成。其结构简单，单排感光单元的数目可以做得很多，在同等测量精密度的前提下，测量范围可以做得较大。传输光电变换信号和自扫描速度快、频率响应高，能够实现动态测量，并能在低强度光信号下工作。面阵 CCD 可以同时接受一幅完整的光像，有行间转移（IT）型、帧间转移（FT）型和行帧间转移（FIT）型三种。其应用面较广，可用于面积、形状、尺寸、位置和温度的测量。

面阵 CCD 的优点是：可以获取二维图像信息，图像直观。缺点是：像元总数多，而每行的像元数一般较线阵少，帧幅率受到限制。CCD 固体检测器具有暗电流小、灵敏度高、信噪比高、量子效率高等特点，接近于理想器件的理论极限值，是个超小型、大规模集成的元器件。作为光电直读光谱仪的检测器，可以制成线阵式或面阵式的检测器，光线经光栅色散后，聚焦在探测单元的硅片表面，检测器将光信号转换成电信号，可同时记录成千上万条谱线，并大大缩短了分光系统的焦距，使光电直读光谱仪的多元素同时测定功能大为提高；另外，由上万个像素构成的 CCD 元件，每个像素的宽度只有几微米，面积只有十几平方微米。因此，每个元素分析谱线对应的检测单元像素可以做得很小，检测单元之间的距离也可以设置得很近。这样 CCD 检测器就可以做得很小，那么分光系统的焦距也就可以大为缩短。单色器的焦距为 15~30cm 时，就可以达到通常的分辨率。这样分光室便可大大缩小，最终仪器体积也可大为缩小。CCD 检测器的线性度、灵敏度和重复性都比较好。工作曲线的线性范围宽，可达 100 倍。而且在整个动态范围响应内，都能保持线性。这一特性对光谱的定量分析具有特别意义。一种扩展 CCD 动态范围的方法是，根据光的强弱改变每次测量的积分时间。强信号采用短的积分时间，弱信号采用长的积分时间。这种方法解决了检测速度和元素连续测定的问题，但于测量强信号旁的弱信号非常不利，如果积分时间太长，强信号存在溢出问题，积分时间太短则无法检测弱信号。在金属材料元素的连续测定中，由于分析积分时间一定，对微量或痕量分析的准确度有一定影响。CCD 作为新一代检测器具有一定优势，比如它可以实现全谱扫描，而不受具体通道的限制。

CCD 结构如图 3-17 所示。

电荷注入器件（Charge-Injected Device）的英文缩写是 CID。它是由金属、氧化物和半导体构成的电荷转移器件。它的衬底用 N 型硅，电极势阱下收集的电荷是少数载流子空穴；在 N 型硅衬底上氧化成一层二氧化硅薄膜，薄膜上装有两个电极。当有光照射时，硅片中产生电子空穴对。当控制电极被施加负电压时，空穴被收集在电极下的势阱中，电

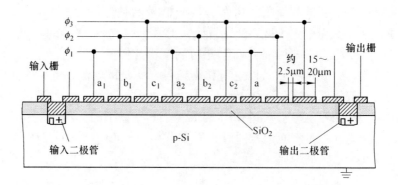

图 3-17　CCD 结构示意图

荷量与光强成正比。电荷可以在两个电极之间转移并读出。它的基本结构与 CCD 相似，也是一种 MOS 结构。当栅极上加上电压时，表面形成少数载流子（电子）的势阱，入射光子在势阱邻近被吸收时，产生的电子被收集在势阱里，其积分过程与 CCD 一样。CID 主要采用二维阵列形式，具有线性度、灵敏度和重复性较好，每个 CID 检测单元自动控制最佳曝光时间，以及无"溢出"、最佳信噪比、随机存取积分方式等特点。在 CID 上每个横竖的点阵就是一对硅型金属－氧化物－半导体（MOS）电容，也称为检测单元，相当于一个光电倍增管。CID 感光点有 $512 \times 512 = 262144$ 个，且为矩阵连续排列。如每根谱线接收以 9 点感光点计，它可同时完成 2 万余根谱线的采集工作。

　　全谱型光谱仪与通道型光谱仪相比，只是改变了检测器，即用全谱的 CCD 替换传统的 PMT，其他构造并没有改变，比如罗兰圆构造、光栅分光系统等。因此，CCD 光谱仪与传统型相比，仅仅是检测器不同。光电倍增管具有电流放大倍数高、噪声小、灵敏度高、线性范围宽（10^6）、工作频率范围宽、稳定性好、坚固耐用和使用寿命长等优点，可以直接测量低于 170nm 的波长。在光学类分析仪器，特别是在高端光学类分析仪器的检测系统中，使用最多的是光电倍增管。其主要质量指标是放大倍数，还包括放大系数的直线性、工作稳定性和结构尺寸等质量指标。其特点是对弱信号的灵敏度非常高、响应速度非常快，不需要像固体检测器（CCD/CID）一样经过较长时间的积分。

　　固体检测器整个波长范围内的所有谱线均可利用，我们可以选择所有的最佳线来进行分析，不会因为空间有限而被迫放弃某些最佳线。对于任何一个元素，都有许多谱线可供选择，能够覆盖完整的含量范围。对于某个特定的含量范围，我们也可以同时选择几条谱线进行分析，对这些谱线的结果进行平均，这样可以提高分析结果的准确度。根据用户的需要，可以添加额外的谱线（针对不常见的元素）。这可以在仪器生产时完成，或者在用户现场完成，在用户现场可以添加新的基体，而且不需对硬件做任何改动。固体检测器在测量远紫外区时需要特别的涂层，光电倍增管的动态范围为 10^6，而固态检测器的动态范围仅为 10^4。固态检测器的信噪比不如光电倍增管好。自动校准光路以及"在峰测量"无须手动寻峰，省时并减少出错。随着 CCD 技术的不断发展，小型化仪器功耗小，占用空间小且易于维护。光电直读光谱仪开始朝小型化、全谱型方向发展。全谱型光电直读光谱仪能够获得全波段范围内的光谱，满足多基体分析要求，谱线选择灵活，可以有效扣除光谱干扰，分析更准确。全谱型仪器更适合便携式以及小型台式光谱仪。在高端市场，通道型仪器具有优势（更好地检测 N、O 等元素）。目前，可通过特殊涂层与数学方法克服固态检测器的不足（远紫外区的灵敏度以及动态范围）。部分全谱型光电直读光谱仪的检测器电荷耦合元件（CCD）存在老化信衰减的问题。主要原因有两个：一是有的厂商采用的电荷耦合元件（CCD）是非专业厂家生产的，其质量不能保证；二是有的激发光源技术存在缺陷。在光纤信息传输过程中，光源光强过高或者不稳定导致光纤污染，光强信息传输率低。如今，生产厂家对此缺陷进行了改进，有的仪器采用性能较好的脉冲合成全数字光源，避免光源光强过高或者不稳定导致光纤污染。有的仪器不采用光纤直接传输，光路在真空状态中直接传输，即采用真空光室来解决上述问题。

3.4 数字信号处理系统

数字信号处理系统（digital signal processing，DSP）的基本概念、基本分析方法，已经渗透到了信息与通信工程、电路与系统、集成电路工程、生物医学工程、物理电子学、导航、制导与控制、电磁场与微波技术、水声工程、电气工程、动力工程、航空工程、环境工程等领域。光电直读光谱仪的数据处理系统，由信号读出系统及数据处理系统（计算机）组成。其目的是，将采集到的数字信号转化成每个元素的含量。信号读出系统的作用是，将光信号转化成光强数值。计算机数据处理系统的作用是，将每个元素的某条特征光谱线的强度，转化成该元素的含量。信号读出系统又叫积分系统，主要技术有单脉冲火花时间分辨读出技术和火花累计读出技术。采用的方法有内标法、通过标准物质绘制曲线、通过 PDA 技术筛选数据、通过软件通道的测量数据进行背景以及第三元素干扰的去干扰运算、通过控制样品找回仪器的漂移量。例如：单火花采集（SSA）数据处理系统，对光电倍增管（PMT）采集的数据，采用灵活采集开始－停止算法（FAST）、离散火花强度去除算法（DISIRE）、Spark-DAT 算法进行处理。由于样品中存在结构缺陷及夹杂物，可产生奇怪的火花行为和烧蚀变化，出现低强度现象。其中，灵活采集开始－停止算法（FAST）能够对各通道中的最优单火花脉冲强度进行处理，即获得最稳定的信号数据，提高精密度。离散火花强度去除算法（DISIRE），可丢弃强度特别低的信号，根据内部标准通道响应进行探测，提高精密度。Spark-DAT 算法可用于酸溶/酸不可溶以及夹杂物分析。

3.5 配套系统

目前，大部分光电直读光谱仪的配套系统有两个：一个是用于提供光源激发气氛的氩气系统，所用介质是氩气；另外一个是用于测定紫外区元素的真空系统，所用设备是真空泵。但是，也有个别仪器配套系统只有氩气系统，该系统同时具备上述两个功能。

3.5.1 氩气系统

在光电直读光谱仪中，氩气为工作气体。为什么要采用氩气作为工作气体呢？从以下五个方面来解释：

第一，氩气的电离电位较低，作为工作气体可降低分析间隙的击穿电压。这是因为氩气和空气分析间隙的击穿电压不一样，在 1 个大气压下，均匀电场中空气气氛中的分析间隙击穿电压为 3000V/mm，氩气气氛中为 1000V/mm。氩气的击穿电压明显低于空气。由于分析间隙的击穿电压越低就越容易放电激发，因此击穿电压越低有利于获得较稳定的特征光谱强度。

第二，氩气是原子状态的气体，而空气（氮、氧）是分子状态。它们经激发后，氩原子所产生的激发光谱（800nm）比空气（氮、氧）的激发光谱（分子光谱带）要简单，其连续背景要低很多。

第三，氩气作为保护气，在激发过程中，不会与样品金属蒸气形成其他化合物，可防止分析样品和电极不被空气氧化、氮化。这是因为空气是由氮气和氧气组成的。在高温下，分析样品和电极可被氧化生成氧化物，或者氮化生成氮化物，而氧化物和氮化物不具有导电性，可导致分析样品激发停止、中断工作，上述现象的出现将直接影响各元素的光强度值。氩气是惰性气体，在高温下不和任何金属发生反应，它的使用将可有效地杜绝金属的氧化和氮化。

第四，氩气可以传输真空紫外光谱（200nm 以下），可杜绝紫外区的特征光谱被吸收。吹氩的主要作用是，试样激发时赶走火花室内的空气，减小空气对紫外光区谱线的吸收。主要是在远紫外区，空气中的氧气、水蒸气具有强烈的吸收带，对分析结果造成很大的影响，且不利于激发稳定，形成或加强扩散放电，激发时产生白点。另外，在高温情况下样品中的合金元素可能会与空气中成分发生化学反应生成化合物，从而产生分析光谱，对我们所需的原子光谱造成干扰。碳、氮、硫、磷等元素其特征谱线都在紫外区。

第五，样品被激发时氩气可带走热量和粉尘，并消除记忆效应，净化分析环境。气体具有流动性，不但可以带走多余的热量，还可以带走大量的粉尘。当温度较高时，使样品或电极发生膨胀现象，导致分析间隙发生变化。粉尘的存在可使分析过程具有记忆效应或者影响光谱光路，不管是哪种情况，都会影响分析结果的准确度。

光电直读光谱仪所用氩气的纯度，必须满足 GB/T 4842—2006《氩》中的高纯氩等级，即氩气纯度必须≥99.999%。对氩气中的杂质含量也有一定的要求。对于氩气纯度这个问题，首先从光电直读光谱仪的火花放电模式谈起。在氩气氛中的火花放电有：凝聚放电和扩散放电两种放电模式。凝聚放电集中在样品的较小面积上，其样品原子蒸发较好。而扩散放电比较分散，其样品原子蒸发较差。在间隙中，由于这两种放电释放出的能量相同，凝聚放电在阴极处的放电电流密度大，其激发斑点为黑色，而扩散放电的放电电流不集中，样品容易与氩气中的杂质氧或水分在分析面形成氧化层，其激发斑点为白色，导致两种放电所得分析结果差别很大。因此，凝聚放电（黑色）是好的，扩散放电（白点）是不好的。高纯氩作为火花室保护气氛，其纯度高，即杂质氧和水分低，会形成所需要的"凝聚放电"。否则，就会形成"扩散放电"。如果氩气中氧气或水分杂质含量过高，上述元素很容易与杂质氧发生反应，生成氧化物而影响测定结果。另外，前面也说到特征谱线在紫外区，碳、氮、硫、磷元素由于其光谱被杂质氧吸收，也会影响测定结果。在样品分析过程中，由于铝、硅、铬、钼、钛和钒等元素对氧的亲和力比较高，易产生白斑等。一般来说，在相同氧浓度的氩气气氛中，对于铜、镍、金和银等元素，它们在自然界比较稳定，与氧的亲和力差，其基体样品不易在表面形成氧化膜，易产生凝聚放电，且每次放电时侵蚀的金属量较大。氩气中杂质气体应该满足氧允许量（体积分数）不大于 5×10^{-6}、氮允许量（体积分数）不大于 20×10^{-6}、水分允许量（体积分数）不大于 5×10^{-6}、其他杂质总量（体积分数）不大于 5×10^{-6}。铝、镁、锌、铁和铬等元素，与氧的亲和力较大，如果在氩气气氛中杂质氧浓度高，在放电时其表面易形成氧化膜，形成扩散放电。因此，为了保证"凝聚放电"，杜绝"扩散放电"，氩气纯度要高。氩气中部分杂质气体限量，还应该符合：氧允许量（体积分数）不大于 2×10^{-6}、水分允许量（体积分数）不大于 2×10^{-6}。

　　氩气系统由氩气控制电路、电磁阀、气流控制阀等组成。根据激发过程的需要，气流量的分配由程序设定，各阀门出厂时已由制造厂设定，用户不需要单独调整，只需提供 0.3MPa 的气源即可。氩气进入火花室有一条通道，从聚光镜前面下方进入火花室，这样就能比较彻底地冲净光线通过处空间的空气，又可以阻止激发时产生的粉尘对聚光镜的污染。氩气系统各单元氩气流量分配如下：

　　（1）待机状态：为 0.5L/min。此时电磁阀门关闭，氩气经过固定气流控制阀保持其恒定值。在常规分析状态下，静态氩流量为零。

　　（2）大流量冲洗：为 5～6L/min。此时电磁阀全开，目的是冲击更换样品时带进的空气。

　　（3）激发状态：为 3～5L/min。中间电路电磁阀关闭，另一路与常流量合并，以维持正常激发。当激发停止时，两阀关闭，又进入待机状态。

　　氩气的压力和流量对分析质量有一定影响，它决定氩气对放电表面的冲击能力，这种能力必须适当。氩气流量过低，不足以将试样激发过程中产生的氧气及形成的氧化物冲掉，其氧化物凝集在电极表面上，从而抑制试样的继续激发；氩气流量过高，会造成不必要的浪费，对光谱仪也有一定的冲击损伤。因此，氩气压力和流量必须适当。实践证明，氩气的压力和流量应根据不同材质进行调节，对中低合金钢的分析，输入光谱仪的氩气压力应达到 0.5～1.5MPa，动态氩的流量为 12～20L/min，静态氩的流量为 3～5L/min。因此，必须要求氩气的纯度达到 99.999% 以上。

　　如果氩气纯度不够，或者杂质过高，也可以采用氩气净化机去除杂质，以满足分析要求。氩气净化机是用来除去氩气中氧气、氮气、水、二氧化碳、烃类等杂质的净化设备。在前面已经说明氧气、氮气和水等杂质对分析的影响。因此，将上述杂质控制在一定范围内是必要的。目前，在市场上能用于光电直读光谱法分析的氩气净化机主要有两种机型。

　　一种机型使用新型复合金属做催化剂，利用合金吸附剂和海绵钛等高效杂质吸附剂除去杂质。吸附剂能与氧气、氮气、水、二氧化碳和烃类等杂质反应生成稳定化合物，经高效全金属过滤装置过滤后输出高纯气体，从而达到纯化目的。其内置有 4 个塔：两个水分吸收塔、一个氧气吸收塔、一个氮气吸收塔。水分吸收塔为双塔结构，一组工作，另一组备用。在 370℃，可以连续再生 8h 后使用。在 250℃ 下，氧气吸收塔进行工作，属于耗材，不能再生。在 680℃ 下，氮气吸收塔进行工作，也属于耗材，不能再生。

　　另外一种机型采用纳米级贵金属材料作为吸附剂来吸附氩气中的氧气、氮气、水、二氧化碳和烃类等杂质，达到纯化氩气的目的。其核心部件采用高科技合成反应器替代传统的多组、塔式净化结构和合成反应器组成的氩气净化机。该机在氩气输入、输出端均安装有气体粉末过滤器（过滤粉末直径小于 6μm）。该合成反应器可反复原位再生。原位再生时，高纯氩气正常输出，无需加氢，无需停机，是氩气净化技术的一次创新。

　　上述两种类型的氩气净化机的气体管路系统，均采用高纯气体专用的无泄漏不锈钢波纹管阀门。其管路、阀门及配件内外，均采用电化学抛光技术，避免气体二次污染。经两种净化机净化后的氩气纯度，都可达到 GB/T 4842—2006《氩》中的高纯氩的等级，可直接用于光电直读光谱分析。

3.5.2   真空系统

在光电直读光谱仪中，真空系统处在光室中。那么光室为什么要在真空环境中呢？这是由光谱谱线波长相应区域所决定的。复合光经过色散系统分光后，按波长的大小依次排列的图谱，也就是光谱图谱。从红色到紫色，相应于波长由 390 ~ 770nm 的区域，是人眼所能感觉的可见部分。还有人眼所看不见的光，如紫外线、红外线、γ 射线等。从广义讲，各种电磁辐射都属于光谱，一般按其波长可分为 γ 射线（0.00005 ~ 0.14nm）、X 射线（0.01 ~ 10nm）、微波波谱（0.3 ~ 1mm）。而光谱区可分为紫外区（10 ~ 200nm）、近紫外区（200 ~ 380nm）、可见光谱区（380 ~ 780nm）、近红外光谱（780 ~ 2526nm）、远红外光谱（3 ~ 300μm）。在光电直读光谱仪中，能用于检测的光谱谱线，在近紫外区、可见光谱区、部分真空紫外区。对于近紫外区和可见光谱区的光谱谱线，不需要真空模式，即在空气模式下就可以检测。但是，对真空紫外区的光谱谱线，必须在真空模式下才能检测。这是因为，在真空紫外光谱区，氧气存在着两个吸收区。第一个吸收区是 176 ~ 195nm。在 130 ~ 160nm 的光谱区，氧气基本上不吸收该波长的光谱。第二个吸收区是 110 ~ 130nm 或者更短波长。该吸收区的吸收峰处在 145nm 附近。在常温常压下，14μm 厚的氧气层可吸收进入分光室中的紫外光谱近一半的辐射强度。氮气的吸收区为从 99 ~ 145nm，随后吸收变小。氮气在大于 145nm 的远紫外光谱区是不吸收该波长光谱的。水蒸气具有两个吸收区，一个是从 178nm 开始，另一个是从 134nm 开始。由此可见，氧气对真空紫外光谱区的光谱有吸收作用，导致其光谱强度值降低、灵敏度下降。在金属材料中，需要对 C、P、S、As、B、N 等非金属元素进行分析，而它们的特征光谱分析线均在真空紫外区。因此为了不影响其检测，在光电直读光谱仪中采用分光室真空模式是必须的，因为只有保证仪器的分光系统置于无氧和无氮的空间，才能保证 C、P、S、As、B、N 等非金属元素分析数据的准确度。

光电直读光谱仪的真空系统，主要由真空泵、电磁真空挡板阀、波纹管、真空控制板、真空高压控制板、手动（自动）控制板、规管和光学室等组成。真空泵是用于将一个封闭容器抽成真空状态的一种机器。光电直读光谱仪真空泵有：油泵型真空泵和分子型钾膜泵两种。它们都是光电直读光谱仪的重要附属设备。油泵型真空泵用于常规元素分析，而分子型钾膜泵用于超低碳和超低氮元素分析。在通电和断电的瞬间，电磁真空挡板阀能迅速打开和关闭，主要用于接通和关闭光学室与抽真空管路的电磁阀。真空控制板是对光学室真空度、真空泵及光电倍增管负高压等部件，进行控制和检测的线路板。由检测箱为其提供 +12V、−12V、+5V 的工作电压，其 4 芯的插子与规管相连，从而使真空度由电压值显示出来。可通过电位器 W3、W4 来设定真空泵的启动电压、高压的启动电压（6 芯插子）。同时，与 CPU 进行通信，将测量参数传到计算机，在屏幕上显示出真空系统的工作状态。真空高压控制板和真空、光学室保护开关联动的、控制负高压是否加载的线路板位于高压箱内，由高压电源板提供 21V 电源电压，受光学室盖开关和真空控制板控制。只有光学室盖盖好和真空度低于 0.7Pa（可根据实际情况自行设定）二者同时满足时，高压开关板上才有负高压；否则无高压。是否加载高压可通过真空控制上的指示灯来判断。自动（手动控制板）调节器，可设定自动和手动两种方式的部件。当选择手动挡时，按下开始抽气开关，则真空泵开始工作（只要总电源不关，真空泵就一直工作），按下停止抽气开关则真空泵停止工作。按下自动方式则不需人为控制，只要检测系统打开，真空系统就会自行运转。其前面板上有 5 个指示灯，指示真空系统的工作状态。当自动抽真空系统出现故障时，就可以打开机器的右边壳，将自动手动开关转至手动方式，接着再将抽气/停止开关转至抽气状态即可工作。真空规管是一种将压力信号转变为电信号的压力传感器。

4 仪器安装调试

4.1 仪器安装基本条件

光电直读光谱仪是光电结合的精密仪器。要想测定出准确的数据，必须在一定的工作条件下运行。正确地使用、维护保养以及安装条件是机器正常运行、延长使用寿命和数据准确度的前提保障。因此，在仪器安装时，一定要把其原理和实际操作搞清楚，一定要按照仪器说明书来准备安装条件。光电直读光谱仪与其他精密仪器一样，外部环境的微小变化，都会对数据测定的稳定性带来变化。因此，实验室设计和选址，主要考虑环境要求和配套要求。环境要求是首要问题，主要包括房间面积、振动及电磁源、噪声、含尘量、门、地面、湿度、温度。

在实验室选址中，要注意房间面积、振动及电磁源等因素。房间面积的大小要适中。若太小，其活动空间变小，房间显得拥挤，人员操作困难；若房间太大，室温不好控制，浪费能源。房间选址要远离振动源，比如冲压车间、铁路、拉力实验室。这是因为，分光（色散）系统是光电直读光谱仪重要系统之一，其各光学元件的位置在出厂前就校准好了。而光栅又是色散系统最重要的元器件之一，其位置一旦固定好，是不能发生位移的。在检测过程中，如果仪器产生振动，其光栅的位置就可能发生改变，导致仪器杂散光增加，影响结果准确度。严重时，信号无法检出或检测信号很弱，直接影响测定。除此之外，小型全谱台式光谱仪（CCD）要安装在具有防振基础的固定水泥操作台上。其固定操作台的防振性能、抗冲击能力不小于 10 个重力加速度，并且保证实验室地面无明显振感。另外，如果房间离电磁源很近，会影响仪器的电器元件性能。因此，房间选址也应该远离中频炉、变压器等高频发生装置。要求实验室电磁干扰小、抗电磁场干扰、RF 信号衰减大于 10^3。

在实验室设计中，主要考虑噪声、含尘量、门、地面、湿度、温度等因素，要尽量做到环境好一点，尘土少一点。仪器应避免阳光直射，要远离化学腐蚀性气体、冷热通风口。这是因为电学元件会因灰尘、潮湿、油污、温度过高，使介质损耗增大、绝缘降低、暗电流增大，重者击穿、损坏、漏电，轻者会使仪器的稳定性变差、增大热噪声电子，使信噪比降低，尤其是高压高频元件。仪器常见光学元件是光栅，其表面镀膜，长期放置在湿度较大环境中，易产生霉斑。霉菌对光学仪器的危害是非常严重的，它可使光的透过率、反射率、光导、象质大大降低。

噪声是发声体做无规则振动时发出的声音。仪器检出限是衡量仪器灵敏度的一个重要指标。仪器的灵敏度越高，其最低检测质量浓度就越低。而仪器检出限的高低与背景信号、噪声有关（背景/噪声）。噪声越大，检出限越低，因此要降低实验室噪声的影响。一般实验室噪声标准小于或等于 60dB 即可。

灰尘是大气中的一种固态悬浮物，常存在于空气之中，易伴随风的吹拂而四散至各处，是空气中主要物质之一。光电直读光谱仪光源发出的光，经分光器、检测器窗口所经过的路径，其透射面和反射面都会受到灰尘污染。灰尘可对光信号产生吸收、反射或散射，使信号因损失而减弱，导致其强度值降低，灵敏度降低。另外，电学元件，特别是高压高频元件，也会因灰尘吸附使介质损耗增大、绝缘降低、暗电流增大，使其检测数据的重复性变差。严重时，可导致部分电子元器件击穿、损坏或漏电。因此，实验室的灰尘量控制是必要的。含尘量是指每立方米气体中含有悬浮微粒的个数。一般实验室对含尘量的规定为：大于 $1.0\mu m$ 之尘粒应该少于 4×10^{7} 个$/m^{3}$。如果达不到要求，实验室可安装有防尘或过滤尘埃的设施。比如：在设计时，实验室可考虑设计双层门窗，仪器实验室应与制样室隔离。

实验室的门是实验人员和物品的出入通道，在人员遇到危害时，也是逃生通道。因此，它应具有便捷性和安全性。一般情况下，为了安全起见，实验室的门应该向外开。为了出入方便，门的高度为 2m、宽 0.9m 即可。目前，光电直读光谱仪主要分为通道型光电直读光谱仪、全谱型光电直读光谱仪、通道 + 全谱型光电直读光谱仪。其中通道型光电直读光谱仪体积比较庞大，为落地式仪器。如果门的宽度太小，设备无法进入房间。因此，为了保证仪器能够顺利地进入房间，宽度为 90cm 以上的通道型光电直读光谱仪，其门要保证有足够的宽度以方便仪器进出。因此，在设计时，可设计宽度为 1.5 ~ 1.8m 的双扇门（见图 4-1）。全谱型光电直读光谱仪外观体积小、质量轻，大多为台式仪器。通道 + 全谱型光谱仪为落地式仪器，其体积、质量都比通道型光谱仪要小很多。但是，比全谱型光谱仪还是要大。上述两种仪器宽度都在 50 ~ 60cm 之间，其门的宽度为 90cm 即可。

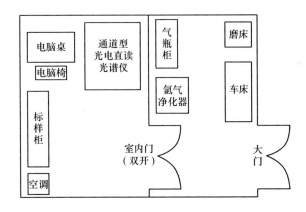

图 4-1　通道型光电直读光谱仪光谱室平面图

实验室的地面是指房间内部和周围地表的铺筑层，也指楼层表面的铺筑层（楼面）。其主要参数有：地面承重能力、地板漆、地面振动等指标。在设计时，地面承重能力是针对通道型光谱仪来考虑的。这是由于通道型光电直读光谱仪与全谱型光电直读光谱仪相比，其质量较重，前者是后者的 2 ~ 5 倍。因此，通道型光电直读光谱仪应当选择能够承受仪器质量的位置和足够的面积，进行仪器放置。全谱型光电直读光谱仪质量较小，放在一个专用固定的分析台面上即可。通道 + 全谱型光电直读光谱仪虽然也是落地式，但是仪器质量比通道型光电直读光谱仪轻很多，普通地板即可承受。在安装或维修过程中，部分光谱仪可能会漏水或漏油。为了避免地板漆被损伤或者弄脏地面，可选择防水耐油漆进行粉刷。前面谈到仪器房间选择要远离振动源，如果无法避免，比如炉前实验室，其房间设计要考虑制作减振装置，安装在仪器腿下，比如防振垫。

光谱实验室内环境温度应该控制在 15 ~ 25℃（波动小于 2℃/h），相对湿度控制在 45% ~ 70% 范围内。要求是无冷凝环境，并远离化学腐蚀性气体。实验室需配备温湿度计来监控温湿度的变化，防止水气凝结，造成仪器电路系统损坏。根据实验室的面积，温度可采用合适容量柜式空调来控制。在潮湿地区或梅雨季节，还应要求根据房间面积配备一台合适的除湿机。仪器房间要求封闭，防止尘埃侵入，室内温度波动小于 2℃/h。日温度变化不超过 10℃。在这种温度变化范围内，可确保仪器的稳定性及数据的可靠性。

一般说来精密光学仪器，从光源发出的光经分光器、检测器窗口的光学有效距离内，其透射面、反射面都会受到灰尘、水气、油气等污染而产生斑点，使光信号因为斑点的吸收、反射、散射损失而减弱。严重时，可使其背景及噪声增大。另外，由不同材料组成的部件，因线膨胀系数的不同，会发生扭曲或变形，与原来的基准产生偏差。光学元件随温度变化也会产生微小变化，这种微小变化可导致光学系统的性能发生变化。因此，精密仪器对环境温度及湿度有一定的要求。仪器房间应避免大量的空气流动（远离通风口），空调的吹风不应直接吹向仪器。为了避免阳光直射仪器，仪器不能在窗口下安放。否则，由于阳光曝晒，会导致仪器光室温度升高，造成数据的漂移。通常情况下，由于实验室早晚温差、阳光直射升温、空调启动等，都会导致仪器光室的温度发生变化，在温度控制过程中应加以注意。若室温偏高会可使仪器的散热效率降低。仪器内部因温度升高可使仪器电子元件的性能降低，最终导致使用寿命缩短和绝缘性能降低。同时，由于仪器零部件和元件的温度系数不同，温度的波动也会使各部件的相对位置产生位移。由此引起仪器内部光学及色散元件的折射率发生变化，导致光栅色散率发生变化。此时光谱线（入射狭缝的像）就会偏离出射狭缝的中心位置，光谱线的清晰度或强度也会受到一定的影响。如果室内湿度过大，仪器中的光学元件、光电元件和电子元件受潮后，易发生锈蚀和霉变等现象，导致仪器接触不良或性能下降，甚至报废。另外，潮湿的环境还容易使仪器的绝缘性能变差，带来不安全的因素。如果湿度过低，易产生静电干扰现象（导致室内灰尘过多），导致电路板损害。严重时，还会对分析人员的健康带来危害，比如口干舌燥、眼干鼻塞、咽喉肿痛，严重者还会患上各类呼吸道疾病。

光电直读光谱仪实验室配套要求有：电源、地线、氩气。

在实验室中，常见的电源是干电池（直流电）和 220V 交流电源。光电直读光谱仪的主机为 220V/20A。为保证仪器长期安全使用，需配备一台单相 220V、功率为 3kW 的磁饱和稳压电源。要求稳压电源反应时间小于 10ms。为了防止突然停电后又紧接着来电的冲击，在稳压电源前可安装一个不小于 20A 的交流接触器，以防止停电以后突然来电的脉冲电流对仪器的影响。为了保证仪器的数据精密度，实验室的电源应该接交流稳压器的输入，而交流稳压器输出应接至仪器设备。

光电直读光谱仪属于大型精密分析仪器。地线是仪器不可缺少的配置。为了防止电磁干扰并保证人身安全，仪器对地线要求较高，要求配备专用独立地线（仪器单独使用）。一般情况下，每个仪器厂家都有安装地线要求，其大致要求接地电阻必须小于 3Ω，地线与电源零线间电压小于 1V。仪器接地电阻的大小可以定义接地电流的大小，接地电阻值越小，接地装置的接地电压值也就越小。安装完毕后，要对其接地电阻进行测量。仪器接地电阻一般可用电流表－电压表、电桥法、接地电阻测量仪等进行测量。目前，都采用接地电阻测量仪进行测量。接地线埋入地下深度不应小于2m。在特殊场所或者干燥的砂石土壤安装接地极时，如果接地电阻达不到要求，应在接地极周围堆积一定量的食盐、木炭，并加入水，以降低接地电阻。如果用2根及以上的接地极时，各极之间的距离不应小于2.0m，以减小大地的流散电阻。在有强烈腐蚀性的土壤中，应使用镀铜或镀锌的接地极。同时，接地极不得埋设在垃圾层及灰渣层区，敷设在大地中的接地极不应涂漆，以免接地电阻过大。地线接地示意见图4-2。

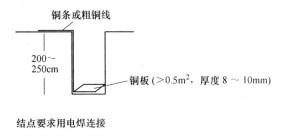

图4-2 地线接地示意图

氩气的纯度将直接影响到样品的分析结果，如果氩气中含杂质较多，比如氧，样品激发后将出现白斑（扩散放电），导致被测元素强度值下降，激发的稳定性、测量的平行性、重现性将变差，直接影响其测定结果的准确度。因此，光电直读光谱仪需要配备两瓶纯度大于99.9995%的高纯氩，以便在安装调试及现场培训时使用，用户需配备一个双表式氩气表（0~2.5MPa/0~25MPa）。氩气管道尽量靠直读光谱仪近些，管道材料可采用牌号为304的不锈钢。如果纯度不够，可选购氩气净化装置。在安装时要注意气路系统不能漏气。

4.2 仪器安装

光电直读光谱仪是金属材料成分检测中常用的分析仪器，现广泛用于铸造、钢铁、金属回收、冶炼、军工、航空航天、电力等领域中。光电直读光谱仪属于精密仪器，它与其他精密仪器一样，在安装时都会有一些安装要点需要掌握。不同的精密仪器安装要求有所不同，但一般都包括对实验室环境、电源、通风、气体等方面的要求。下面以TY-9000全谱型直读光谱仪安装为例予以说明。

TY-9000全谱型直读光谱仪由主机、电脑组成。在仪器安装前，首先要注意仪器外面的开关、接头（口），这些器件一般都安装在仪器后面板上（见图4-3）。开关有：总电源开关、光源开关。总电源开关的作用是：控制仪器主板、控制板的电压、恒温加热的交流输入电压；光源开关的作用是：控制激发光源的输入电压。接头（口）有：AC220V、网口、真空泵电磁阀（标识为"电磁阀"）、真空泵电源输入端（标识为"真空泵"）。AC220V的作用是：连接电源的接头，即仪器所需交流电压的输入端；网口是仪器主板和电脑通信的连接端；真空泵电磁阀的作用是：当真空度满足要求时，可自动关闭光室与真空泵之间的连接；真空泵电源输入端作用是：当真空度达到要求时，此端无电压输出。

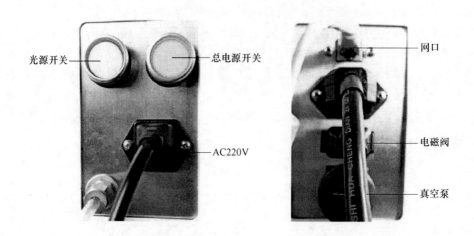

图 4-3　TY-9000 全谱型直读光谱仪后面板

其次要注意仪器后面的气路模块系统（见图 4-4）。仪器的气路模块系统由静态气调节、气缸、定值器、DC24V 电磁阀、主流量计、辅助流量计、主气调节和辅气调节等器件组成。静态气调节的作用是仪器待机状态下氩气输出调节，一般处于关闭状态，分析球墨铸铁时可调节输出氩气 0.2L/min；气缸是指仪器快门气缸输入气路调节端，其作用是调节氩气压力；定值器的作用是控制输入到仪器的氩气压力，将氩气压力调节至 0.5MPa；DC24V 电磁阀的作用是控制主氩气和辅助氩气的流量；主流量计和辅助流量计是显示主氩气和辅助氩气流量的计量器具；主气调节和辅气调节是调节主氩气和辅助氩气流量的阀门。

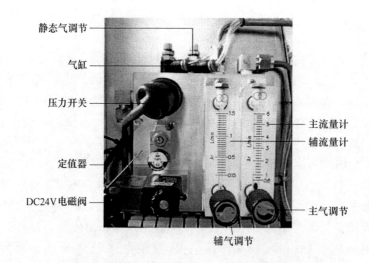

图 4-4　TY-9000 全谱型直读光谱仪气路模块系统

在仪器安装使用前，先仔细阅读 TY-9000 全谱型直读光谱仪安装使用说明书中的"安装须知"。分析人员要搞清楚哪些仪器的保养和维修是生产厂家专业技术人员维护，哪些是本人自行维护。需要自行维护的是光源校正、激发台清理、电极更换。在进行这些维护时，必须切断光源系统的电源。为了可靠地使用仪器，应定期进行数据备份。禁止分析人员自行对仪器进行拆卸、维修。

TY-9000 全谱型光谱仪用木制标准包装箱，拆箱后可直接进入实验室。仪器自身的尺寸是 $700\text{mm} \times 900\text{mm} \times 450\text{mm}$，可放置在专用实验台上，与仪器相接的所有接口都位于仪器背面。此外，还要摆放打印机、计算机、氩气瓶，这样仪器室的面积应不小于 10m^2。为了避免阳光直射仪器，导致仪器单面受热，其安放位置不应靠窗或阳光直射的位置。另外，为维修与保养方便，仪器不能靠墙，距离墙壁至少 0.8m。为了保证仪器输出的实验数据具有稳定性，精密仪器都需要在恒温环境中工作。根据 TY-9000 全谱型光谱仪的自身特点，仪器室内工作环境温度应该在 $10 \sim 30\text{℃}$ 之间。为了满足这个要求，仪器室内应该安置适合的空调来调节室温，以避免仪器内部的恒温传感器连续工作而影响仪器的使用寿命。为了保证仪器实验数据的长期稳定性，其室内温度波动应该控制在 $\pm 2\text{℃/h}$。仪器室内湿度也应该控制在合适区间。如果仪器室内湿度小于 45%，仪器内部的电路板容易产生静电集灰；如果仪器室内湿度太高，电路板元器件容易受潮击穿。因此，为了保证仪器电路系统能正常工作，并结合分析人员的舒适性，仪器室的相对湿度应控制在 45% ~ 65% 之间。

TY-9000 全谱型光谱仪对电源的要求是：$220\text{V} \pm 22\text{V}$、$50\text{Hz}$、$10\text{A}$。仪器的配电系统应有：交流接触器及复位开关的断电保护装置、$3 \sim 5\text{kVA}$ 过压保护的稳压电源。为了保证仪器 AC220V 电源插头、计算机和打印机的电源使用同一供电系统，方便上述设施连接到插线板上，在稳压电源的输出端可连接一个多用插座。最后，计算机和仪器通过网线连接起来时，要注意电脑的 IP 地址设置，见图 4-5。

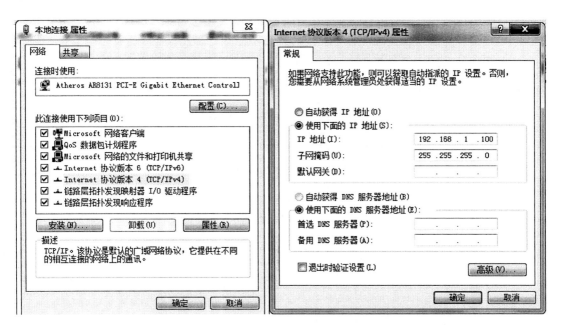

图 4-5 TY-9000 全谱型光谱仪 IP 地址设置

仪器安装时，要准备合格的氩气，其纯度为≥99.995%，其中杂质成分含量：$N_2 < 10^{-6}$、$O_2 < 3 \times 10^{-6}$、$H_2O < 3 \times 10^{-6}$。如氩气纯度达不到此要求，可安装氩气净化装置来解决。安装仪器时，氩气瓶上应配备氩气专用表、连接铜管。另外，TY-9000 全谱型直读光谱仪接地电阻要求≤3Ω，安装地线时要注意。

4.3　仪器调试

TY-9000 全谱型光谱仪安装完毕后，即将进入调试阶段。

4.3.1　仪器开机和关机

当仪器硬件部分安装完毕后，就可以打开仪器的电源开关。开机顺序是：先开总电源开关，接着打开光源开关，然后依次打开计算机主机、显示器、打印机，打开氩气瓶总阀，将分压表压力调至 0.5MPa 左右。关机顺序正好相反，先关外设后关主机。注意：如果仪器每天都需要分析样品，建议主电源始终处于打开状态，保证仪器内部恒温（34℃±0.5℃）和较高的真空度（≤20Pa）。此恒温和真空度数值在软件上均能显示（见图4-6），CCD 检测器和电路采集处于稳定状态，以便仪器随时进入待机分析状态。停机超过两天，可以全部关闭仪器，但在使用仪器前 2～4h 打开主电源。

图 4-6　TY-9000 全谱型光谱仪温度和真空度显示

4.3.2　样品分析前的软件测试

4.3.2.1　打开操作软件

双击桌面快捷图标"金义博 CCD 光谱仪"，屏幕上显示分析程序表。登录界面见图4-7。

图 4-7　TY-9000 全谱型光谱仪登录界面

输入对应的登录密码（操作员：123456；管理员：123）即可进入分析主程序。主界面见图4-8。

通过"性能"菜单里面的"曲线调用"，选择需要的分析程序。曲线选择界面见图4-9。

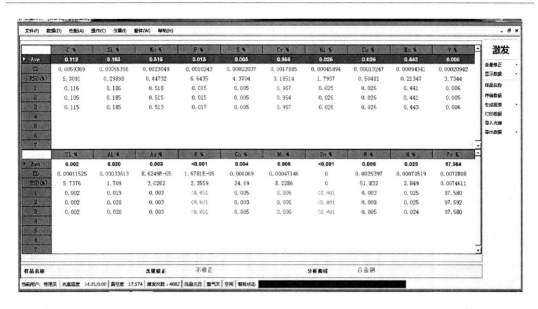

图4-8 TY-9000全谱型光谱仪主界面

图4-9 TY-9000全谱型光谱仪曲线选择界面

在进行样品分析前，激发废样直到数据稳定（主流量5L/min，辅助流量1.5L/min）。稳定后，激发成分含量确定的试样。图4-10显示的样品激发状态为正常激发，表示仪器的压力和氩气的纯度满足分析需求。

4.3.2.2 暗电流测试

在不接收外界任何光信号的前提下，暗电流测试主要用来测试每片CCD光电转换器各像素输出的光强值。要求测试的光强值越低，表示仪器的背景值也就越小，在分析低含量的样品时，数据的分辨率越高。暗电流测试方法如下（见图4-11）：

图4-10 样品激发状态

点击软件菜单上的"仪器"，找到子菜单"仪器性能调试"中的"暗电流测试"，然后界面上出现测试暗电流的界面，点击软件左上角的"激发"按钮即可进行仪器的暗电流测试。

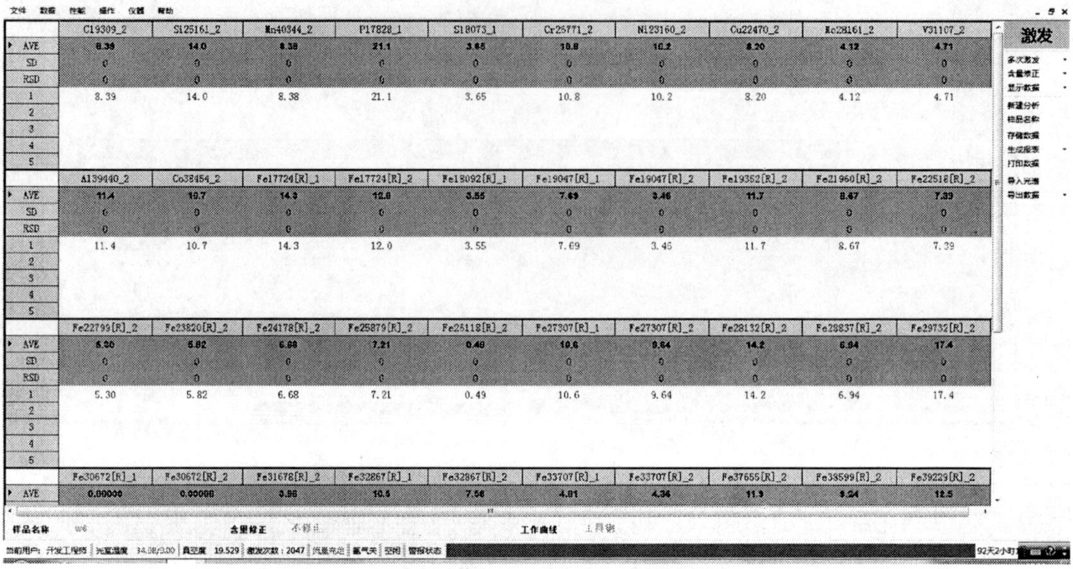

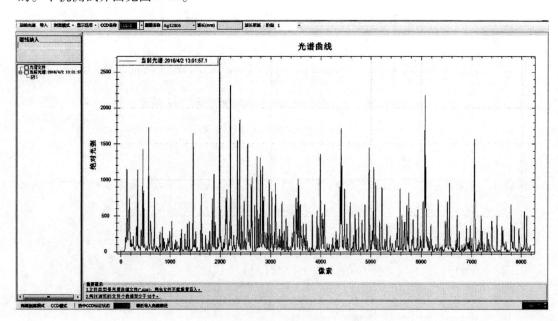

图 4-11 暗电流测试界面

4.3.2.3 干扰测试

干扰测试的功能是检测 CCD 光电转换器在接收外部激发的光强值输出的信号。如果每片 CCD 转换器都能显示出元素谱线的峰图，表示 CCD 转换器接收外部光强是正常工作的。干扰测试界面见图 4-12。

图 4-12 TY-9000 全谱型光谱仪干扰测试界面

当仪器各项指标都满足要求时，就可以进行样品分析。仪器处于正常工作状态时，激发一个已知含量的样品后，判断仪器是否需要校正的依据如下：

（1）如果结果与标称值相符，就可进行日常分析。

（2）如果结果与标称值相差不大，则要做控样（类型标准化）。

（3）如果结果与标称值相差较大，则要做标准化。

4.3.2.4 光强标准化

进入"性能"菜单里面的"光强标准化"下的"新建"，进入到标准化界面，见图4-13。

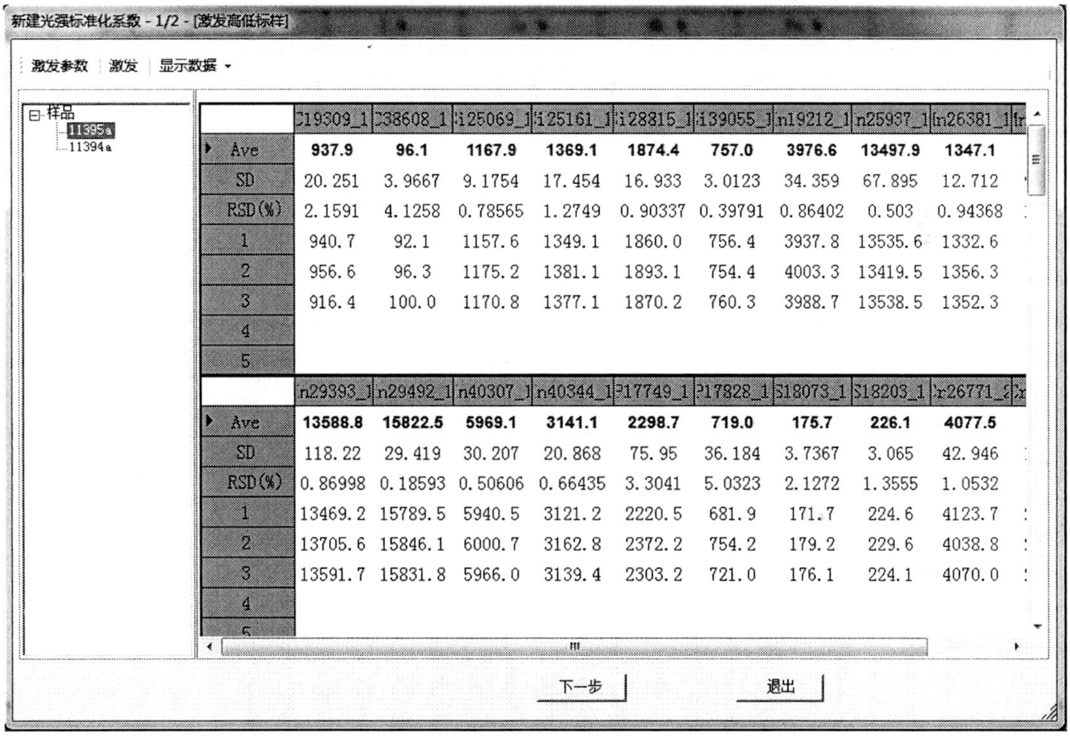

新建光强标准化系数 - 1/2 - [激发高低标样]

激发参数　激发　显示数据 ▾

样品 11395a 11394a		C19309_1	C38608_1	i25069_1	i25161_1	i28815_1	i39055_1	n19212_1	n25937_1	n26381_1	r
	Ave	937.9	96.1	1167.9	1369.1	1874.4	757.0	3976.6	13497.9	1347.1	
	SD	20.251	3.9667	9.1754	17.454	16.933	3.0123	34.359	67.895	12.712	
	RSD(%)	2.1591	4.1258	0.78565	1.2749	0.90337	0.39791	0.86402	0.503	0.94368	
	1	940.7	92.1	1157.6	1349.1	1860.0	756.4	3937.8	13535.6	1332.6	
	2	956.6	96.3	1175.2	1381.1	1893.1	754.4	4003.3	13419.5	1356.3	
	3	916.4	100.0	1170.8	1377.1	1870.2	760.3	3988.7	13538.5	1352.3	
	4										
	5										

		n29393_1	n29492_1	n40307_1	n40344_1	P17749_1	P17828_1	S18073_1	S18203_1	r26771_2	r
	Ave	13588.8	15822.5	5969.1	3141.1	2298.7	719.0	175.7	226.1	4077.5	
	SD	118.22	29.419	30.207	20.868	75.95	36.184	3.7367	3.065	42.946	
	RSD(%)	0.86998	0.18593	0.50606	0.66435	3.3041	5.0323	2.1272	1.3555	1.0532	
	1	13469.2	15789.5	5940.5	3121.2	2220.5	681.9	171.7	224.6	4123.7	
	2	13705.6	15846.1	6000.7	3162.8	2372.2	754.2	179.2	229.6	4038.8	
	3	13591.7	15831.8	5966.0	3139.4	2303.2	721.0	176.1	224.1	4070.0	
	4										
	5										

下一步　　　　退出

图4-13　TY-9000全谱型光谱仪光强标准化界面

用鼠标点击对应的样品编号，进行标准化样品激发。例如：用鼠标点击AS1，就把AS1样品放置在激发台激发，激发2~3次，重复性符合要求后，就用鼠标点击下一个样品进行激发。当所有样品激发完毕后点击"下一步"，仪器自动计算每个元素的标准化系数（见图4-14）和偏差，点击"保存"后确认本次激发有效。

注：仔细查看标准化系数，正常情况系数一般在1附近，当此系数偏移较大时，特别是超出0.5~2.5范围，则正常测量结果的修正量较大，测量的偏差也较大。应查找原因或进行仪器维护操作（先清理火花台，后擦拭入射窗口）。

4.3.2.5 类型标准化

进入"性能"菜单里面的"控样修正"下的"新建"，进入到类型标准化界面。控样选择界面见图4-15。

选择对应的分析样品，点击"下一步"后，激发该类型标准化的样品，激发2~3次

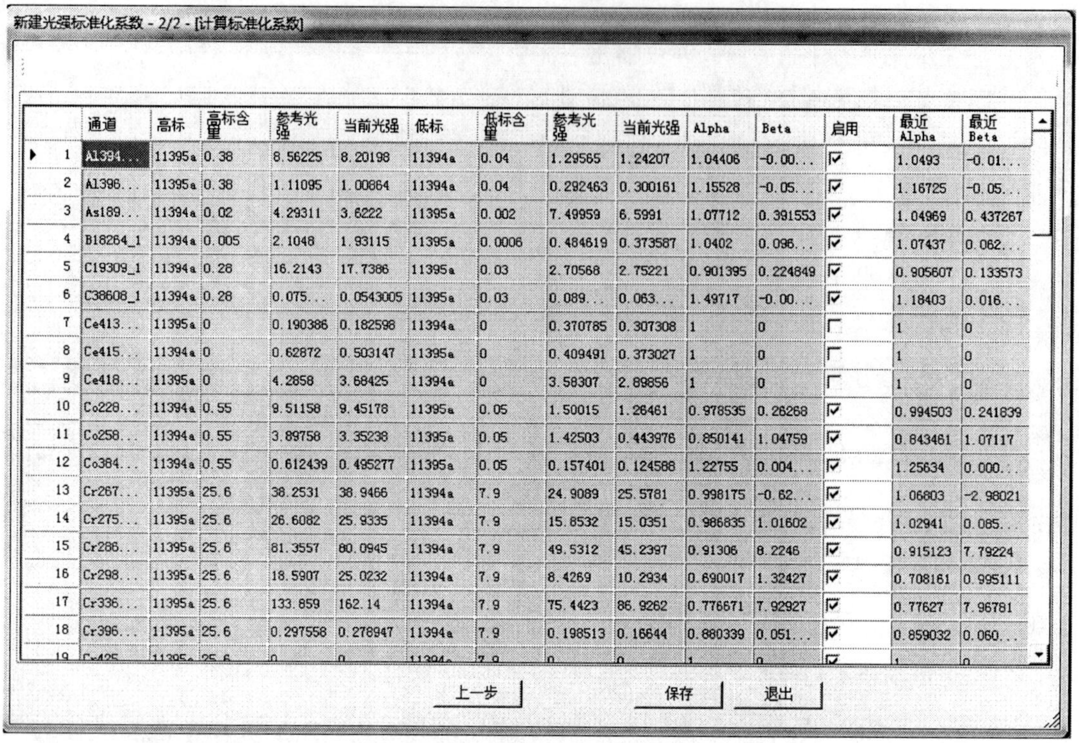

新建光强标准化系数 - 2/2 - [计算标准化系数]

	通道	高标	高标含量	参考光强	当前光强	低标	低标含量	参考光强	当前光强	Alpha	Beta	启用	最近Alpha	最近Beta
1	A1394...	11395a	0.38	8.56225	8.20198	11394a	0.04	1.29565	1.24207	1.04406	-0.00...	☑	1.0493	-0.01...
2	A1396...	11395a	0.38	1.11095	1.00864	11394a	0.04	0.292463	0.300161	1.15528	-0.05...	☑	1.16725	-0.05...
3	As189...	11394a	0.02	4.29311	3.6222	11395a	0.002	7.49959	6.5991	1.07712	0.391553	☑	1.04969	0.437267
4	B18264_1	11394a	0.005	2.1048	1.93115	11395a	0.0006	0.484619	0.373587	1.0402	0.096...	☑	1.07437	0.062...
5	C19309_1	11394a	0.28	16.2143	17.7386	11395a	0.03	2.70568	2.75221	0.901395	0.224849	☑	0.905607	0.133573
6	C38608_1	11394a	0.28	0.075...	0.0543005	11395a	0.03	0.089...	0.063...	1.49717	-0.00...	☑	1.18403	0.016...
7	Ce413...	11395a	0	0.190386	0.182598	11394a	0	0.370785	0.307308	1	0	☐	1	0
8	Ce415...	11394a	0	0.62872	0.503147	11395a	0	0.409491	0.373027	1	0	☐	1	0
9	Ce418...	11395a	0	4.2858	3.68425	11394a	0	3.58307	2.89856	1	0	☐	1	0
10	Co228...	11394a	0.55	9.51158	9.45178	11395a	0.05	1.50015	1.26461	0.978535	0.26268	☑	0.994503	0.241839
11	Co258...	11394a	0.55	3.89758	3.35238	11395a	0.05	1.42503	0.443976	0.850141	1.04759	☑	0.843461	1.07117
12	Co384...	11394a	0.55	0.612439	0.495277	11395a	0.05	0.157401	0.124588	1.22755	0.004...	☑	1.25634	0.000...
13	Cr267...	11395a	25.6	38.2531	38.9466	11394a	7.9	24.9089	25.5781	0.998175	-0.62...	☑	1.06803	-2.98021
14	Cr275...	11395a	25.6	26.6082	25.9335	11394a	7.9	15.8532	15.0351	0.986835	1.01602	☑	1.02941	0.085...
15	Cr286...	11395a	25.6	81.3557	80.0945	11394a	7.9	49.5312	45.2397	0.91306	8.2246	☑	0.915123	7.9224
16	Cr298...	11395a	25.6	18.5907	25.0232	11394a	7.9	8.4269	10.2934	0.690017	1.32427	☑	0.708161	0.995111
17	Cr336...	11395a	25.6	133.859	162.14	11394a	7.9	75.4423	86.9262	0.776671	7.92927	☑	0.77627	7.96781
18	Cr396...	11395a	25.6	0.297558	0.278947	11394a	7.9	0.198513	0.16644	0.880339	0.051...	☑	0.859032	0.060...
19	Cr425...	11395a	25.6			11394a	7.9			0	0		0	0

上一步　　　保存　　　退出

图 4-14　TY-9000 全谱型光谱仪标准化系数界面

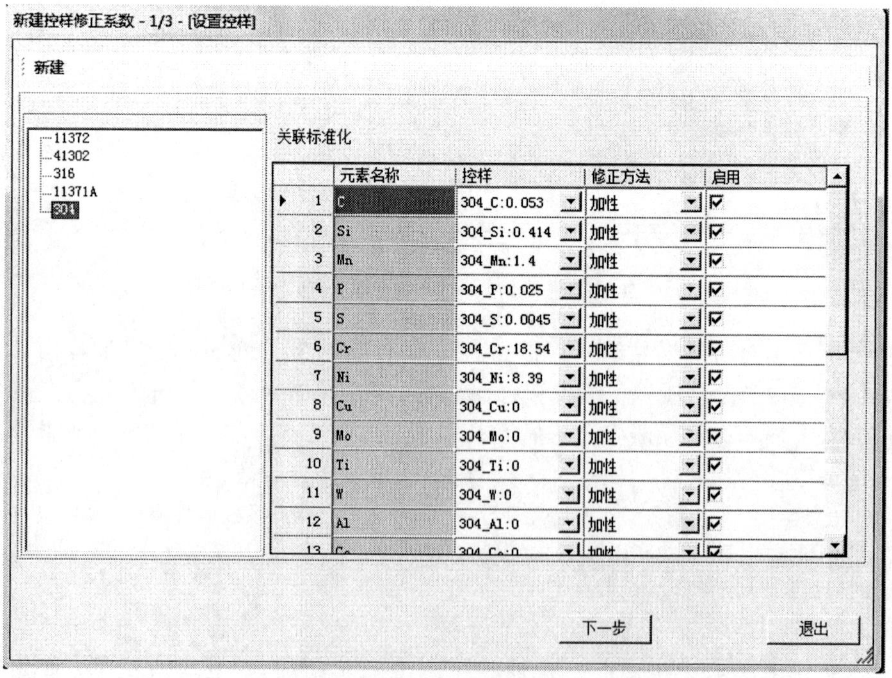

新建控样修正系数 - 1/3 - [设置控样]

新建

—11372
—41302
—316
—11371A
—304

关联标准化

	元素名称	控样	修正方法	启用
1	C	304_C:0.053	加性	☑
2	Si	304_Si:0.414	加性	☑
3	Mn	304_Mn:1.4	加性	☑
4	P	304_P:0.025	加性	☑
5	S	304_S:0.0045	加性	☑
6	Cr	304_Cr:18.54	加性	☑
7	Ni	304_Ni:8.39	加性	☑
8	Cu	304_Cu:0	加性	☑
9	Mo	304_Mo:0	加性	☑
10	Ti	304_Ti:0	加性	☑
11	W	304_W:0	加性	☑
12	Al	304_Al:0	加性	☑
13	Co	304_Co:0	加性	☑

下一步　　　退出

图 4-15　TY-9000 全谱型光谱仪控样选择界面

重复性符合要求后，就用鼠标点击"下一步"，仪器自动计算每个元素的类型标准化系数和偏差。点击"保存"确认本次激发有效，退出后在主界面上会显示本标准化样品的名称。如不需要控样，则在"含量修正"里面选择"不选择控样"，如有多个控样，可通过"含量修正"里面"选择控样"。控样修正界面和代入控样系数界面见图 4-16 和图 4-17。

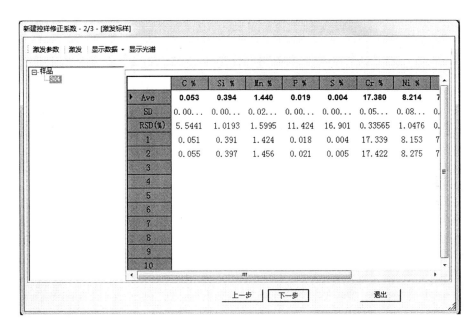

图 4-16　TY-9000 全谱型光谱仪控样修正界面

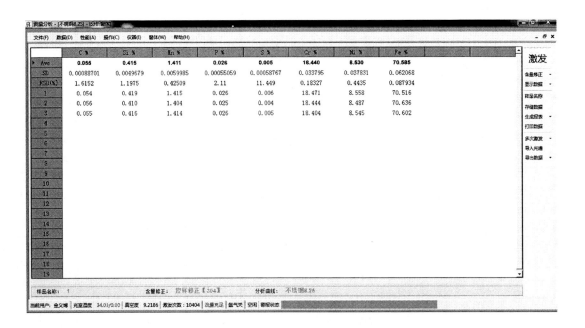

图 4-17　TY-9000 全谱型光谱仪代入控样系数界面

4.3.2.6　控样输入方法

当需要分析另外一种材质时，就是向软件添加这种材料的控样，将这个控样的标准含量输入到软件。

（1）点击"浓度库"菜单，先将控样的含量输入到标准浓度库，次浓度库在文件菜单中，以管理员模式登录后才能可见。

（2）参照含量表依次输入每个元素的含量值，点击保存。增加控样界面见图4-18。

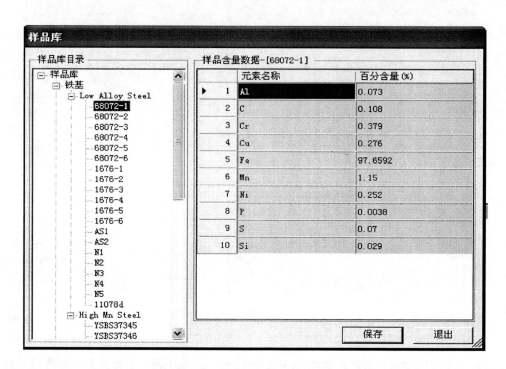

图 4-18　TY-9000 全谱型光谱仪增加控样界面

（3）类型控样的选择（见图4-19）：点击"性能"菜单里面的"控样修正"，选择新建，出现以上菜单，在该菜单中点击"新建"按钮就会重新建立一个控样，然后为该控样命名，见图4-20。

输入控样名称后，点击确定，添加从浓度库里面找到需要作为控样的标准样品。从浓度库里面找到该样品后，右击鼠标该样品，点击"选择勾选节点"后添加该样品作为控样。

4.3.2.7　数据处理

仪器分析好的数据，输入相应的样品名称后可以将分析的所有数据进行保存，以便后期的查询和打印。

仪器的数据打印功能有两种，一种是直接打印出数据，此种打印模式只能打印数据的平均值；另外一种是导出表格打印，可以有三种打印方式：（1）打印平均值；（2）打印平均值、标准偏差和相对标准偏差；（3）打印所有值、标准偏差和相对标准偏差。数据打印模式界面见图4-21。

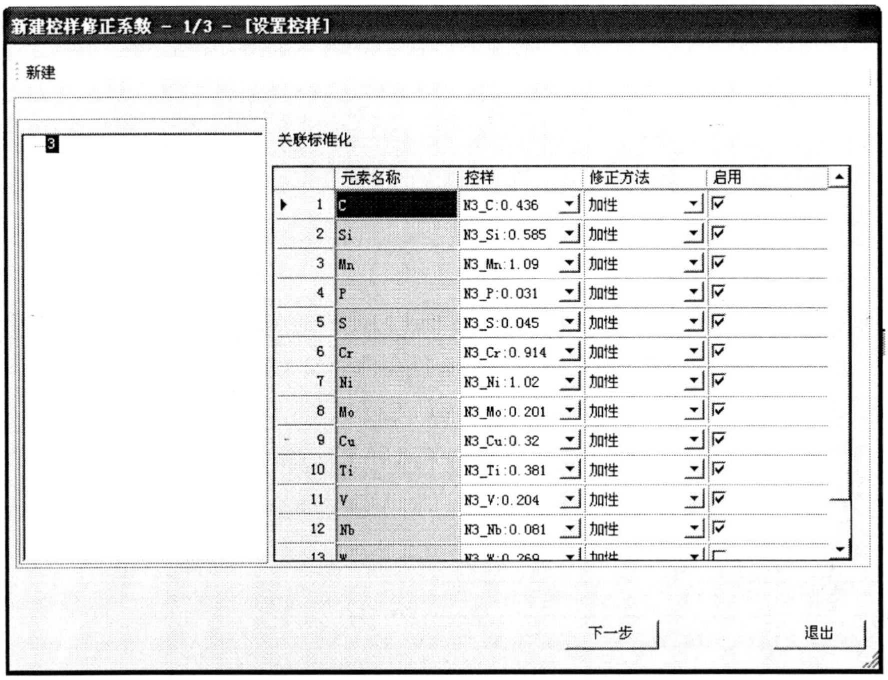

新建控样修正系数 - 1/3 - [设置控样]

新建

关联标准化

		元素名称	控样	修正方法	启用
▶	1	C	N3_C:0.436	加性	☑
	2	Si	N3_Si:0.585	加性	☑
	3	Mn	N3_Mn:1.09	加性	☑
	4	P	N3_P:0.031	加性	☑
	5	S	N3_S:0.045	加性	☑
	6	Cr	N3_Cr:0.914	加性	☑
	7	Ni	N3_Ni:1.02	加性	☑
	8	Mo	N3_Mo:0.201	加性	☑
	9	Cu	N3_Cu:0.32	加性	☑
	10	Ti	N3_Ti:0.381	加性	☑
	11	V	N3_V:0.204	加性	☑
	12	Nb	N3_Nb:0.081	加性	☑
	13	W	N3_W:0.269		

下一步   退出

图 4-19   TY-9000 全谱型光谱仪选择控样修正模式界面

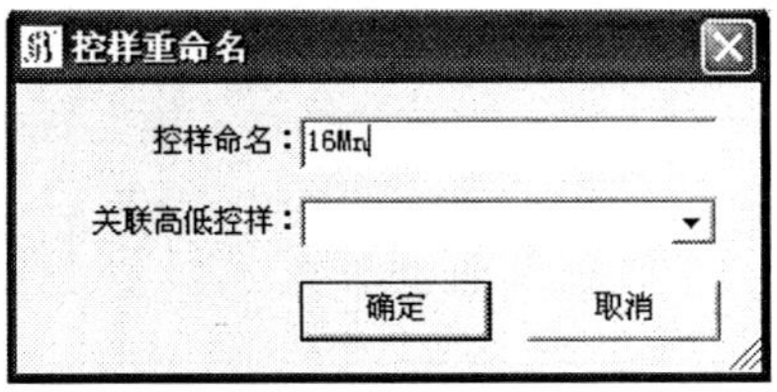

控样重命名

控样命名：16Mn

关联高低控样：

确定   取消

图 4-20   TY-9000 全谱型光谱仪新建控样名称界面

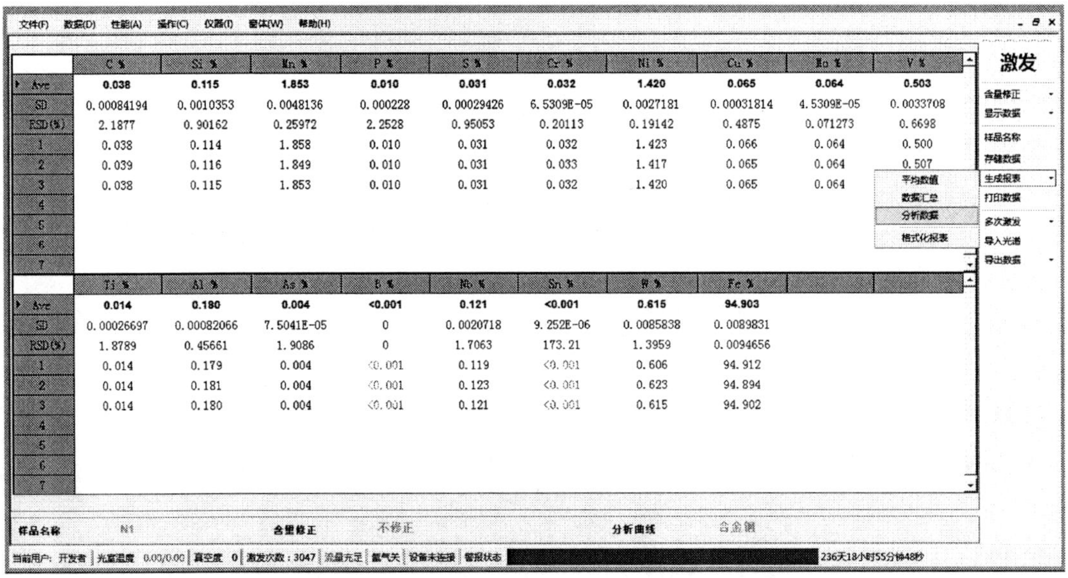

文件(F) 数据(D) 性能(A) 操作(C) 仪器(T) 窗体(W) 帮助(H)

激发

	C %	Si %	Mn %	P %	S %	Cr %	Ni %	Cu %	Mo %	V %
▶ Ave	0.038	0.115	1.853	0.010	0.031	0.032	1.420	0.065	0.064	0.503
SD	0.00084194	0.0010353	0.0048136	0.000228	0.00029426	6.5309E-05	0.0027181	0.00031814	4.5309E-05	0.0033708
RSD(%)	2.1877	0.90162	0.25972	2.2528	0.95053	0.20113	0.19142	0.4875	0.071273	0.6698
1	0.038	0.114	1.858	0.010	0.031	0.032	1.423	0.066	0.064	0.507
2	0.039	0.116	1.849	0.010	0.031	0.033	1.417	0.065	0.064	0.507
3	0.038	0.115	1.853	0.010	0.031	0.032	1.420	0.065	0.064	
4										
5										
6										
7										

含量修正
显示数据
样品名称
存储数据
平均数值
数据汇总
分析数据
格式化报表
生成报表
打印数据
多次激发
导入光谱
导出数据

	Ti %	Al %	As %	B %	Nb %	Sn %	W %	Fe %
▶ Ave	0.014	0.180	0.004	<0.001	0.121	<0.001	0.615	94.903
SD	0.00026697	0.00082066	7.5041E-05	0	0.0020718	9.252E-06	0.0085838	0.0089831
RSD(%)	1.8789	0.45661	1.9086	0	1.7063	173.21	1.3959	0.0094656
1	0.014	0.179	0.004	<0.001	0.119	<0.001	0.606	94.912
2	0.014	0.181	0.004	<0.001	0.123	<0.001	0.623	94.894
3	0.014	0.180	0.004	<0.001	0.121	<0.001	0.615	94.902
4								
5								
6								
7								

样品名称 N1   含量修正 不修正   分析曲线 合金钢

当前用户：开发者 光室温度 0.00/0.00 真空度 0 激发次数：3047 流量元素 氩气关 设备未连接 蠕变状态   236天18小时55分钟48秒

图 4-21   TY-9000 全谱型光谱仪数据打印模式界面

仪器的数据查询功能有两种（见图4-22）：

（1）可以安装日期来查询数据，点击想要查询的日期后，点击"查询"，就可以显示出当天分析的数据。

（2）安装样品编号查询，在查询对话框中输入样品的编号，点击"查询"后，即可显示出此样品的数据。

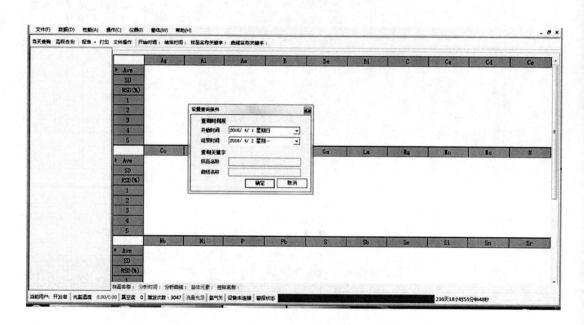

图4-22　TY-9000全谱型光谱仪数据查询模式界面

4.4　仪器验收

4.4.1　仪器开箱

开箱时，应该检查资料（名称、型号、生产厂商、合格证、出厂编号、出厂日期及附属配件，国产仪器还需要有"MC标志"）是否齐全。如果是进口设备除英文资料外，还需对方提供相应的中文资料。仪器公司在收到你所发出的准备确认回执后，派安装工程师到达安装现场，准备对仪器进行安装，厂家也要组织技术人员进行跟踪。开箱时应有双方人员同时在场，否则禁止开箱。开箱前要准备好一些开箱的工具，如中号的一字、十字螺丝刀、撬棒等各一件。取下仪器外箱上的装箱单，分别卸下上、前、后、左、右的外箱盖，取下仪器与外箱盖之间的防振泡沫，除去仪器外部包装密封袋，一台完整的仪器就在眼前了。

开箱后应根据仪器清单中的内容，检查实物和仪器是否相吻合；检查其配件数量是否和清单相吻合；检查仪器及附属附件的所有紧固体是否松动；仪器的气体管道、液体管道及连接头是否连接好；运动部件是否灵活和操作方便；检查仪器所有旋钮及功能键是否正常；计算机控制系统通信功能和控制功能是否正常；开机后是否能正常工作；仪器所有字迹应清晰，其内容应该通俗易懂，禁止字迹模糊不清或者其他缺陷；仪器上所有气压表、气体流量计等计量器具显示是否正常。根据装箱单上所列出的物品，与安装工程师一起对实际物品进行逐个核对，如有遗漏、不符或损坏，要与在场的安装工程师交涉，及时与仪器公司联系。内部有备件或随机附带易耗品详单的，还应认真核对物品种类和数目是否正确，做好详细记录，如没有异议的，公司现场负责人和仪器公司安装工程师，共同在装箱单和内部物品详单上签字确认。

4.4.2 安装前准备

仪器开箱后，应平稳地搬进室内并小心安放，并保证仪器附近无强烈振动源（比如机器轰鸣等），仪器机箱上无振动感觉。应保证仪器不受任何来自外部的电磁干扰。仪器室内应有空气净化装置，保持室内空气洁净。仪器供电电源的电压、频率及稳定性应符合仪器使用说明书要求。仪器接地线电阻应该小于 4Ω。

氩气纯度不低于 99.995%，否则可采用氩气净化机净化处理。

4.4.3 安装前环境

光谱室内要保证防尘、防湿（水蒸气）、避振、避光直射，远离热源、强电磁源、电风扇（或空调）、烟尘，无腐蚀性气体并通风良好。室内温度控制在 $20\sim28℃$，每小时变化小于 $\pm1℃$，湿度控制在 45%~70%。建议配备空调，但要避免空调直吹仪器。湿度大于70%时，应安装除湿机。电源采用电压 $AC220V\pm22V$、频率 $50Hz\pm1Hz$。最好通过一台电子交流稳压器稳压后再进仪器主机和附件的电源。光谱仪应接地线，地线电阻应按照仪器要求设置，应该 $\leqslant4\Omega$。噪声应 $\leqslant60dB$。仪器应该远离车间、公路、铁道。如果确因需要在车间内安装，其房间应该进行隔音处理。含尘量（大于 $1.0\mu m$ 的尘粒）应少于 3.6×10^7 个/m^3。

雷击闪电是一种自然现象，从形式上可分为：直接雷击、感应雷击。它的形成与许多因素有关，其中最主要的因素为地理位置、地质条件、季节和气象。因此，在选择光谱仪房间时要考虑上述因素。雷击对仪器的破坏力是巨大的，每逢风雨交加、电闪雷鸣过后，都会不同程度地出现电子仪器或装备被雷击损坏。如果在雷击时，开机工作也会对其电路系统造成毁灭性损坏。需特别注意的是：光谱仪地线和避雷针连接线间隔距离应该保持在10m以上，以防止雷击击毁光谱仪。

光谱仪的主机按照要求放在固定的平台或者地面上，有的仪器（比如 X 射线荧光光谱仪）地面还要进行加固处理，离墙大约 0.5m，避免日光直接照射。

4.4.4 技术要求

根据用途来决定仪器的技术要求。在采购仪器时，首先要了解所购仪器的名称和用途，然后再根据其用途来决定仪器性能及参数。一般来说，光谱仪器的性能及参数由工作环境、光源性能、光学系统、检测器信息指标、仪器安全功能指标、校正功能指标、典型元素检出限指标、计算机配置、软件及其附属设备组成。其验收报告样本见表 4-1。

表 4-1　××××通道型光谱仪验收报告（样本）

系统	测量项目	测　量　值							标准要求	结论
仪器外观	标识是否完好	"仪器名称、型号、出产编号、出厂日期、制造厂名、MC 标识"全部齐全，字迹清晰							清楚醒目	符合要求
	绝缘电阻/MΩ	31							≥20	符合要求
电子系统	电压测试/mV	最大值：1137 最小值：1130 相差：7							15，	符合要求
	漏电流测试/mV	测定值与 1.15V 相差：11							7～39	符合要求
	稳定性测试（20 次）/mV	2.8、2.5、1.9、2.3、2.0、2.6、2.5、2.5、1.8、1.2、1.6、1.4、1.5、1.6、2.7、2.1、2.0、1.6、1.9、1.5							≤3	符合要求
光学系统	光电倍增管暗电流测试/mV	元素	暗电流	元素	暗电流	元素	暗电流	元素	暗电流	≤30	各元素均符合要求
		Hg	12	P	28	B	15	As	13		
		C	29	Al	19	La	15	Ce	22		
		Ni	17	S	29	Cr	12	Fe	11		
		Ba	18	Mo	12	Si	6	Mn	11		
		V	8	Cu	13	Ti	15	Nb	16		
	狭缝扫描测试	找出汞线峰值为 581 单位								各元素峰值均找出
操作系统	检出限/%	C 0.002；Si 0.002；Mn 0.001；Cr 0.001；Ni 0.002；V 0.001							C ≤ 0.005；Si ≤ 0.005；Mn≤0.003；Cr ≤ 0.003；Ni ≤ 0.005；V≤0.001	各元素均符合要求
	重复性/%	C 0.82；Si 0.68；Mn 0.76；Cr 0.92；Ni 0.34；V 0.65							C、Si、Mn、Cr、Ni、Mo（含量为 0.1%～2.0%）≤2.0	各元素均符合要求
	稳定性/%	C 0.02；Si 0.04；Mn 0.03；Cr 0.02；Ni 0.02；V 0.01							C、Si、Mn、Cr、Ni、Mo（含量为 0.1%～2.0%）≤2.0	各元素均符合要求
	综合结论	所有指标符合要求								

5 仪器维护保养

精密仪器的维护和保养，不仅能使仪器始终保持良好的运行状态，使检测结果科学、准确、可靠、及时，还能够延长仪器的使用寿命，并且还节省了大量的人力和物力资源。然而，这些大型分析仪器对环境和操作者的要求是十分严格的，稍有不慎就会造成严重的后果。因此，对大型分析仪器的维护和保养显得十分重要。光电直读光谱仪是金属材料元素成分分析常用的精密仪器，它也不例外，正确地维护和保养仪器可以给我们提供科学、准确的检测数据。日常维护主要有激发台、透镜、狭缝的清洗，以及真空系统、废气系统的维护，维护保养完毕后，还需要对仪器进行校正。

5.1 激发台

在激发系统中，其基本维护的部位为激发台内部。不同型号的仪器的激发台内部结构不同，但总体来讲，激发台内部是否清洁、电极极距是否稳定、激发台发光弧焰相对于光学系统的高度等，均会影响我们的数据结果。火花台系统需要氩气冲洗。仪器所用氩气应为光谱纯（99.999%）。氩气瓶输出到仪器的压力应该通过压力阀调整设定为 0.3MPa。从减压阀到仪器连接可使用仪器自带 3m 铜管（6mm）。根据使用情况和操作类型，氩气流量可设置在 0 ~ 250L/h 范围内。一瓶 50L 氩气可以激发数千点。高质量的氩气及气路的密封，对样品的测定结果至关重要。为了保证分析结果准确度，可安装相应的净化装置。

清洗激发台的内表面，主要是避免残留内壁的粉尘放电。通常，每激发 100 ~ 200 次试样，应清理一次。电极与激发面之间的距离，必须按极距要求调整好，如果与激发面的距离太大，试样不易激发。如果电极与激发面的距离太小，曝光时放电电流太大，以至于与仪器各参数不相匹配，使测定结果与实际结果之间有差异，影响测定的准确性。因此，一定要用极距规将电极与激发面的距离调整准确，清洗激发台和电极后一定要重视这个问题。

火花台是光谱仪产生发射光谱的位置，如果不及时清理，可能会造成电极与火花台间短路。在清理之前，可将光源开关关闭。松开火花台板上的螺钉，卸下火花台板，将台板及密封垫或圈移开，小心取出火花室内各个配件，切勿碰到激发电极或者落地损坏，特别是石英材料制作的配件，比如石英杯。将火花室的黑色沉积物用软纸擦净，如果石英配件上污迹无法除去，可用 1 + 1 盐酸溶液浸泡除去。清洁激发台完毕后，将火花台各部件依次安装，在安装过程中要注意密封圈是否上好，激发电极位置是否正确，并保证放电间隙距离不变。否则，聚焦在分光仪的谱线强度会改变。安装完成后，为了排尽火花台内的空气，可用氩气冲洗整个回路 2 ~ 3min。先用废弃试样检查激发系统是否漏气。如果不漏气，即可对工作曲线进行标准化。如果系统发生漏气现象，那就要依次检查漏点。如何判断激发系统是否漏气？听激发声音。如果声音很尖，噪声大，就可以认定激发台发生漏气。首先，检查样品是否盖住激发孔；其次，再检查样品表面是否平整；最后，查看激发孔是否变形。如果样品不平整，只需要重新加工样品即可。如果上述问题不存在，可检查氩气流量是否平稳。如果波动比较大，说明气路系统发生漏气。可用肥皂水检查气路各个接头的漏气点。如果没有漏气点，将各个密封圈进行更换。如果氩气流量平稳，这时就需检查激发电极是否发生偏离。如果没有，可能是激发电极尖端重复放电以后，钨电极会长尖，改变了间隙放电距离。所以，必须激发一次后，就要用刷子清理一次电极。

5.2　透镜与狭缝

在样品激发过程中，会产生大量的金属粉尘或气体。通向各室的透镜，特别是通向空气室的透镜，由于试样激发时吹氩，这些粉尘或气体绝大部分会随着氩气进入过滤系统，特别是蒸气会通过气路到达透镜处，并由于透镜的高温而紧密吸附在透镜表面，形成黄色附着层，从而阻止了光线的透过，影响测定结果的准确性。为了获得较好的分析结果，. 避免透镜的透光率下降，在激发过程中就必须保证环境清洁，特别是透镜的清洁度。因此，透镜的定期清洗是必要的。一般每季度一次。如果光强降低严重时应该马上清洗，使其保持清洁，保证所有光线通过透镜而进入光室进行测定。透镜具体清洗方法是：用脱脂棉沾上无水乙醇，轻轻擦拭透镜。如果透镜有附着物，用丙酮或无水乙醇浸泡 15min。然后再擦拭。最后用洗耳球吹干，注意不要划伤。特别提醒的是，清洗透镜后要多激发几个废样，等强度稳定后再进行标准化操作。否则，将对分析结果造成影响。

光谱仪采用了一个复杂而又敏感的光学系统。光谱仪的环境温度、湿度、机械振动，以及大气压的变化，都会使谱线产生微小的变化而造成谱线的偏移。气压和湿度变化会改变介质的折射率，从而使谱线发生偏移。湿度的提高，不仅会使空气的折射率增大，而且会对光学零件产生腐蚀作用，降低仪器透光率。湿度一般应控制在 60% 以下。温度对光栅的影响，主要是改变光栅常数，使色散率发生变化，产生谱线漂移。这些变化，会使光谱线不能完全对准相应的出射狭缝，从而影响分析结果。

（1）描迹：光路结构稳定，机械变形小。校正到位可通过恒温和狭缝扫描来控制。仪器描迹的作用是，调整光路中的入射狭缝位置，将光谱进入量调至最大，消除环境中温度、振动等因素对仪器光路可能引起的谱线漂移，并保证谱线和出射狭缝稳定重合。一般来说，分析人员为了保证分析结果的稳定性，应该定期用描迹的方法调整入射狭缝，并将其调整到较理想的位置。其周期是 3 个月一次。描迹的方法是，转动入射狭缝的手轮，描迹一条谱线，找出其峰值的位置。然后，将手轮转到该峰值的位置，使各个分析元素谱线对准各自的出射狭缝。在直读光谱分析中的描迹，主要是确定入射狭缝的位置。根据生产厂家的规定，一般把铁或汞的谱线当作描迹谱线。描迹的过程也可用计算机去完成。目前，仪器有手动扫描和自动描迹两种模式。手动扫描的具体方法是：从原始位置旋转毂轮，左转 200 格，右转 200 格，每 30 ~ 50 格激发一次，测定光强值。要求激发的样品为基体的高含量。如铁基，就用纯铁作激发样品进行描迹。自动描迹可大大缩短校准仪器所用的时间，使仪器校准变得简单、方便，非专业人员既可进行描迹操作。自动描迹为世界领先水平，是新一代光电直读光谱仪先进技术。通道型光谱仪的光路校正，最好每月描迹一次。全谱型光谱仪不需要描迹，因为全谱型光谱仪能够接受全谱的谱图，这样就可以从软件上来校正环境因素对光路的影响，保证了光路的完全固定。

（2）定期清理：光在光室中的传输过程中，要求真空紫外区光谱线的损耗小，可通过气循环或抽真空的方式解决。对真空泵等器件的维护成为重点。此外，对透光镜片的定期擦拭，也成了保证光信号传输稳定的重要操作。这是因为，透镜内表面接触真空，常常受到真空泵油蒸气的污染；外表面受到分析时产生的金属蒸气附着物的影响，使透光率明显降低。对于≤200nm的碳、硫、磷谱线，透光率降低尤为显著，导致工作曲线的斜率大大降低，所以聚光镜要进行定期清理。

出射狭缝的位置变化受温度的影响最大。因此，保持分光室内的恒温很重要，这样才能保证出射狭缝不偏离。目前，光学室温度控制在 35 ~ 40℃ 之间，分析人员按照要求操作即可。

光电直读光谱仪的检测器主要有两种：光电倍增管、固体成像系统（CCD/CID 检测器）。不管是哪一种检测器，都存在与照射光强、工作供电、输出电信号强度三个方面有关的函数。不同的光强、不同的供电采集器的光电转换效率、灵敏度、稳定性，都会对分析结果产生很大的影响。信号转换的电路板及芯片不能长期处于潮湿状态。在积灰过多的条件下，大部分电路板和芯片灰尘过多或湿度过大，都会产生漏电现象，就会在整个测量系统中产生暗电流。当暗电流大到一定程度时，有可能造成测量系统电路中的器件损毁。所以，务必要保护好仪器的测量系统。有些型号的仪器测量系统置于分光室内部，一般情况下不需考虑维护问题。但如果出现真空泵油倒吸等现象，需立即与仪器生产商的技术支持人员进行联系。

5.3　真空系统

真空泵的定期维护保养是分析人员不可缺少的工作，主要有两项：开机抽真空、更换泵油。当首次抽真空或者是长时间停机后再开机时，要观察其光室的真空度是否达到要求，注意此时不要急于打开高压电路。其操作程序为：首先打开总电源，再打开检测开关（绝对不能打开高压），此时真空泵就会开始抽真空。注意观察分析窗口下的状态栏，当真空电压达到 0.7V 时，打开高压开关、光源开关，进行分析前的准备工作。在抽真空的过程中，光室内的空气越来越稀薄。当达到一定的条件时，若有高压就会发生辉光放电，从而损坏光学器件，造成不可估量的损失。更换泵油也是维护保养不可缺少的工作。因此，分析人员每个月需要检查泵油消耗和泵油颜色变化情况。若泵油水平位下降，则需要补充泵油；若泵油变成黑色，则需要更换泵油。注意：在更换泵油时，首先要关掉真空泵，于 5mim 后打开光谱仪光室进气阀，将其压力恢复到大气压力。然后再放掉旧油，用新泵油将油室清洗数遍。最后再将泵油注入到指定刻度线即可。泵油更换完毕后，可将光室的进气阀关闭。5min 后真空泵工作，随时观察真空度的变化情况。若真空度不上升并且负高压又加不上去，说明真空气路系统有漏气现象。在气路系统管路上，采用涂抹肥皂水的方式依次检查其各个接头，查出漏点。根据漏点，采取相应措施解决。待真空度达到设定要求后，才能进行曲线标准化处理。

在光电直读光谱仪的制造技术上，真空模式光谱仪比非真空模式要求高。首先，在真空状态下，光室的各元器件不变形，并且位置不发生移动。其次，要避免真空室油蒸气污染光室内部的各元器件，影响透光率。最后，真空泵振动对光室有影响。需采用防振措施，使整个分光仪的光路不受振动的影响。真空室内与真空外部接触的运动零件（如描迹狭缝、石英窗、透镜等）要尽量减少，并需要密封材料，在抽真空时，以免发生漏气现象，从而影响真空度。当然，光室的真空度太高，也会导致光电倍增管的管帽间产生辉光放电，从而发生烧毁仪器部件现象。因此，将光室的真空度调整到合理的范围是必要的。实验证明：真空度小于 8Pa 可满足 160nm 以上光谱测定。为了避免真空泵的连续工作，导致寿命降低，对真空泵的开关，我国部分厂家使用间歇开关技术。在保证光室真空度的情况下，根据需要开关电源，既省电，又延长了真空泵的使用寿命。具有特殊的防反油技术，以保证光室的纯净，防止油气污染。比如，江苏天瑞的 OES1000 型光电直读光谱仪。另外，国外部分厂家光谱仪的氩气系统同时具备上述两种功能。其紫外区的元素测定，采用充氩气式紫外系统专利技术，以保证仪器分光系统置于无氧和无氮的空间，保证碳、硫、磷、砷和硼等紫外区元素的准确测定。该专利技术彻底消除了真空型光谱仪油蒸气污染，免除了分析人员对该系统的日常维护，并降低了维护成本。

5.4　废气处理

氩气为惰性气体，对人体无直接危害。但是，在激发样品后，火花台产生的粉尘被氩气吹走，导致尾气管变黑。时间一长，需要清理，以保证气路的畅通与清洁。激发后产生的废气，其主要成分是氩气、金属粉尘，操作人员长期直接吸入后，会造成矽肺、眼部损坏等现象，对人体带来极大的危害。虽然是惰性气体，但同时也是窒息性气体，大量吸入会产生窒息。在工业生产中，从事与氩气有关的技术人员和工人，每年须定期进行职业病体检，确保身体健康。氩气本身无毒，但在高浓度时有窒息作用。当空气中氩气浓度高于33% 时，有窒息危险；当氩气浓度超过 50% 时，会出现严重症状；当氩气浓度达到 75%以上时，在数分钟内会导致人员死亡。液氩伤皮肤，眼部接触可引起炎症。光电直读光谱仪的尾气管，可采用透明塑料管。在安装时，将它插入水中即可。如果管壁变黑并且不透明，则需要更换尾气管。

5.5　仪器校准

描迹检查和透镜清洗完毕后，都会对仪器产生一定的影响。因此，这些工作做完后，必须对工作曲线进行标准化。在透镜清洗后，等待 3min 再进行曲线标准化，因为在清洗火花室和管道期间，空气已充满了这些部位。如果先选择描迹检查，描迹检查完毕后就可以直接进行曲线标准化，因为在描迹检查时管道和火花室已被分析时所需的氩气流冲洗干净。

虽然光电直读光谱仪法不受感光板限制，但工作曲线绘制成后，经过一段时间曲线也会变动。例如：透镜的污染、电极的玷污、温湿度的变化、氩气的影响、电源的波动等，均能使曲线发生变化。为此，必须对工作曲线进行标准化。在进行曲线标准化时，首先必须注意，在清洗样品激发台后先用废样激发 10 次以上，或用氩气冲洗几分钟，才能做日常标准化工作；其次，标准化的样品表面要平整、纹路清晰、分析间隙固定、样品架清洁；最后，根据分析样品的数量，确定标准化频率。如果分析样品数量大，一天必须标准化一次；如果少，可一周一次。

在实际工作中，由于试样和标准样品的冶金过程、某些物理状态差异，常常使工作曲线发生变化。通常，标准样品多为锻造和轧制状态，而日常分析为浇铸状态。为了避免试样因冶金状态变化给分析结果带来影响，常常应使用一个与分析试样冶金状态和物理状态近似的控样来控制分析结果，控样的元素含量应位于工作曲线含量范围内，并与分析试样的含量越接近越好。同时，控制样品的元素含量应当准确可靠，成分分布均匀，外观无气孔、砂眼、裂纹等物理缺陷。

5.6 其他部件维护

光电直读光谱仪的故障排除，应当是建立在对仪器原理和各模块结构以及功能充分了解的基础上。应当首先尽量了解各模块功能，以及各模块内部部件的功能。然后，按照如下三条线索，把仪器硬件联系起来掌握。

（1）信号线路：从激发台样品发光开始，到电脑软件中显示出各元素含量为止，了解样品发光的光信号在仪器中各部件先后经过和转化的顺序，以及每个部件的简单功能。

（2）控制线路：了解计算机中的命令对仪器当中各个受控部件的影响，以及命令的传输途径、每个部件的作用。

（3）供电网络：了解仪器所有用电部件所需的准确电压、电流、功率等详细参数；了解仪器用电，从仪器总供电插座开始，各部件的耗电如何产生、调节和传输。

光谱仪外部维护：仪器的日常维护是仪器正常使用的基本保证。及时、合理的维护不仅会影响分析结果的准确度和稳定性，而且会影响仪器的使用寿命。

（1）实验室条件：实验室温度应该保持在 17～27℃ 之间。实验室湿度要求保持在 45%～70% 之间。实验室内部应保持洁净无尘。室内温度的上升会增加光电倍增管的暗电流、降低信噪比。湿度变大，容易产生高压元件的漏电、放电现象，使分析结果产生不稳定现象。仪器光谱强度每天都有一定差异，分析不是很稳定。造成仪器不稳定的因素，除了人的因素外，主要就是温度和湿度。如果室温高于30℃，要经常做标样比对。要想使仪器处于良好的工作状态，环境温度最好保持在 20～25℃。仪器不稳定还有一个可能的原因，就是地线。由于金属热胀冷缩效应，温度变化会影响光路稳定性，也会影响仪器的热平衡，对接收器和一些电器件会造成不稳定，若温差较大对光路也会有影响。

（2）电源条件：电压控制在 220V±22V，频率 50/60Hz，在用功率控制在 950W 左右。待机状态为350W，保险为 16A（慢熔保险）。独立地线电阻小于 3Ω。

在分析过程中，只要接地良好且可靠，电源波动小，光谱仪受外界干扰就小。如果光谱仪与中频变压器用同一相电源，容易引起电磁干扰，有可能造成仪器测量误差。在测试过程中，要尽量满足信号线路中各部件正常工作所需条件，如本身无损毁、位置无漂移、控制命令传输正常、供电正常。另外，还有外部温度、湿度等是否符合要求等。为保持仪器性能、测定结果的稳定，最好不要频繁关机。这是因为光谱仪长期通电状态下，不但可以避免电器元件受潮而导致仪器内部各元件短路受损，还可以保证实验分析仪器的稳定性。若长期关机，就会吸潮、吸附灰尘，一旦开机就会发生电路短路现象。

在详细了解以上情况后，一般情况下，在出现故障时需首先在信号线路中找到不能正常工作的模块（每个模块是否能正常工作均有检查方法）。然后，检查该模块中的信号线路部件本身是否状态正常（损毁、位置偏移），受控部件的控制命令传输是否畅通，用电部件的供电是否正常，以确定故障点，从而排除故障。另外，还需要判定损坏部件是否可以自己修复或用备件替换。如果不能自行解决，需向制造商的售后服务进行求助。

5.7　TY-9000 全谱型光电直读光谱仪维护保养

5.7.1　激发台清理

在激发系统中，其基本维护的部位为激发台内部。激发台内部是否清洁、电极极距是否稳定、激发台发光弧焰相对于光学系统的高度等，均会影响结果的准确度。激发台系统需要氩气冲洗。激发台维护流程为：首先，用内六角扳手松开火花台的面板（见图 5-1），使用脱脂棉沾无水乙醇擦拭激发台面板；其次，拔出废气管，用吸尘器清理激发腔中的灰尘；然后，用浸有无水乙醇脱脂棉进一步清理火花台；最后，待激发台面板后激发腔内的酒精完全蒸发后，盖上面板，固定四个螺丝，用间距规重新测量一次分析间距。

切记：清理火花台时，必须关闭激发光源的电源开关，否则可能会引起触电。

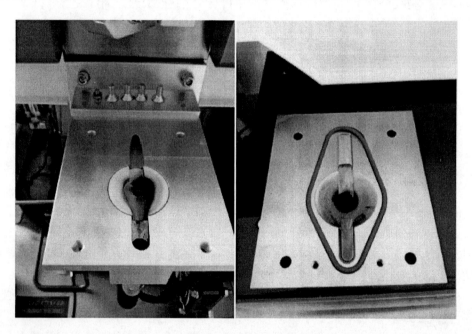

图 5-1　激发台内部状态

激发台清洁完毕后，将火花台各部件依次安装。在安装过程中，要注意密封圈是否上好，激发电极位置是否正确，并保证放电间隙距离不变。否则，聚焦在分光仪的谱线强度会改变。安装完成后，为了除尽进入火花台的空气，可用氩气冲洗整个回路 2~3min。先用废弃试样检查激发系统是否漏气。如果不漏气，即可对工作曲线进行标准化。如果系统发生漏气，那就要依次检查漏点。如何来判断激发系统是否漏气？听激发声音，如果声音很尖，噪声大，就可以认定激发台发生漏气。这时首先检查样品是否盖住激发孔，其次再检查样品表面是否平整，最后查看激发孔是否变形。如果样品不平整，只需要重新加工样品即可。如果上述问题不存在，可检查氩气流量是否平稳，如果波动比较大，说明气路系统发生漏气。可用肥皂水检查气路各个接头。如果有漏气点，将各个密封圈进行更换。如果氩气流量平稳，这时就需检查激发电极是否发生偏离。如果没有，可能是激发电极尖端重复放电以后，钨电极会长尖，改变了间隙放电距离。所以，激发一次样品后，就要用刷子清理电极。

5.7.2 透镜清理

聚光镜是样品被激发而发出的光进入分光仪的唯一通道，必须保持镜面清洁干净。仪器使用一段时间后，聚光镜外表面会附着一层褐色物质。时间越长，沉积越厚。激发产生的金属粉末也会黏附在透镜的外表面上，降低光的透过率，使全部元素的绝对光强降低，特别是远紫外 C、P、S 元素更为明显；同时使元素的工作曲线斜率降低，分析灵敏度也下降，分析误差增大。所以必须定期清理，一般激发 600 个样品最好清理一次。具体清理流程为：首先准备好乙醚乙醇混合液（1+1）、脱脂棉、透镜纸。然后打开仪器前方的小门，旋转紧固旋钮松开压紧板。然后向外用力抽出透镜板，即可取下透镜固定板，此时可看见聚光镜。用脱脂棉蘸上少许乙醚乙醇的混合液，从聚光镜表面中心向外逐圈擦拭。如污染严重可用力多擦几遍，直到擦去污物。再用干棉花球擦去水印即可。特别应该注意的，聚光镜是石英材质的，不能用硬的物体（绝不能用镊子夹棉花），以免划伤透镜面。透镜系统见图 5-2。

切记：清理透镜时，必须关闭球阀开关（扳动手柄 90°），防止灰尘倒吸进入真空室，使光路污染而影响光学器件，导致仪器分析精密度大幅度下降。

(a)　　　　　　　　　　　　　　(b)

图 5-2　透镜系统

（a）球阀打开状态；（b）球阀关闭状态

5.7.3 废气桶清理

当分析的样品超过 2500 次时，需要对废气桶（见图 5-3）进行清理。将废气桶从管路上移开，拧开废气桶，取出里面的过滤芯，用吸尘器清理管道和废气桶里面的灰尘。如果过滤芯太脏不能使用时，需更换过滤芯。然后，用吸尘器将废气管中的灰尘吸干净。

5.7.4　检查火花台放电间隙

　　清洗激发台的内表面，主要是避免残留内壁的粉尘放电影响分析结果。电极与激发面之间的距离，必须按极距要求调整好。如果与激发面的距离太大，试样不易激发。如果电极与激发面的距离太小，曝光时放电电流太大，以至于与仪器各参数不相匹配，使测定结果与实际结果之间有差异，影响测定的准确性。因此，必须将电极与激发面的距离调整可靠。清洗激发台和电极后，一定要重视这个问题。具体调节方法为：首先用一字螺丝刀旋开图中调节孔处的螺丝；然后用 M3 的内六角扳手，从调节孔中松开固定钨电极的螺丝（见图5-4）；其

图 5-3　废气桶外观

次用 3.4mm 间距规盖住激发孔（压样杆的另外一端），松开激发台左侧面的电极固定螺丝；然后用间距规压住电极，直到间距规紧紧靠住激发台表面；最后，间距规凸出部分应完全放入到激发台板上的孔内；然后，拧紧电极固定螺丝即可（见图5-5）。

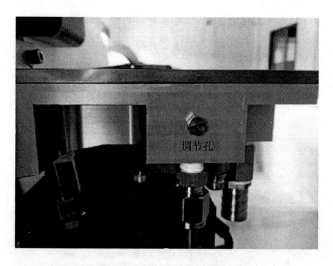

图 5-4　钨电极间距调节孔

图 5-5　钨电极间距调节

5.7.5　光学系统校正

　　校准是指进行光学系统的校准。由于材料的热胀冷缩，可能造成仪器 CCD 的微小偏移。我们通过软件的位置调整这种偏移对分析结果造成的影响。当室内温度变化比较明显（一般温度波动超过 ±5℃）或停机时间较长时，开机后仪器做控样分析时，数据漂移较大，则首先要进行校准处理，见图5-6。

　　放好光谱校正样品（随仪器出厂时附带的样品）后，点击"激发"，进行 5～7 次测试后，获取光谱的平均值。点击"校正"按钮，软件会自动计算出校正结果。然后点击"退出"，即完成光谱校正。

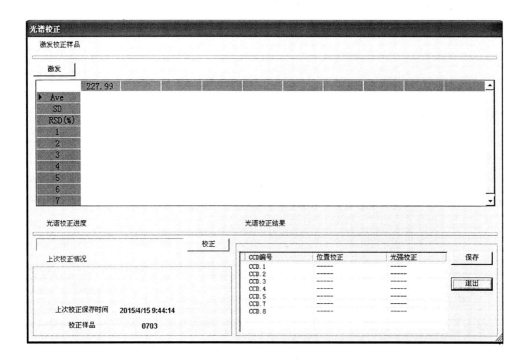

图 5-6 谱线校正对话框

5.8 TY-9610 全谱型光电直读光谱仪维护保养

5.8.1 火花台清理

在样品激发过程中，由于氩气流量较大，而出气孔一定，光室内有一定的正气压，有利于样品激发。但随之而来的是，大量金属粉尘不能及时排出，必然附着在火花室内壁上，造成严重污染，从而使两极间绝缘性降低，影响分析结果。特别是激发含有低熔点元素的合金时，低熔点金属挥发物喷镀在火花室瓷绝缘套的釉表面，严重时可使两电极直接短路。因此，要特别注意经常清洗火花室，一般每激发 200 次或每班清洗一次。

清洗的方法有两种：一是，利用两次激发的间隙，发现火花室内粉尘较多时，用细干的毛刷（如二号油画笔）直接清扫，这时不必拆下电极架盖板。注意：刷对电极尖端时，不要用力下压。否则，会使极距变大。清洗后，要用大流量氩气冲洗。二是，污染严重时，为了清洗彻底把极盖板拆下，将电极拔掉用柳木棍或金属镊子缠棉花并蘸乙醚酒精混合液清洗。低熔点金属灰尘附着物，一般是擦不掉的，必须加氧化铈（或氧化铝粉）抛光粉，抛光擦掉。清洗后，上好电极盖板，装好对电极，定到极距，用大流量氩气冲洗5min。在激发几点废样后，再进行正常分析。

切记：在清洗激发台时，一定要关闭激发光源的电源开关。

氩气系统在出厂前已经调好，一般情况下不易发生故障。但长期使用会使气路控制元件堵塞。密封元件老化也会使管道漏气。因此，使用一定时期后（半年左右），要对氩气系统检查一次。检查的方法是：将氩气控制箱氩气出口堵塞，进口压力调到 0.2MPa 左右，对气路各密封接口涂肥皂液，仔细观察。如有漏气，旋紧螺母，无效时更换零件。对气路堵塞的处理方法是：将气嘴拆下，在氩气出口处，通大气流氩气 0.1 ~ 0.2MPa，可将堵塞清除，仍不通则应更换零件。

5.8.2　检测系统清理

光电倍增管的高压，由测控单元的高压电源板产生。如有元件损坏或由于静电作用吸附了灰尘，都可使输出的负高压变化，导致分析精密度下降。使用过程中，要注意定期清扫高压电源板上的灰尘，并进行有关检查。注意，绝对不可以在打开电源的情况下清扫。进行除尘操作时，必须关闭低压及高压电源！

测控单元内的积分板、测量板、单板机等电路板，都需要绝对清洁干燥的工作环境。尤其是钢厂的粉尘和湿热，对测量电路的影响更为严重。同高压电源板一样，对测量电路的各个电路板的定期除尘是必要的。雨季潮湿的天气里，除保持实验室的相对湿度小于70% 外，必要时还可将干燥剂包放入测控单元内，以利于吸附水蒸气。

5.8.3　检查仪器性能

仪器在出厂前已经进行了精心的调试和严格的考核，但长途运输和长时间贮运，有可能引起一些微小的变化。因此，安装时要进行全面的检查。在仪器使用过程中，对一些项目的定期测试也可以随时检查仪器性能，确保仪器正常运行。

5.8.4　出射狭缝的一致性

仪器局部恒温工作 5h 以上，光室内温度就可以达到充分平衡。此时，可用描迹的方法，扫描元素通道分析线的峰值位置，并与某一基准线（一般为内标元素的谱线）的峰值位置进行比较。当二者之差大于 $\pm 7 \mu m$ 时，需要重新调整光路，但光路的调整必须由生产厂家有关人员进行。

5.8.5　电子测试

为了方便用户随时掌握仪器的状态，特别设置了电子测试自检功能。电子测试包括 3.5V、1.15V、50mV 电子测试。通过电子测试，可以检查测量系统电子部分的情况，其具体操作详见软件说明中"电子测试"部分。

5.8.6　暗电流及灯曝光测试

为了整体检查测量系统（包括测控单元、光电倍增管）的状态，特别设置了暗电流及灯曝光测试功能。这两项测试可以总体检查仪器的性能，详细操作说明见软件说明部分。

5.8.7　通道扫描方式

描迹检查和透镜清洗完毕后，都会对仪器产生一定的影响。因此，这些工作做完后，必须对工作曲线进行标准化。在透镜清洗后等待 3min，再进行曲线标准化，因为在清洗火花室和管道期间，空气已充满了这些部位。如果先选择描迹检查，描迹检查完毕后就可以直接进行曲线标准化,因为在描迹检查时管道和火花室已被分析时所需的氩气流冲洗干净。

虽然光电直读光谱仪法不受感光板限制,但工作曲线绘制成后,经过一段时间曲线也会变动。例如:透镜的污染、电极的玷污、温湿度的变化、氩气的影响、电源的波动等,均能使曲线发生变化。为此,必须对工作曲线进行标准化。在进行曲线标准化时,首先必须注意,在清洗样品激发台后,先用废样激发 10 次以上,或用氩气冲洗几分钟,才能做日常标准化工作。其次,标准化的样品表面要平整、纹路清晰、分析间隙固定、样品架清洁。最后,根据分析样品的数量,确定标准化频率。如果工作量大,一天必须标准化一次;如果少,可一周一次。

在实际工作中,由于试样和标准样品的冶金过程、某些物理状态差异,常常使工作曲线发生变化。通常,标准样品多为锻造和轧制状态,而日常分析为浇铸状态。为了避免试样因冶金状态变化给分析结果带来影响,常常应使用一个与分析试样冶金状态和物理状态近似的控样,来控制分析结果,控样的元素含量应位于工作曲线含量范围内,并与分析试样的含量越接近越好。同时,控制样品的元素含量应当准确可靠,成分分布均匀,外观无气孔、砂眼、裂纹等物理缺陷。

通道扫描过程为:选择目录中的狭缝扫描,则〈元素通道〉上就选择"Fe * R",扫描参数设为"高能"〈扫描间隔〉,一般设为 1s,〈元素波长〉在选择基体后,就会自动显示出该基体的波长值。然后,设定〈通道高压〉为 0 档,〈开始位置〉定在 78,〈结束位置〉定在 88,〈步长〉为 0.25,其整个过程就是:先将步进电机的位置设置到 78 上结束位置为 88。然后,点击"开始扫描"。然后,每隔 1s,计算机就采集一次数据,当步进电机走到 88 的位置时,计算机停止扫描。软件上能观察到扫描出来的峰值。如果这个时候没有出现明显的峰值图形,则还要按照以上的顺序,继续进行通道扫描,这个时候把〈开始位置〉定在刚才的〈结束位置〉,而〈结束位置〉则就在〈开始位置〉的基础上增加 10 个数据,依次类推,直到出现明显的峰值图形位置。如果扫描的峰值图形两边成对称关系的话,则就选择该峰值的峰顶值为狭缝的位置。如果峰值两边不对称,则取峰值两边的半宽高之和除以 2 后就是狭缝的位置,然后确定出峰值位置。日常分析主程序对话框见图 5-7 和图 5-8。

5.8.8　真空系统清理

真空泵的定期维护保养是分析人员不可缺少的工作,主要有两项:开机抽真空、更换泵油。当首次抽真空或者是长时间停机后再开机时,要观察其光室的真空度是否达到要求,注意此时不要急于打开高压电路。其操作程序为:首先打开总电源,再打开检测开关(绝对不能打开高压),此时真空泵就会开始抽真空。注意观察分析窗口下的状态栏,当真空电压达到 0.7V 时,打开高压开关、光源开关,进行分析前的准备工作。在抽真空的过程中,光室内的空气越来越稀薄。当达到一定的条件时,若有高压就会发生辉光放电,从而损坏光学器件,造成不可估量的损失。更换泵油也是维护保养不可缺少的工作。因此,分析人员每个月需要检查泵油消耗和泵油颜色变化情况。若泵油水平位下降,需要补充泵油;若泵油变成黑色,也需要更换泵油。注意:在更换泵油时,首先要关掉真空泵,于 5min 后打开光谱仪光室进气阀,将其压力恢复到大气压力。然后,再放掉旧油,用新

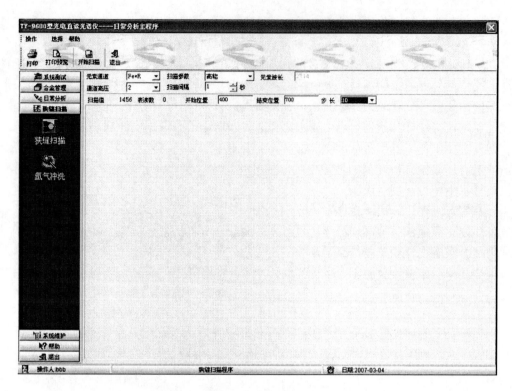

图 5-7　日常分析主程序对话框（一）

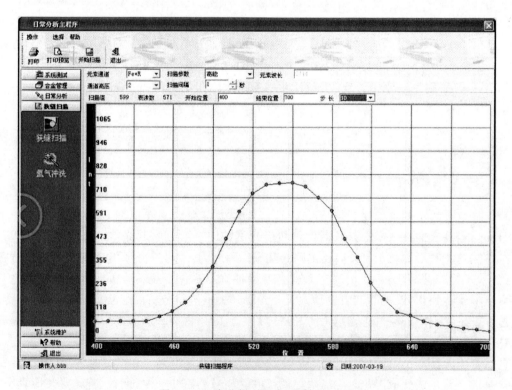

图 5-8　日常分析主程序对话框（二）

泵油将油室清洗数遍。最后，再将泵油注入到指定刻度线即可。泵油更换完毕后，可将光室的进气阀关闭。5min 后，真空泵工作，随时观察真空度的变化情况。若真空度不上升并且负高压又加不上去，说明真空气路系统有漏气现象。在气路系统管路上，采用涂抹肥皂水的方式检查漏点。根据漏点，采用相应措施解决。待真空度达到设定要求后，才能进行曲线标准化处理。

在光电直读光谱仪的制造技术上，真空模式光谱仪比非真空模式要求高。首先，在真空状态下，光室的各元器件不变形，并且位置不发生移动。其次，要避免真空室油蒸气污染光室内部的各元器件，影响透光率。最后，真空泵振动对光室有影响。即采用防振措施，使整个分光仪的光路不受振动的影响。真空室内与真空外部接触的运动零件（如描迹狭缝、石英窗、透镜等）要尽量减少，并需要密封材料，在抽真空时，以免发生漏气现象，从而影响真空度。当然，光室的真空度太高，也会导致光电倍增管的管帽间产生辉光放电，从而发生烧毁仪器部件现象。因此，将光室的真空度调整到合理的范围是必要的。实验证明：真空度小于 8Pa 可满足 160nm 以上光谱测定。为了避免真空泵的连续工作，导致寿命降低，对真空泵的开关，我国部分厂家使用间歇开关技术。在保证光室真空度的情况下，根据需要操作开关电源，既省电，又延长了真空泵的使用寿命。真空泵还具有特殊的防反油技术，以保证光室的纯净，防止油气污染。

6 样 品 制 备

　　样品制备是指在实（试）验之前，根据样品的性质、实（试）验目的和分析方法，对各类样品制定出适合的加工方案及检测用样品。在分析化学中，它是从整批物料中取出的一份物料，根据该物料的性质（如力学性能、各组分含量等）进行加工。样品制备包括取样和制样两个过程，它是样品化学实验过程中的重要环节之一。这是因为在化学实验过程中，有些物料是均匀的，比如钢锭、铝水等；有些物料是不均匀的，比如矿样等。均匀物料可在任意部位取样；非均匀物料应该是随机取样，对所得的样品分别进行测定，汇总所有样品的检测结果进行分析。在取样过程中，取样工具或者器皿应该清洗干净，不应带进任何杂质，特别是被分析元素或物质，否则将引起物料成分的变化，导致实验结果发生离群现象。

　　仪器分析是分析化学的一个分支，而光电直读光谱法又是仪器分析专业的重要分析方法，与其他分析技术相比，其样品制备技术一样同等重要。光电直读光谱法的实验物料是固体金属材料，大部分金属材料都是均匀物料，可在任意部位取样。金属物料常见状态有固态和液态两种。金属固态物料可采取切割方式取样；金属液态物料可采用熔融浇铸法取样。金属物料样品取样完毕后，样品的分析面可采用切削加工法进行加工。为了保证实验数据的准确度，样品处理过程需要按照一定的科学规范进行操作。目前，与金属材料有关的金属材料样品取样与制样的国家或行业标准方法主要有：

　　（1）GB/T 20066—2006《钢和铁　化学成分测定用试样的取样和制样方法》；

　　（2）SN/T 2412.3—2010《进出口钢材通用检验规程　第3部分：取样部位和尺寸》；

　　（3）GB/T 17373—1998《合质金化学分析取样方法》；

　　（4）GB/T 5678—2013《铸造合金光谱分析取样方法》；

　　（5）GB/T 17432—2012《变形铝及铝合金化学成分分析取样方法》；

　　（6）GB/T 31981—2015《钛及钛合金化学成分分析取制样方法》；

　　（7）YS/T 668—2008《铜及铜合金理化检测取样方法》。

6.1　样品分析概况

　　在工业生产中，金属材料样品分析主要有熔炼分析和成品分析。分析样品就是按照分析所需的要求而制得的试样，它可从抽样产品中取得，也可从原始样品中取得，甚至从金属的熔融态取得。熔炼分析，也叫炉前分析，是指在钢液浇铸过程中，采取熔融样品，经过浇铸成型，用水冷激，然后将分析面进行切削加工，用光电直读光谱法对样品中各元素的化学成分进行分析，其化学成分分析结果代表同一炉或同一罐钢液的平均化学成分。成品分析是指在经过加工的成品板材、型材、管材、金属制品、半成品坯材上，采用适当的切割机械截取样品，然后将分析面进行切削加工，用光电直读光谱法对样品中各元素的化学成分进行分析，其化学成分分析结果平均值代表同一批成品材料的化学成分。成品分析可用于验证化学成分，又称验证分析。

在金属冶炼过程中，金属熔融液中各组成元素在结晶时，会出现分布不均匀的现象，这种现象在金属学中被称为偏析。根据铸锭的范围，偏析分为显微偏析、区域偏析（宏观偏析）、通道偏析。其中显微偏析只发生在一个或几个晶粒之内，包括枝晶偏析、晶间偏析、晶界偏析和胞状偏析。宏观偏析则发生在铸锭宏观范围内一部分与另一部分之间，可分为正常偏析、反常偏析、比重偏析三类。通道偏析是指凝固时，浓度较大的液态对流引起的偏析，溶质和浓度梯度影响了液态的密度。偏析可导致样品中各元素化学成分的均匀性变差，在样品分析过程中无法准确测定其各元素化学成分。偏析现象是在金属冶炼浇铸成型过程中，由于冷凝时间的差异而造成的。偏析现象是无法避免的，但是它是可以控制的。在化学分析中，元素化学成分的偏析可以用偏差进行评估。也就是说将偏析控制在一定范围内，才能保证分析样品在化学成分方面具有良好的均匀性，并且其不均匀性应不产生显著偏差。由于金属熔融液在结晶过程中产生元素的不均匀分布（偏析），成品分析的值有时与熔炼分析的值有所不同，其元素含量的化学成分存在一定的偏差。除此之外，对于熔体的取样，分析方法和分析样品二者也有可能存在偏差，出现的这种偏差将用分析方法的重现性和再现性来解决。GB/T 222—2006《钢的成品化学成分允许偏差》中，对成品化学成分允许偏差规定：熔炼分析的值虽在标准规定的范围内，但由于钢中元素偏析，成品分析的值可能超出标准规定的成分范围，对超出的范围规定一个允许的数值，就是成品化学成分允许偏差。比如：20 号碳素钢中 C 的范围为 0.17% ~ 0.23%，其中上偏差为 0.02%，下偏差为 0.02%。因此，对于 20 号碳素钢成品材料，其 C 的范围可放宽为 0.15% ~ 0.25%。

6.2 样品要求

光电直读光谱法是通过激发固体样品产生发射光谱进行定量分析。其样品被激发的必要条件是固体样品必须具有导电性。在自然界中，能导电的材料主要是金属材料，这是因为其内部具有晶格结构的固体，由金属键结合而成。金属材料是金属元素或以金属元素为主构成的具有金属特性的材料的统称，它是工程材料的主体，包括纯金属、合金、金属材料金属间化合物、特种金属材料等。纯金属可以制成金属间化合物，可以与其他金属或氢、硼、碳、氮、氧、磷、硫等非金属元素，在熔融态下形成合金，以改善金属的性能。根据添加元素的多少，合金分为二元合金、三元合金等。因此，作为具有良好导电性的金属材料，可采用光电直读光谱法，对组成元素含量进行分析。

分析样品的处理工作是化学分析最基础、最重要的工作之一。分析样品包括抽样产品本身及从金属的熔融态熔体中取得的样品，主要包括块状试料、已重熔成型试料、机械加工制得的屑状试料、粉碎加工制得的碎粒状试料、粉碎加工制得的粉末状试料。目前，与光电直读光谱法有关的试料，主要是块状试料、重熔成型试料。一个分析结果是否有意义，即是否能够正确判定产品质量或指导生产，直接取决于试样是否有代表性。因此，化学样品所采用的取样方法，应保证分析试样能代表熔体或抽样产品的化学成分平均值。

在样品处理过程中，为了使分析试样有代表性，必须重视样品的取样和制样两个方面的工作。如果在上述两个过程中存在问题，实验结果必然是错误的。光电直读光谱法是对块状的金属材料进行分析，它与 X 射线荧光光谱法一样，都是通过机械加工成型，切削加工分析面后进行分析。该法是对样品的分析平面进行分析，即面分析。因此，对固体样品的外观和内部是有一定要求的。样品外观的要求是必须有一个足够大并且平整的分析面，这样样品才能在整个分析过程中完全覆盖激发孔，不漏气，检测工作在氩气氛围内进行。如果要满足这个要求，首先必须从物体与物体之间的接触方式进行讨论。物体与物体之间的接触方式有面接触、线接触、点接触三种形式。当样品完全覆盖激发台时，其接触方式是面接触。如果样品完全覆盖激发孔，样品至少要有一个平面，即只有光滑、平整及足够大面积的分析面才可完全覆盖激发孔。除此之外，分析样品的分析面应去除表面涂层、氧化物、油污、灰尘以及其他形式的污染物，同时还应尽可能避开孔隙、裂纹、疏松、毛刺、折叠或其他表面缺陷。否则，样品表面会因为有气孔而产生漏气。若表面有碳氢有机物为主的油污，会影响碳的准确度。氧化物经过激发后，会释放出氧气，氧气对紫外区的光谱线强度有吸收作用，会降低检测灵敏度。另外，在放电过程中还会产生扩散放电，导致分析结果偏低。其次，样品在激发过程中，样品表面由于激发，会损失一些样品，如果样品厚度太薄无法承受激发而导致样品击穿出现漏气现象，最终导致分析过程中断。因此，对于样品的外观要求，除了有一个足够大的平面外，对样品的厚度也有一定要求。

样品要具有代表性。首先，要求是被测样品的材料化学成分具有良好的均匀性。如果样品材料化学成分均匀性差，说明化学成分偏析现象比较严重，无法对样品进行准确检测。就大多数金属材料样品来说，出厂的成品的化学成分偏析现象都是控制在规定范围内，都能满足样品分析要求。但是，对于熔融态金属和铸铁样品，其化学成分偏析现象比较严重。因此，在对熔体进行取样时，如果预测到样品的不均匀或可能的污染，应采取应对措施。从熔体中取得的样品在冷却时，应保持其化学成分和金相组织前后一致，值得注意的是，样品的金相组织可能影响到某些物理分析方法的准确性。特别是铁的白口组织与灰组织、钢的铸态组织与锻态组织。这是因为造成偏析的因素，与合金的组成、密度、铸模的材料、形状、厚度、合金熔化温度、浇铸温度、被浇铸样品的冷却速度等有关。若样品化学组成相同，但热处理过程不同，会造成测得的谱线强度不同而引起部分元素的检测结果发生波动，如含 C 量高的钢铁样品这种现象尤为突出。冷却速度不一致时，对轻元素 C、Mg、Si、P、S 等的检测结果存在很大影响。而 V、Cr、W 等会由于形成碳化物而影响分析结果。因此，要求标准控制样品（简称控样），与分析样品的热处理过程要保持一致。此外，还与元素在基体金属中的溶解度有关。元素的低固熔性会影响金属的均匀性，快速冷却能形成细晶粒的金相结构，可保证金属材料样品的均匀性，而缓慢冷却形成的大颗粒晶粒的边界容易发生偏析和不均匀。对于不适合直接分析的金属样品，如切削样、线材和金属粉末等还可以采用感应重熔离心浇铸法来制备样品。原理是将适当大小的样品放入坩埚，在氩气气氛中通过高频感应加热重新熔融，在离心力的作用下注入特制的模子里，然后迅速冷却制得金属圆块样品。离心浇铸法可以消除样品的基体效应，并且可以采用添加或稀释（常见稀释剂有纯铁）等方式保证样品均匀性，还可人工合成标样。但设备昂贵，制样成本高。比如球墨铸铁件，由于冶炼工艺问题，需要在分析前进行白口化处理，以此保证分析样品的状态和标准样品一致。而样品的状态是否符合国家标准要求，与样品的取样部位和机加工这两方面密切相关。取样就是从产品批（母体）中随机抽取一个产品，然后在该抽样产品上切取实验所需要的材料，再经过机加工或未经机加工达到合乎标准要求的状态（尺寸和表面粗糙度）的样品过程。比如从一堆圆钢中任取一根圆钢，用合适的切割机械将其切割成40mm长的圆柱，将截面在磨样机上磨光，经过无水乙醇擦洗后即可上机分析。在取样过程中，注意取样部位、取样方向和取样数量子样是否具有代表性。一般来说，中心部位的性能低于其他部位的性能，纵向试样的性能优于横向试样的性能。而性能的好坏与其化学成分及热处理有关。因此，取样时分析点的选择尤其重要，即不能选择中心点位置，而应在其边缘选取等边三角形为三点进行检测，激发的测定值取平均值。样品激发后效果见图6-1。另外为了保证取样数量的代表性，其取样数量应该根据产品标准及使用情况而定。

综上所述，光电直读光谱法要求样品必须满足以下三点：

（1）样品材料化学成分均匀，并保证样品和标准控样的金相组织一致。

（2）样品分析面光滑平整，无气孔、夹杂、油污和氧化物；分析面大小必须完全覆盖激发孔，避免漏气。

（3）被测定的样品要有足够的厚度，以保证在分析激发过程中不被击穿。

在光电直读光谱法中，适合分析及加工的样品标准形状有蘑菇形（或图章形）、板状、圆柱状、长方体状（或正方形）

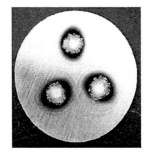

图6-1 样品激发后效果

等。因此，样品采用浇铸技术制成样块后，铸造样品外径不小于30mm，厚度不小于10mm。其他样品采用切割技术制成样块后，棒状样品直径不小于10mm，长度约40mm；板状样品厚度不小于0.5mm，宽度不小于30mm，面积不小于$900mm^2$。如果样品没有合适的分析面，可采用切削和磨制的方式，将它加工出一个平面。

6.3 样品处理方法

在光电直读光谱法中，样品处理是实验过程中不可缺少的重要环节。样品的处理过程分为取样和制样两个过程。取样是指样品的采集过程。从样品的取样对象来分，可分为熔体中取样和成品中取样。熔体中取样主要是为了监控生产过程，需要在整个生产过程的不同阶段取样。根据铸态产品标准的要求，可以在熔体浇铸的过程中进行取样。对铸态产品的液体金属，分析样品也可以按照产品标准要求，从出自同一熔体、用作力学性能试验的棒状或块状试样上取样。制取熔体的取样过程是，根据对样品品质的要求，而进行的一个独立的处理过程。从熔体中取得的样品，常常具有如下形状：小铸锭、圆柱、矩形块、冷铸圆盘或附带有一个或多个小棒样品的组合圆盘。有时是一些附带小块样品的圆盘。成品中取样，主要指原始样品或分析样品，可以从按照产品标准中规定的取样位置取样。分析样品可以从铸态产品的棒或块中取样。对于锻造产品，分析样品可以从未锻造的原始产品中或从锻后产品中或从额外锻造的产品中获得。制样是指为了确定质量特性值所进行的试样制备过程。

在光电直读光谱法中，样品处理方法主要以机械加工法为主。机械加工法在样品处理中的作用，主要是浇铸成型、切割成块、表面加工和增加分析面积。该方法分为冷加工法、热加工法、冷压－热成型法。它们都属于样品破坏性处理方法。

一般在常温下，冷加工法为机械加工成型方法。其制样方法有切割加工法、切削加工法、冷压加工法。切割加工法就是通过合适的切割机械，将样品切割成一定形状，并获得分析面的样品处理方法。该法主要用于金属固态样品处理的取样过程。其作用是，将大块样品切割成块。切削加工法是采用车、铣、磨等加工方式，对样品表面进行加工，并获得光滑平整的分析平面的制样方法。其作用是对样品分析面进行表面加工。冷压加工法就是通过外力的作用，将样品的外观形状，改变成一定形状的制样方法。其作用是增大分析面的面积。切削加工法和冷压加工法，用于金属固态试样处理的制样过程。切削加工法是光电直读光谱法的基本制样方法，大部分样品的制样过程都采用这种方法。冷压加工法用于小型不规则样品的制样。

　　热加工法是指样品在高于常温状态的加工成型方法。其制样方法有熔融浇铸法、热压加工法。熔融浇铸法是根据浇铸技术原理，用合适的工具将熔融样品取出浇铸成型，冷却凝固成为具有一定形状的处理方法。该方法用于炉前冶炼的熔融态金属样品取样。比如：最常见的匀式取样，用长柄勺从熔体中取样或在熔体的浇铸过程中取样，并浇铸成型。熔融浇铸法主要用于金属液态样品处理的取样过程。另外，还可以用于铸铁样品的白口化处理。热压加工法是指在加热（加热温度远远低于其熔点）并同时加压的条件下，将样品的外观形状制备成一定形状的处理方法。热压加工法主要用于硬度较大（屈服点）的金属材料样品的制备，其作用是为了增大分析面的面积。

　　冷压－热成型法就是将金属粉末样品，通过压力成型、烧结过程后，制成一定形状样品的处理方法。该法主要用于金属粉末样品的制样。冷压－热成型法也是一种机械加工法。它是冷加工法和热加工法都在使用，属于复合性样品处理方法。

　　另外，小件样品经过上述处理过程后，若其分析面依然不能满足实验要求，还可以采用夹具夹持法来增大相对分析面积。夹具夹持法就是采用光谱夹具固定样品，在密闭的空间中形成一个相对平面，将激发孔完全覆盖的方法。该法主要针对不能完全覆盖激发孔的棒、管、片、球等形状的小规格样品。

　　在光电直读光谱样品制样过程中，一般情况下不允许发生化学或物相变化。因此，样品的制备方式以冷加工为主。其样品的加工表面为 A 级表面（产品非常重要的装饰表面，即产品试用时始终可以看到的表面）。冷加工法是在常温下改变样品外观形状，因此不会引起样品内部的化学或物相变化。热加工法是在高于常温低于金属熔点下改变样品外观形状。除了熔融浇铸法会改变其物相结构外，冷压-热成型法只改变样品表面的化学和物相，其样品内部变化不大。一般来说，样品采集好后还要采用切削加工法，对分析面进行加工才能进行分析。夹具夹持法属于非破坏性制样，当然也就不存在样品内部的化学或物相变化这个问题。

6.4　样品制备设备

　　在光电直读光谱法样品制备中，冷加工法所涉及的样品制样装置有切割设备、切削设备、冷压设备。

　　切割设备主要有切割机、线切割机、等离子切割机。

　　（1）切割机：切割机主要有砂轮切割机、金相切割机、切铝机。

　　砂轮切割机又叫砂轮锯，采用无齿锯片，适用于金属方扁管、方扁钢、工字钢、槽型钢、圆管等材料的切割，见图 6-2。砂轮切割机由基座、砂轮、电动机或其他动力源、托架、防护罩、给水器等组成。砂轮设置于基座的顶面，基座内部具有放置动力源的空间，动力源传动减速器，减速器具有穿出基座顶面的传动轴供固接砂轮，基座对应砂轮的底部位置具有凹陷的集水区，集水区向外延伸到流道，给水器内具有一个盛装水液的空间，设于砂轮一侧上方，给水器对应砂轮的一侧具有一个出水口。整体传动机构十分精简完善，可使研磨的过程更加方便顺畅，并提高了整体砂轮机研磨效能的功效。

金相切割机是利用高速旋转的薄片砂轮来截取金相试样的机械。它广泛应用于金相实验室切割各种金属材料，见图6-3。由于金相切割机附有冷却装置，用来带走切割时所产生的热量，从而避免了试样遇热而改变其金相组织的情况的发生。金相切割机的切割砂轮直接固定在电动机的轴上，利用锯架的摆动来切割固定在钳口中的试样。电动机固定在底座上，轴套套在电动机的轴上，砂轮片由螺母和夹片加以固定。固定在电动机的前面的支架上装有可绕横轴转动的锯架，由手柄的转动来移动钳口把试样夹紧在钳座中，当转动锯架时就可以进行试样切割。冷却系统人工可以用固定在旋塞上的旋钮控制流量，冷却液由固定在底座后面的橡胶管排出。机器工作时，用罩壳将砂轮片等挡住，以防止冷却液飞溅、砂轮片碎裂，从而发生伤人事件。由于该切割机采用的是湿式切割轮切割法，这种方法对金属样品所造成的损伤和所用的时间相比是最小的，它所使用的切割片由研磨料和黏合剂合成，是金属材料最适合的切割方法。使用该切割机时要注意切割片的选择，只有切割片合适，才能保证样品表面变形小、平整度好，才能快速得到所需的制样结果。切割片选择时，主要依据材料的硬度和韧性来选择不同的切割片。陶瓷和烧结碳化物材料，应该使用金属基和合成树脂基金刚石片进行切割。切割钢铁材料时，最常用的是氧化铝（Al_2O_3）切割片。切割硬度较大的钢铁材料时，采用立方氮化硼（CBN）切割片。切割有色金属材料，使用碳化硅切割片。另外，在用切割机切割样品时，应该保证相同基体的样品，用同一砂轮或切割片磨制，不同基体（铝基、铁基）的试样分开磨制。

图6-2　砂轮切割机外观

图6-3　金相切割机外观

切铝机是一种可实现对铝管、钢管送料、定尺、夹持、刀具进给、松开、输送成品、打印批号、尾料输出等功能，并自动循环，从而实现连续自动化加工的切割机械，见图6-4。其工作原理是利用齿轮差动进给原理，实现刀具在高速旋转的刀盘上纵向进给，从而实现了钢管夹持不动、刀盘旋转切削的新理念。钢管高速旋转加工方式有效地解决了高能耗、机床抖动、切削效率低、刀具寿命短、生产作业率低、钢管端面质量差和无法定尺等问题。其特点为切口无毛边及粉尘，截面光滑接口完美，可用15°或90°切割。切铝锯片是铝材加工最常用的刀具，硬质合金锯片的质量与加工产品的质量密切相关。其材料为硬质合金，包含合金刀头的种类、基体的材质、直径、齿数、厚度、齿形、角度、孔径等多个参数，这些参数决定着锯片的加工能力和切削性能。选择锯片时，要考虑材料的种类、厚度、锯切的速度、锯切的方向、送料速度、锯路宽度等。对于有齿锯片来说，锯片的齿数越多，在单位时间内切削的刃口越多，切削性能越好。但是锯齿过密，齿间的容屑量变少，容易引起锯片发热。另外，锯齿过多，当进给量配合不当时，每齿的削量很少，会加剧刃口与金属的摩擦，影响刀刃的使用寿命。通常，齿间距在15~25mm的范围内，应根据锯切的金属材料选择合理的齿数。开薄料用齿数多的，开厚料用齿数少的；开硬金属用齿数多的，开软金属用齿数少的。锯片的齿数一般用英文"Teeth"或"T"表示，"teeth"是"牙齿tooth"的复数，比如一张60齿的锯片就用"60Teeth"或"60T"表示。铝材可分型材与棒材，切铝型材要用齿数多的，如100T、120T和140T；切棒材要用齿数少的，如50T、60T和80T。然后，根据机器的型号及铝材的大小，确定锯片的外径和内径大小。切铝机可用于铝材、不锈钢、石油套管、焊管和高压锅炉管等的精密切断加工。操作切铝机时，在运转中禁止变速、更换刀具或松夹材料。遇停电或机械出现故障等紧急情况，必须切断电源，将锯条从锯料中退出。切铝机锯长料时，必须使用V型垫料支架，防止材料滚动、弹跳伤人。

（2）线切割机：线切割机主要由机床、数控系统和高频电源等三部分组成，见图6-5。数控系统由单片机、键盘、变频检测系统构成，具有间隙补偿、直线插补、圆弧插补、断丝自动处理等主要功能。线切割机能切割高强度、高韧性、高硬度、高脆性、磁性材料，以及精密细小和形状复杂的零件。在各行各业中，线切割技术、线切割机床得到广泛应用。线切割机的机床由床身、储丝机构、线架、XY工作台、油箱等部件组成。绕在储丝筒上的钼丝，经过线架做高速往复运动。加工工件固定在XY工作台上，X、Y两方向的运动各由一台步进电机控制。数控系统每发出一个信号，步进电机就走一步，并通过中间传动机构带动两方向的丝杠旋转，分别使得X、Y工作台进给。

图6-4　切铝机外观　　　　　　　图6-5　线切割机外观

（3）等离子切割机：等离子切割机（plasma cutting machine）是借助等离子切割技术，对金属材料进行加工的机械，见图6-6。等离子切割是利用高温等离子电弧的热量，使工件切口处的金属部分或局部熔化（蒸发），并借高速等离子的动量排除熔融金属，以形成切口的一种加工方法。等离子切割机配合不同的工作气体，可以切割各种氧气切割难以切割的金属，尤其是对于有色金属（铝、铜、钛、镍）切割效果更佳。其主要优点在于，切割厚度不大的金属时等离子切割速度快。尤其在切割普通碳素钢薄板时，速度可达氧切割法的5~6倍，且切割面光洁、热变形小、几乎没有热影响区。

图6-6　等离子切割机外观

等离子切割机发展到目前为止，可采用的工作气体（工作气体是等离子弧的导电介质，又是携热体，同时还要排除切口中的熔融金属）对等离子弧的切割特性以及切割质量、速度都有明显的影响。常用的等离子弧工作气体有氩、氢、氮、氧、空气、水蒸气以及混合气体。等离子切割机广泛运用于汽车、机车、压力容器、化工机械、核工业、通用机械、工程机械、钢结构等各行各业。

切削设备主要有车床、铣床、磨床。

（1）车床：车床是以车刀为进给运动、旋转的工件为主运动进行切削加工的机床。车床主要组成部件有主轴箱、交换齿轮箱、进给箱、溜板箱、刀架、尾架、光杠、丝杠、床身、床脚和冷却装置。主轴箱（床头箱）固定在床身的左上部。箱内装有齿轮、主轴等组成变速传动机构。该变速机构将电机的旋转运动传递至主轴，通过改变箱外手柄位置，可使主轴实现多种转速的正、反旋转运动。进给箱（走刀箱）固定在床身的左前下侧，它是进给传动系统的变速机构。它通过挂轮把主轴的旋转运动传递给丝杠或光杠，可分别实现车削各种螺纹的运动及机动进给运动。溜板箱（拖板箱）固定在床鞍的前侧，在床身导轨上随床鞍一起作纵向往复运动。通过它把丝杠或光杠的旋转运动变为床鞍、中滑板的进给运动。变换箱外手柄位置，可以控制车刀的纵向或横向运动（运动方向、起动或停止）。挂轮箱装在床身的左侧。其上装有变换齿轮（挂轮），它把主轴的旋转运动传递给进给箱，调整挂轮箱上的齿轮，并与进给箱内的变速机构相配合，可以车削出不同螺距的螺纹，并满足车削时对纵、横向不同进给量的需求。刀架部件由两层滑板（中、小滑板）、床鞍与刀架体共同组成。用于安装车刀并带动车刀作纵向、横向或斜向运动。床身是精密度要求很高的带有导轨（山形导轨和平导轨）的一个大型基础部件，用以支承和连接车床的各个部件，在工作时保证各部件有准确的相对位置。床身由纵向的床壁组成。床壁间有横向筋条，用以增加床身刚性。床身固定在左、右床腿上。前后两个床脚分别与床身前后两端下部连为一体，用以支撑安装在床身上的各个部件。同时，通过地脚螺栓和调整垫块，使整台车床固定在工作场地上。通过调整，能使床身保持水平状态。尾座由尾座体、底座、套筒等组成。它安装在床身导轨上，并能沿此导轨作纵向移动，以调整其工作位置。尾座上的套筒锥孔内可安装顶尖、钻头、铰刀、丝锥等刀、辅具，用来支承工件、钻孔、铰孔、攻螺纹等。丝杠主要用于车削螺纹。按要求的速比，它能使拖板和车刀作很精密的直线移动。光杠将进给箱的运动传递给溜板箱，使床鞍、中滑板作纵向、横向自动进给。操纵杆是车床的控制机构的主要零件之一。在操纵杆的左端和溜板箱的右侧各装有一个操纵手柄，操作者可方便地操纵手柄以控制车床主轴的正转、反转或停车。按用途和结构的不同，车床主要分为卧式车床、立式车床、转塔车床、仿形车床、多刀车床、自动车床等。其中卧式车床是最常用的车床。

　　（2）铣床：在光电直读光谱样品制备中，铣削技术也是常见的样品加工方式。这种制样方式具有样品污染小、制样速度快、质量稳定和工作强度小等特点，适用范围比车床要大。铣削加工所用设备是铣床，以铣刀为主运动，以工件为进给运动进行铣削加工。其主运动及进给运动与车床相反。简单来说，铣床是可以对工件进行铣削、钻削和镗孔加工的机床。在铣床上，可以加工平面（水平面、垂直面）、沟槽（键槽、T形槽、燕尾槽等）、分齿零件（齿轮、花键轴、链轮）、螺旋形表面（螺纹、螺旋槽）及各种曲面。此外，还可用于对回转体表面、内孔加工及进行切断工作等。

　　铣床工作时，工件装在工作台或分度头等附件上，铣刀旋转为主运动，辅以工作台或铣头的进给运动，工件即可获得所需的加工表面。由于是多刃断续切削，因而铣床的生产率较高，在机械制造和修理部门得到广泛应用。但是，在工业伤害中，铣床操作伤害占了较大比例。特别是在违反安全规范和操作要求上，比如手被铣刀及工件切伤或夹伤、工件物飞出造成伤害、身体或眼睛受切屑击伤或烫伤、宽松衣物或领带等被铣刀卷入引起人体伤害以及被重件或物品掉落击伤下肢等。因此，在机床操作时我们应加强安全意识。首先，在机器操作时要注意保持机器的清洁和机器处于安全良好的状态；切实了解机器的启闭位置；操作前检查油位及各部的机器安全。如发现不正常应立即停止运作。机床转动时，不要试图改变方向，各部件的防护罩不可取下或不用。铣切工件时，应检查刀具的旋转方向。铣切螺旋齿轮或类似操作加上附件时，应将齿轮传动部分设置防护措施。其次，在人员操作上应熟悉机器的性能，并熟悉操作方法。除非有人指导，不要试图操作并不要任意改装机器。在操作之前，戴上个人防护器具和安全眼镜、安全靴或涂防护油膏，并检查机器各部件及防护设施是否在安全状态。检查刀具是否锋利，如果刀刃变钝，禁止使用。应确定工件或刀具是否固定，并应有躲避点。工件不可与停止中的铣刀接触。调整切削深度和启动机器应使刀具与工件保持适当的距离，启动机器时进给机械不能作用。机器未停止前，不可取下工件或防护措施，不可用手去直接清理切屑，应用刷子清理。另外，还要注意操作人员不可穿宽松的衣服，应卷起衣袖或扣好袖口，保持短发或戴帽子。除搬运或固定材料外，操作中不准戴手套。最后，操作人员离开机器时应关闭机器，移动快速杆时应停止刀具旋转，维护机器或拆卸工件时应停止机器。切屑要适时清除，地面上不要有油污，避免切削油及润滑剂飞溅。刀具的拆卸应配合刀轴的规格按规定拆卸。操作时不可进行清理调整机器或加油保养工作。下班或休息饮食时应洗手。在操作工作台上不可放置工具、量具或其他物品。从外观上铣床又可分为立式铣床、卧式铣床、仿形铣床和龙门铣床等。

在光电直读光谱法中，铝合金、铜合金、锌合金、镁合金样品，可用车床或铣床以硬质合金刀具加工。加工好的光谱分析试样的工作面要平整、光滑，不应有气孔、砂眼、裂纹等影响测试结果的缺陷。

（3）磨床：在光电直读光谱法中，对于硬度较高的黑色金属样品，比如生铁、低碳钢、中碳钢和高碳钢，为了获得光洁的分析平面，磨制加工是常见的样品制备技术。所用设备有磨床和光谱磨样机。

磨床（grinder，grinding machine）是利用磨具对工件表面进行磨削加工的机床。大多数的磨床是使用高速旋转的砂轮进行磨削加工。少数的是使用油石、砂带等其他磨具、游离磨料进行加工，如珩磨机、超精加工机床、砂带磨床、研磨机和抛光机等。磨床可加工硬度较高的材料，如淬硬钢、硬质合金等。砂轮是磨削加工的主要工具，它是由磨料和结合剂构成的疏松多孔物体。磨粒、结合剂和空隙是构成砂轮的三要素。由于磨料、结合剂及砂轮制造工艺的不同，砂轮性能差别可能很大，对磨削加工的准确度及生产率等有着重要的影响。磨料是制造砂轮的主要原料，它起着切削的作用。因此，磨料必须锋利，并具备高的硬度和一定的韧性。磨料可分为天然磨料和人造磨料两大类。常用的天然磨料有天然金刚石和金刚砂。人造磨料又可分为刚玉类、碳化硅类、人造金刚石。其中，刚玉类常见的有棕刚玉（GZ）和白刚玉（GB）。其主要成分是三氧化二铝。棕刚玉外观颜色为棕色，其特点是硬度高、韧性好，可用于碳素钢、合金钢、可锻铸铁和硬青铜的磨削加工。白刚玉的外观颜色为白色，其特点与棕刚玉相比，硬度较高、韧性较低、自锐性好以及磨削时发热少，可用于精磨淬火钢、高碳钢和高速钢的磨削加工。从颜色上，碳化硅类可分为黑色碳化硅（TH）和绿色碳化硅（TL）。其主要成分为碳化硅。黑色碳化硅外观颜色为黑色或深蓝色。硬度比白刚玉高、脆性高而锋利、导热性和导电性良好，可用于铸铁、黄铜和铝的磨削加工。绿色碳化硅外观为绿色，其硬度和脆性都比黑色碳化硅要高，导热性和导电性好，可用于磨削硬质合金和发动机气缸套的磨削加工。人造金刚石外观为无色透明或淡黄色、黄绿色和黑色，其硬度较高，比天然金刚石脆，可用于磨削硬质合金和其他高硬度材料的磨削加工。磨料的粒度即磨料颗粒的大小也是砂轮的一个重要指标，用粒度号来表示。在砂轮中用以黏结磨料的物质称为结合剂。常用的结合剂主要有陶瓷结合剂（A）、树脂结合剂（S）、橡胶结合剂（X）和金属结合剂（J）。陶瓷结合剂由黏土、长石、滑石、硼玻璃和硅石等陶瓷材料配制而成。树脂结合剂采用人造酚醛或环氧树脂配制而成。橡胶结合剂采用人造橡胶配制而成，并具有很好的抛光性能。金属结合剂采用的是青铜。砂轮的硬度也是砂轮的一个重要指标，是指砂轮表面的磨粒在外力的作用下脱落的难易程度。易脱落的称软砂轮，不易脱落的称硬砂轮。磨硬金属时，选用软砂轮。磨有色金属材料时，也选用软砂轮。磨软金属时，选用硬砂轮。硬度等级分为软（R）、中软（ZR）、中（Z）、中硬（ZY）和硬（Y）。例如：GB（磨料）60号（粒度）ZR1（硬度）A（结合剂）P（形状）400×50×203（外径×宽度×内径）。

磨床能作高精密度和表面粗糙度很小的磨削，也能进行高效率的磨削，如强力磨削等。用于磨削样品分析面的磨床为平面磨床。平面磨床主要是采用砂轮旋转研磨工件，以使其样品分析面的平整度达到要求。可分为手摇磨床和大水磨。手摇磨床适用于加工较小尺寸及较高精密度的工件，可加工弧面、平面、槽等各种异形工件。大水磨适用于较大工件的加工，加工精密度不高。在光电直读光谱法制样过程中，对样品只需要平面加工，因此只需要具有平面加工的普通磨床即可。而分析人员也只需要掌握平面磨削加工技术。磨床的其他功能只做常识性了解即可。

在制备光谱试样过程中，光谱磨样机是用于光谱试样抛光的主要光谱设备。其原理和平面磨床相似。从某种意义上说，它就是一种平面磨床。它包括光谱砂轮磨样机、砂纸磨样机和砂轮片光谱磨样机等。它采用一定尺寸的砂纸、砂轮以及专门开发的自动化研磨技术，可连续平稳运转而无需人为干预，可通过步进电机和模拟测距仪的精确控制，确保精确的研磨度。在光谱分析中，主要配备的是砂轮片光谱磨样机。

在光电直读光谱法中，光谱磨样机主要用于钢、铁样品制样。铸钢和铸铁试样，可用氧化铝或碳化硅材质磨具砂轮或砂带磨加工。磨料的粒度按 GB/T 20066—2006《钢和铁　化学成分测定用试样的取样和制样方法》规定，在 60 ~ 120 级之间选择比较合适。如果用砂轮片切割机切割面作为光谱分析工作面的试样，打磨出光谱平面即可。但是，样品的原激冷铸面作为试样的光谱分析工作面时，应将其打磨平整或切削掉 1. 3 ~ 1. 6mm 才能分析。制备薄片圆盘样品的表面时要特别小心。要设计一个特制的夹具，以较好地固定住样品，确保进行磨样操作。另外要注意，如果分析样品中 N、Als、B、Ca、La、Ce 等特殊元素，为了避免样品被污染或者损失，可使用锆刚玉砂纸。其砂纸粒度的选择：中低合金钢为 0. 250mm 粒度的砂纸；不锈钢、工具钢、Ni 基合金、Co 基合金、Ti 基合金等硬度很高的材料为 0. 425mm 粒度的砂纸。

冷压设备主要有压样机。目前，压样机是 X 射线荧光光谱仪配套的专用制样设备。按压力可分为中高压压样机、低压压样机。低压压样机可分为手动液压压样机（见图 6-7）、全自动液压压样机。手动液压压样机的工作原理是，压力通过杠杆（手柄）和油路的加压系统来放大压力进行压样。其自身仪表能够清楚地显示出压样工作压力。该设备一般吨位比较小，有 10kN、20kN、120kN、200kN 等规格，适用于小型零部件的压入、成型、装配、铆合、打印、冲孔、切断、切角、变曲、烫金、印花等。机身是由重型弧焊接钢做成的，便于根据各种实际使用需要修改。钢瓶是由重壁管做成的，而且是无缝连接，以防液体泄漏。外壳被抛光，可以长期使用而不发生褪色现象。

中高压压样机只有全自动液压压样机。全自动液压压样机的工作原理是：采用内模式压样，电机带动油泵转动，抗磨液压油在油泵的驱使下，进入集成液压管道模块，PLC 控制不同电磁阀的开通和关断，从而使液压油推动油缸活塞上升或者下降。它由启动电机、顶杆上升、加压、保压、自动计时、卸压、顶杆下降和停机等压样程序组成，即只要按一次按钮，活塞推动压片模具压头运动，在模具外套和压盖的共同作用下，制出合格的样片，见图 6-8。该设备制样分为自动缓加压过程和自动缓卸压过程。自动缓加压过程就是在空行程时，顶杆快速上行。当顶杆接近样品时，顶杆开始缓慢上行，直至设定压力值。这样既可以慢慢排出模具间的空气，又可以保证样品受力均匀，提高样片质量。自动缓卸压过程就是当保压时间结束时开始缓慢卸压，卸压结束后，顶杆缓慢下行（因为在压样时，样品被大力挤压，若顶杆快速下行，样品与顶杆之间形成真空，会拉散样品）。当顶杆离开样品面后，压头快速下行，提高压样效率。此外，该设备的液压系统中，采用了特别设计的集成液压管道模块。不仅使组装更加方便，而且减少了漏油情况的发生。该设备还可以事先设置压力和保压时间，有的设备还可以实现自动脱模。该设备一般吨位比较大，低压有 200kN、400kN 等，中压有 600kN、800kN 等，高压有 1000kN、1200kN 等，超高压有 2000kN、3200kN 等（见图 6-9）。UHPS 超高压压样机（瑞绅葆分析技术（上海）有限公司）是通过液压装置提供压力（最高工作压力 3200kN），缓加压及泄压装置控制具体压力，配套能在高压下长期耐久使用的专用特制模具，程序自动控制压样过程，完成超高压自动制样的一整套装置（专利号 ZL201720912963.8、ZL201730333360.8）。相比原来常规手动或全自动液压压样机（提供的制样压力范围在 200～400kN），压制出的样品片首先可提高对分析元素的灵敏度；其次对合金粉末样品在超高压下可直接压制成型，解决了原有压样机在常规压力下难以直接成型，或需要添加黏结剂来完成样品成型的难题。经过超高压压制出来的样片其表面光滑平整性和数据的重复性比原有压样机要好。

图 6-7　手动液压压样机　　　图 6-8　自动液压压样机　　　图 6-9　自动液压超高压压样机

　　热加工法所涉及的样品制样装置有：电弧熔融炉、马弗炉（高温电炉）、熔样机。

　　（1）电弧熔融炉：电弧熔融炉是金属样品重熔制备分析样品的一种新型设备。它是采用电弧放电的原理来设计制造的。其原理是在很短的距离上加很大的电压，造成击穿放电，产生高温来熔融金属样品。其阳极为碳石墨或钨电极，使用氩气保护熔样设计，离心浇铸装置获得到洁净样品。并配有水冷的纯铜坩埚，将样品熔融制样。冷却后倾斜坩埚，可以轻易地将样品倒出。由于坩埚温度与样品温度不同，不会造成样品与坩埚的交叉污染。可以处理金属小块、焊丝、切屑、钻屑、粉末等形式样品。直径为 30～40mm、厚度为 6mm 圆盘，适用光电直读光谱法和 X 射线荧光光谱法。高温合金的熔化时间为 50～60s。熔化速度快、挥发极低。例如，硼含量为 0.003% 的钢，制样后硼含量无任何损失。

　　电弧熔融炉在制样中，可防止或减小成分的变化，并确保任何变化有较好再现性。重熔过程中，应该使用抗氧剂，例如 0.1%（质量分数）锆。用于分析测量的校正方法应该考虑到已经存在的变化。并非所有的黑色金属都能用这种方式重熔。不能使用本方法来制备样品：被测某一重要元素重熔时，成分变化且再现性不好。特别是金属样品中低熔点金属（铅、锡、锌、汞）容易挥发，导致结果偏低。

（2）马弗炉：马弗炉是英文"Muffle furnace"翻译过来的。"Muffle"是包裹的意思，"furnace"是炉子，直译为"熔炉"的意思。马弗炉在中国的通用叫法有：高温电炉、电阻炉等。马弗炉是一种通用的加热设备。依据外观形状可分为：箱式炉、管式炉、坩埚炉；按加热元件可分为：电炉丝马弗炉、硅碳棒马弗炉、硅钼棒马弗炉；按额定温度可分为：900℃马弗炉、1000℃马弗炉、1200℃马弗炉、1300℃马弗炉、1600℃马弗炉、1700℃马弗炉；按控制器可分为：指针表马弗炉、普通数字显示表马弗炉、PID调节控制表马弗炉、程序控制表马弗炉；按保温材料可分为：普通耐火砖马弗炉、陶瓷纤维马弗炉两种。目前，还有微波马弗炉，常见型号为：PHOENIX微波灰化马弗炉、MFS-1微波高温马弗炉。马弗炉主要用于灼烧沉淀、高温分解试料或其他物质。可以彻底除去试料中有机物质后，进行灰分的测定。

马弗炉应放置在无振动、无潮湿、通风的水泥台面上，禁止频繁地移动。使用时，最好一批试料同时放入炉腔。一般盛放试料的器皿为耐高温灼烧的坩埚。关上炉门后，尽量从低温慢慢升高到合适的状态，一般常用500℃左右的温度。不要频繁地开关门。同时，电源要安装超负荷断电的自动保护装置，以确保实验室的安全。炉腔要保持清洁，在周围不要堆放易燃易爆物品。不使用时，应该切断电源，关好炉门以防耐火材料受潮。灰化完后的试料取放时，应先切断电源，炉门先开一点缝隙，让其慢慢降温。在室温～100℃之间，用长柄坩埚钳依次把试料转移至合适的位置冷却，如干燥器等。禁止放置在不耐高温的桌台上面。

（3）熔样机：目前，适合X射线荧光光谱分析法的熔样机，按加热方式可分为：热辐射加热、高频加热两种；按操作方式可分为：自动、手动两种；按样品熔融后成型方式可分为：一次成型、二次翻倒浇铸成型两种。X射线荧光光谱分析法制样主要用于非金属粉末样品熔融，所用坩埚为铂黄坩埚；光电直读光谱法制样主要用于不规则样品的浇铸熔融法制样和粉末样品压制成型后的烧结，所用坩埚为石墨坩埚，该设备经过改装后可在氩气气氛下制样，避免样品在高温下被氧化。

高频感应熔样机的优点是：制样自动化程度高，升温速度快（室温升温至1000℃时需50s），制得的样片均匀、重现性较好，能耗较低，操作简单、安全，可随时观察熔融进程，坩埚的使用寿命长。目前，高频熔样机主要是以国产设备为主。进口设备只有单头设备，技术较落后。国产设备现在已经开发出一次成型和浇铸成型的四头设备，大大地加快了熔融速度，其机械部位采用步进电机齿带控制并减少由于机械摇摆发生卡位故障，其制造水平已超过进口设备，例如北京静远生产的Analymate-V8D高频熔样机，见图6-10。

高温箱式电阻熔样机的特点是升温效果好、应用范围宽。它完全是手工的熔融设备，如果熔融样品不多的情况下可以使用，但操作复杂，制样一定要有熟练的操作技巧，才能制得均匀性、重现性好的熔片。在使用时，要注意操作安全。这种熔样机的缺点是能耗高，炉体预热升温速度慢，由室温升温至1000℃时需要1h。该设备主要是以国外产品为主，主要配备以四/六头设备。由于国内加热棒和保温层的材料不如进口材料，其设备制

图 6-10　Analymate-V8D 高频熔样机图（四头）

造水平受制于材料因素，与进口设备相比还有一定差距。

夹具夹持法所涉及的样品制样装置有光谱夹具。

光谱夹具是辅助工具，它为样品提供一个相对平面。由于它是一个密闭体，可在光谱激发过程中，保证样品在氩气气氛中进行。光谱夹具由夹具套、夹具本体、夹爪、对合内螺纹圈组成。夹具套的作用是提供一个密闭空间。夹具本体、夹爪、对合内螺纹圈的作用是固定样品。根据工作原理，光谱夹具可分为两类。一类是立式光谱夹具（图 6-11），可分析直径大于 3mm 的棒材。具体方法是，用夹具夹住试样，置于与电极相对的位置（用定位器定位），然后进行激发测量。该法也可以通过合适的夹具对 φ3～10mm 钢珠进行分析。另一类是卧式光谱夹具（图 6-12），可分析 φ0.5～10mm 棒线材及管材。具体方法是，在激发孔上将线材用夹具平卧，与对电极垂直。同时，用专用钢罩放在试样及夹具上部，以保证样品激发在一个密闭空间内进行。不同的夹具使用不同的试样处理方法。立式夹具应磨平棒材顶端，卧式夹具应将线材表面用砂纸打磨处理。用这种方法选直径相同的控样控制，可以得到准确结果。

图 6-11　Bruker 立式光谱夹具

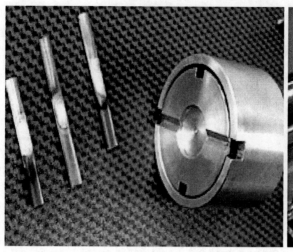

图 6-12   Bruker 卧式光谱夹具

6.5   熔融浇铸法

熔融浇铸法就是将冶炼炉中的熔融态金属，在不加压或稍加压的情况下注入模内，并使其成型的样品处理方法。熔融态金属样品的处理也是由取样和制样两个过程组成的。样品的取样采用浇铸技术成型，即将熔融态金属浇入铸型后，冷却凝固成具有一定形状的铸件。常见样品有铁水、钢水、铝水和铜水。该样品的标准取样方法有：勺式取样、管式取样、浸入式取样、吸入式取样、流动式取样等。勺式取样是指用一长柄勺从熔体中取样，或在熔体的浇铸过程中取样，并铸成模块的取样方法。勺式样品就是从熔体中用取样勺取样，并浇铸成模块的试样。管式取样就是用取样管插入到熔体中取样的取样方法。浸入式取样是管式取样方法的一种。取样管浸入到熔体中，借助铁水（钢水）静压或重力的作用，使熔体充满取样管中的样品仓。吸入式取样也是管式取样方法的一种。取样管浸入到熔体中，借助抽吸作用使熔体充满取样管中的样品仓。流动式取样也是管式取样方法的一种。取样管插入到流动的液态金属中，借助金属流体的流动作用，使其充满取样管的样品仓。熔融态金属样品常用的取样方法是勺式取样。具体操作过程是：先将取样勺子放在炉前烘烤几分钟，以除去水分；然后，在炉中或者包中舀取金属液体；摇匀后倒入蘑菇状试样模中，用水冷激；最后从模具中取出。钢和各类铸铁样品的模具可采用蘑菇形或者图章形。有色金属样品（比如铝、铜、锌或镁）的模具可采用圆柱形或蘑菇形。比如铸铁：首先制作一个直径为 40mm 左右的图章状模具。在制作模具时，要保证该样品待检面厚度不小于 5.0mm。模具下可衬铜板，以利于散热。然后将熔融铸铁样品倒入特制的图章状模具中。待冷却后，获得如图章状样品（见图 6-13）。灰铸铁

图 6-13   球磨铸铁样品实物

采用此方式取样，有利于样品的白口化。在光电直读光谱法中，灰铸铁中的碳元素也只有在化合状态下（白口化）才能准确分析。相反，碳元素处于游离态（球墨化）时，就无法准确分析。

钢和铸铁样品成型后，在磨样机上可将样品分析面磨出金属光泽。然后即可上机分析。磨制样品时，要求分析面呈金属光泽状，而且分析面最好是弧线的粗条纹，这样更利于样品被激发（见图6-14）。有色金属样品（铝、铜、锌）成型后，可将样品分析面经车床车削出一个平整的光洁面，即可上机分析。

样品激发后，在样品表面可明显看出细小的金属麻点坑。同时，外围略有黑圈，如图6-15所示。

图6-14　球磨铸铁样品磨制后效果

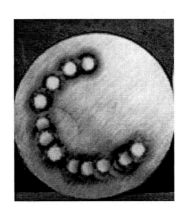

图6-15　球磨铸铁样品激发后效果

对于熔融金属样品的取样：首先，应保证分析试样能代表熔体或抽样产品的化学成分，即样品的各元素组分应具有良好的均匀性。其次，在加工过程中，应除去涂层、湿气和尘土等污染物，还应避开气孔、裂纹、疏松、毛刺、折叠或其他表面缺陷。最后，样品在冷却时，应保持其化学成分和金相组织前后一致。比如铸铁样品要注意其白口化这个问题。白口化就是在快速冷却下，铸铁中的碳元素均以渗碳体（Fe_3C碳化物）形式存在。其断口为亮白色，故称为白口组织。铸铁经过白口化处理后，其碳元素以碳化物（Fe_3C）形式存在于金相组织中，无石墨碳。碳元素在以碳化物（Fe_3C）形式存在的白口组织中，分布较均匀，无偏析现象，符合光电直读光谱法对样品的要求。

对于一般铸铁件样品来说，碳的存在状态有三种：石墨晶体单质、与铁形成二元或多元化合物呈化合态、溶入$\alpha\text{-}Fe$或$\gamma\text{-}Fe$中呈固溶态。由于在铸铁中石墨晶体单质形式存在比例较大，而且其状态为游离态，也就是说碳在铸铁组织中分布是不均匀的。而光电直读光谱法样品首要条件就是其各组分必须均匀。因此，对于铸铁件样品，不能直接在光电直读光谱法上分析。需要对样品进行白口化处理后，才能保证分析样品各元素组分比较均匀。

铸铁的白口化是铸铁快速冷却下的产物。因此，对于铸铁样品白口化：首先，要保证浇铸试样的温度要高。只有温度越高，其温差就越大，在高温下铸铁以石墨为核心的夹杂物才会越少。在中频感应熔炼电炉中，铸铁低温浇铸温度为1250℃，高温出铁水温度为1450℃。因此，浇铸温度应该在1450℃左右。其次，要保证浇铸物快速冷却。也就是浇铸试样的冷却速度要快，即将浇铸试样放到水中快速冷却。为了白口化更彻底，还应该注意试样的厚度，不能太厚。其模具可采用散热效果较好的铜模浇铸。最后，还可以在铸铁中加入反石墨化元素来抑制碳石墨化。能抑制碳石墨化的反石墨化元素有硼、钴、镁、铬和碲等元素。其中铬、碲两种元素的白口化效果较好。但是，铬在合金铸铁中属于被测元素，它的加入无法对样品进行准确测定。其含量过高也影响其他元素的测定。一般情况下，不宜采用加铬方式解决。由于碲不属于被测元素，而且碲的谱线不会干扰其他元素测定，其用量极少（0.07%左右），可以解决样品白口化问题。因此，在铸铁中，加入少量碲来解决样品白口化问题，是该法的最佳选择。另外，由于球墨化，铸铁零件样品的热处理导致成分发生偏析。甚至有的样品本身含有非金属夹杂物、气泡和裂纹等。这种情况会导致在放电过程中放出氧，并与样品中和氧亲和力较大的元素进行选择氧化，在样品表面生成新的氧化物。由于氧化物的存在，在激发放电过程中会释放出氧，产生"扩散放电"（白点），从而影响其结果准确度。因此，在熔融态样品制备过程中，一定要注意上述问题。在分析过程中，如果样品出现上述问题，为了保证分析结果的准确，一定要重新制取样品。切记：在样品的激发过程中，一定要是凝聚放电（黑点）。

6.6　切削加工法

切削加工法就是利用切削设备，以切削工具从样品上切除多余的材料，从而获得几何形状、尺寸、表面粗糙度等符合要求样品的制样方法。常用的切削设备有车床、铣床、磨床。常用的切削工具有车刀、铣刀、砂轮。刀具材料的基本要求必须满足较高的硬度，一般要求在 HRC60 以上；具有足够的强度、韧性、耐磨性、耐热性、工艺性。在车削加工过程中，车刀是车床加工最重要的部分之一。它由刀头和刀杆两部分组成。车刀用于车削加工，具有一个切削部分。从外观形状或用途，常用车刀可分为尖形车刀、圆弧形车刀、成型车刀、机夹可转位不重磨车刀、切槽刀（切断刀）等。在车刀中，承担切削任务的部位是刀头。刀头所使用的材料必须具备耐磨性、红硬性、韧性。红硬性又名红性，是指外部受热升温时，工具钢仍能维持高硬度（大于 HRC60）的功能。具体地讲，红硬性是指在一定温度下，材料保持一定时间后保持其硬度的能力。目前，具备这些特性的常用刀具材料有碳素工具钢、合金工具钢、高速钢、硬质合金、人造聚晶金刚石、立方氮化硼等。其中高速钢和硬质合金是两类应用广泛的车刀材料。一般来说，高速钢是一种含钨和铬较多的合金钢。常用材料牌号有 B202 无铬高速钢、B201 无钴特种高速钢、B212 及 B214 无钴超硬高速钢、B211 及 B213 低钴高机能高速钢等。该材料具有较好的综合性能，其可磨削性能和热塑性较好。硬质合金是由难熔材料碳化钨、碳化钛和钴的粉末，在高压下成型，经 1350～1560℃高温烧结而成的粉末冶金材料。其抗弯强度、韧性耐磨性和抗黏附性较好，适于加工铸铁和有色金属等脆性材料。也可以加工钢或其他韧性较大的塑性金属。刀杆一般由碳素结构钢制成。

车刀和其他刀具一样，在使用一段时间后都会变钝，影响切削加工质量。因此，要对车刀的刀刃进行刃磨。车刀刃磨一般有机械刃磨和手工刃磨两种。在进行车刀刃磨时，必须配备磨刀砂轮。对于磨刀砂轮，必须根据刀具材料选用。常用的砂轮有氧化铝砂轮和碳化硅砂轮。氧化铝砂轮多呈白色。其砂粒韧性好、较锋利，但硬度稍低，常用来刃磨高速钢车刀和碳素工具钢刀具。而呈绿色的碳化硅砂轮的砂粒硬度高，切削性能好，但较脆，常用来刃磨硬质合金刀具。另外，还可采用人造金刚石砂轮刃磨刀具。这种砂轮，既可刃磨硬质合金刀具，也可磨削玻璃、陶瓷等高硬度材料。砂轮的粗细以粒度表示，一般分为36号、60号、80号和120号等级别。粒度越大，则表示组成砂轮的磨料越细。反之，则越粗。一般粗磨时，选用粒度小、颗粒粗的平形砂轮。精磨时，选用粒度大、颗粒细的杯形砂轮。车刀刃磨时，首先握刀姿势要正确。双手拿稳车刀，使刀杆靠于支架，并让被磨表面轻贴砂轮。用力要均匀，不能抖动。在磨碳素钢、高速钢及合金钢时，要及时将发热的刀头放入水中冷却，以防刀刃退火，失去其硬度。在磨硬质合金刀具时，不需要进行冷却。否则，刀头的急冷会导致刀片碎裂。其次在盘形砂轮上磨刀时，尽量避免在砂轮端面上刃磨。在杯形砂轮上磨刀时，不准使用砂轮的内圈。刃磨时，刀具应往复移动，固定在砂轮某处磨刀，会导致该处形成凹坑，不利于以后的刃磨。同时，砂轮表面要经常修整，以保证刃磨质量。最后，刃磨结束后随手关闭砂轮机电源。

车削加工主要用于铝及铝合金、铜及铜合金、锌及锌合金、镁及镁合金等有色金属材料样品的表面加工。上述样品与钢铁材料相比，其硬度较低，易于车削加工。由于样品分析面有一定的平整度和光洁度即可分析，因此，对车床的要求是，只要具有端面车削功能即可。这种功能是车床的基本功能，即任何一个型号的车床都满足这个要求。车刀可配置主偏角为45°、75°和90°的几种规格。在车端面时，工件安装在卡盘上，调整机床，开动机床使工件旋转，移动拖板将车刀移至工件附近，移动小滑板，控制背吃刀量，摇动中滑板手柄作横向进给。端面加工最主要的要求是平直、光洁。检查其是否平直，可采用钢尺作工具来检验。严格要求时，则用刀口直尺作透光检查。考核光洁度指标是平面粗糙度，其平面粗糙度只要达到 $2\mu m$ 即可。

对于分析人员来说，在使用车床时，除了掌握基本的切削加工技术外，还必须对车床安全操作规程和刃磨技术进行了解。首先，在开机前按规定润滑机床，检查各手柄是否到位，并开慢车试运转 5min，确认一切正常，方能操作。卡盘夹头要上牢。开机时，扳手不能留在卡盘或夹头上。工件和刀具装夹要牢固。刀杆不应伸出过长（镗孔除外）。转动小刀架要停车，防止刀具碰撞卡盘、工件或划破手。其次，在工件运转时，操作者不能正对工件站立，身体不靠车床，脚不踏油盘。高速切削时，应使用断屑器和挡护屏。禁止高速反刹车。退车和停车要平稳。在清除铁屑时，应用刷子或专用钩。用锉刀打光工件，必须右手在前，左手在后。用砂布打光工件，要用"手夹"等工具，以防绞伤。一切在用工、量、刃具，应放于附近的安全位置，做到整齐有序。在车床工作时，禁止打开或卸下防护装置。最后，车床未停稳，禁止在车头上取工件或测量工件。临近下班，应清扫和擦拭车床，并将尾座和溜板箱退到床身最右端。车床安装要稳定，不能出现振荡，最好采用落地机床，四脚用地脚螺栓固定。

对于硬度较低的有色金属样品，比如铝及铝合金、铜及铜合金、锌及锌合金、镁及镁合金，为了获得光洁的分析平面，车削加工是常见的样品加工技术。车削加工是利用工件相对于刀具旋转，对工件进行切削加工的方法。用来进行车削加工的机床是车床。

对于光电直读光谱法的样品分析面，只需要加工成一个平面（端面）即可。用铣床对试样表面进行铣削加工时，加工出来的表面光洁度高且无污染。因此，在选择铣床时，其设备配置不需要太高，只需要具有加工水平面的功能即可。一般选择小型台式铣床和平面铣床即可满足需求。这是因为，台式铣床是适合铣削仪器、仪表等小型零件的铣床。平面铣床是可铣削平面和成型面的铣床。床身水平布置。通常工作台沿床身导轨纵向移动，主轴可轴向移动。它结构简单，生产效率高。作为分析人员来说，只需要掌握和端面相关的铣削技术即可，其他只做常识性了解。

铣削加工既可以用于钢铁材料，也可以用于有色金属。对于铝、铜等有色金属，分析表面至少应铣掉 0.5mm 以上，除去表面氧化层。要求分析面平整及无夹杂。对于铸造试样的分析表面，应切去 2~3mm。棒状试样的端头，应切去 5~10mm。板状、块状试样的分析表面，应切去 0.8mm，以除去样品的氧化物和污染物。分析表面不能有气孔、裂纹和夹杂。加工过程中，不使用任何润滑剂，以保证样品分析面不被污染。加工后的金属表面必须露出金属光泽，不能有发蓝或发黑现象。然后，再用无水乙醇擦去上面的油污和污迹，晾干后上机分析。在铣削加工样品时，要对铣削转速和进给量进行优化。这两个参数对样品的分析精密度有一定的影响。比如依次对生铁、低碳钢、中碳钢和高碳钢等样品，进行 0.3mm 深度铣削试验。铣削转速在 300~900r/min、进给量在 200~800mm/min 范围内，样品分析精密度较好。

样品经过光谱磨样机磨光后，可获得光亮如镜的表面，且纹路一致。其分析面的粗糙度比切削加工要好得多，更有利于分析。用磨样机磨削分析样品时要注意，由于磨样机砂带材料一般是氧化铝或硅化物产品，对分析样品中铝、硅等元素的测定有影响。新旧砂带磨制同一试样时，其纹理深浅不一，也对分析结果有不同程度的影响。砂带更换频繁，会耗费大量时间。光谱磨样机附属材料配备，可配置一块氧化锆砂轮片。在样品磨削过程中，采用氧化锆砂轮片进行磨样可解决上述问题。由于磨样机操作、维修简单，现已广泛应用于光电直读光谱法制样。比如 NB-800 光谱磨样机，以三相 380V 电机为动力源，也可根据客户要求改用 220V 电机。动力源垂直摆放，工作稳定，无异响，操作方便。工作时，磨样片旋转切削工件表面。因离心力作用，粉尘自然向四周抛散，减少电机主轴保养次数。动力源下部为粉尘收集盒，可随时调换，避免污染环境。磨样机上方为机盒顶盖。顶盖接触处安装毛条，起到防尘防振防异响作用。顶盖为扣式固定，方便更换磨样片。

在安装光谱磨样机时要注意以下几点：首先，必须安装在干燥处。其次，要调整水平。检查各部是否完好，固定地角用的螺栓必须上紧。最后，接通电源，并注意地线应可靠接地。观察电机运转是否正常。如果使用三相电源，要注意电机是否正反转。经试车正常后方可使用。在使用过程中，每次在开机前，要检查机器是否完好，并用手转动磨盘，检查转动是否灵活。对于除尘装置，应视使用情况，定期清扫吸尘器内的粉尘。如更换吸尘器，应选择工业用吸尘器（不可使用家庭用吸尘器，否则很容易损坏）。在更换砂轮片时，要注意锁紧螺钉。在磨样时，应该紧握样品，防止样品飞出、样品过热而烫伤皮肤。为了安全，操作时请勿带手套。在运转过程中，若发现异常声音，或其他反常现象，要立即停车检查。待修复后，方可继续使用。制样完毕后，必须切断电源，做好日常维护保养及周围清扫工作，保持机器和室内的清洁。

钢铁等黑色金属样品，可采用 Al_2O_3、粒度 360 的砂轮片的磨样机，将样品分析平面磨平，以除去表面氧化层。要求试样表面平整、干净、无油污。用磨样机磨样时，待测样品和标准样品，要力求磨样操作一致。如果用力过大或者不均匀，在空气中则易使样品表面吸附氧生成氧化物，出现分析表面变黑或变蓝现象。在磨样过程中，分析面磨纹要求一致，不应有交叉纹。试样磨制后，放置时间不宜过长。否则，造成试料表面氧化，影响分析结果。若磨制试样过热，可用流水冷却后再磨制表面。若试样表面润湿，应使样品表面干燥，以便在氩气氛围下激发。

6.7　冷压加工法

　　金属是一种具有光泽（即对可见光强烈反射）、导电性、延展性和导热性等性质的物质。那什么是金属的延展性？金属的延展性也叫金属的变形性，就是金属受外力作用时，金属内原子层之间容易作相对位移，发生形变而不易断裂的现象。它由延性和展性组成。金属的延性是指金属在外力作用下，能延伸成细丝而不断裂的现象。例如最细的铂金丝直径不过 1/5000mm。金属的展性是指在外力（锤击或滚轧）作用下，能扩成薄片而不破裂的现象。例如最薄的金箔只有 1/10000mm 厚。但也有少数金属，如锑、铋、锰等，性质较脆，没有延展性。因此，金属的延展性奠定了金属塑性加工的基础。金属塑性加工，就是使材料在外力作用下，发生永久性的变形，以获得所需形状、尺寸、性能制品的一种加工方法。常见的加工方法有：锻造、轧制、挤压、拉拔和冲压等。在光电直读光谱法中，样品压制技术就是在室温下，把样品放在冷挤压模腔内，采用冷挤压方式，产生塑性变形而制成的规则样块技术。制样所采用设备是压样机。目前，适合该方法制样的黑色金属材料有：碳素钢、合金钢。有色金属材料有：金、银、铅、锡、铝、铜、锌、镁等及其合金。在光电直读光谱法中，对于不规则样品，比如粉末、钻屑、小件、细丝和箔样，它们无法直接采用车、铣或磨等方式将样品加工成一个表面积足够大的分析平面。在分析过程中，没有合适的夹具解决漏气和样品被击穿的问题。遇到这样的问题该怎么办？可否利用金属的延展性来做文章？回答是肯定的。可以采用样品压制技术来解决。压片法就是利用外力，将不规则金属样品压制成一个具有一定尺寸和厚度的圆形样片。采用的加工方法为挤压模式。采用的圆形样片的直径为 40mm、厚度为 4mm。采用样品压制技术有两种方式：一种是直接压片法，另一种是粉末压片法。直接法就是利用金属样品在外力作用（压样机）下，产生塑性变形，以获得具有一定表面积的分析平面的制样方法。比如有些异形零部件、棒材和管材等。粉末压片法就是样品经过研磨后，达到一定的粒度（小于74μm）。将它置于压模内，施加一定压力（400kN），形成具有一定尺寸、形状和一定密度及强度的圆形样片的制样方法。

　　上述方法的关键，就是利用金属的延展性，将不规则样品制作成一个圆柱形样片，解决漏气、样品被击穿的问题。目前，压片法广泛用于红外定性分析和结构分析，比如 KBr 压片法。同时，在 X 射线荧光光谱法的非金属材料分析方面，该法也得到广泛应用，比如粉末压片法。但是，在光电直读光谱法领域，金属样品的压制是，依靠固有的延展性和黏结性，以解决样品成块问题，即不需要添加任何的黏结剂，因此也不会考虑黏结剂给分析带来的干扰。此方法不仅扩大了金属固体粉末样品的分析范围，提高了制样的水平，而且大大降低了制样的成本。

　　对于细丝和超小件样品，如果采用直接压样法，样品难免会因为太小而在压制过程中产生一定的空隙。在分析激发过程中，会产生一定程度的泄漏。为了避免这种情况的发生，建议采用铝杯为模具，再进行压片，也就是说样品经过铝杯包裹后，可以解决分析激发过程中的漏气问题。为什么要选择铝杯？因为光电直读光谱法要求样品具有导电性。上述模具，只有钢环和铝杯具有导电性。金属粉末颗粒小于75μm，可以密闭压紧。然而，颗粒较大的其余样品，如果使用钢环，虽然可以压成块状，但是样品分析面背面可能还存在一定的空隙。在分析过程中，可能会漏气，导致结果失真。因此，建议采用铝杯作为模具。光电直读光谱仪要求分析样品的表面口径达到25mm以上。因此，铝杯压样法选择的铝杯直径必须大于25mm。由于该种设备配备的铝杯直径为40mm，因此，完全可以覆盖激发孔。在厚度选择时，必须保证样品可以连续激发10次。一般来说，厚度3~4mm即可以保证样品不被击穿。为了保证样品周围密封不漏气，可以对样品周围进行包边处理。因此，铝杯高度选择7mm即可满足要求，见图6-16。压样设备常见的有：手动液压机、电动液压机。粉末样品装入铝杯或钢环中，在相应的模具中加压成型。铝杯压样法具体操作方法如下：

先将铝杯置于压样机模具筒中，取适量的样品倒入模具筒中，略高于铝杯高度，并保证样品平整均匀，将碳化钨压片光面朝下放入模具筒中，将压头盖好，合上摆臂，向下旋转调节栓至压头1mm左右（留1mm是为了方便推开摆臂），设定好压力和保压时间，按动设备"运行"按钮即可进行自动压样。压样结束后，移开摆臂，再次按"运行"按钮，压好的样片会自动顶出，同时顶杆下降，回到初始位置，为下次压样做好准备。样品经压制后，样品表面光滑、无裂缝和不松散，并露出金属光泽。样品表面完全符合光电直读光谱法的分析要求。

图6-16　铝杯

6.8　夹具夹持法

不规则样品的加工方式，同样可以采用磨、铣、车等加工方式制样，即加工一个平整的金属面。但是，对于太小的样品，无论你怎么加工，都无法覆盖住激发孔。根据光谱仪的型号不同，其激发孔主要有：$\phi 8mm$、$\phi 12mm$ 和 $\phi 15mm$ 等几个规格。也就是说上述不规则样品加工的金属面的最小边长或直径小于上述激发孔直径，导致无法完全覆盖激发孔而影响测定。

目前，各个光谱仪生产厂家的专用夹具，可以说是包罗万象。其功能比较单一，与多功能光谱夹具相比，只能对某个单一形状样品进行分析。而这些夹具只能分析面接触或者线接触的样品。点接触样品无法分析，比如棒材夹具、丝材夹具和片状夹具。多功能光谱夹具是一种实用新型专利产品（专利号：ZL 2016 2 0694754.6）。它是一种可以拆卸及任意组合的夹具，是融合了传统的立式和卧式夹具的原理改进而成的，根据样品的外观形状来选择其不同的功能，其示意图见图6-17。

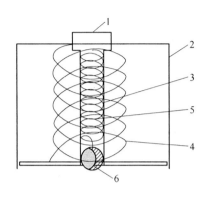

图6-17　多功能光谱夹具示意图

1—定位器；2—外罩；3—压板弹簧；4—钢珠样品固定柱；5—钢珠样品固定弹簧；6—钢珠样品

多功能光谱夹具利用卧式光谱夹具原理，通过螺丝来固定钢球固定管来完成球状样品的测定。其具体分析过程如下：

对于圆形球状样品，在分析前首先将其转换成圆柱形状样品，然后用定位器的螺栓将其固定在夹具的中心位置。通过上述的改进解决了圆形球状样品不能直接上机分析问题。该法原理是采用316L不锈钢管及弹簧，将钢球样品固定在钢管端，完成了钢球样品由圆球形向圆柱形的转变。比如分析 $\phi5.5mm$ 的钢球，选择内径为 6.0mm 不锈钢自制配件，将钢球样品从攻丝口放入，然后放入弹簧，上紧螺栓将其弹簧压紧，将钢球样品完全固定在钢管的紧口处。将钢球在砂轮上轻轻地磨出一个平面，经无水乙醇处理晾干后，放入该光谱夹具中采用螺丝将其固定，夹具定位准确后，可直接上机分析。316L不锈钢管内径规格为 3.5mm、4.0mm、4.5mm、5.0mm、5.5mm、6.0mm、6.5mm、7.0mm、7.5mm、8.0mm、8.5mm、9.0mm、9.5mm、10.0mm。钢管壁厚为 0.5mm 的 316L 不锈钢管及弹簧，截取长度为 3mm 左右，将钢管的一端紧扣 1mm 左右，防止钢球滚出；钢管的另一端对内径进行攻丝处理，并配备合适的螺栓。该夹具可用于外径在 2.5~10mm 之间的钢球样品测定。钢珠样品固定柱材料选择 316L 不锈钢管材。这是因为，在火花放电激发过程中会产生大量热，一般材料受热后钢管紧扣处容易变软，在弹簧外力作用下容易将钢球样品从紧扣处弹出。因此，固定钢球样品的材料必须具有一定的耐热性。钢珠样品固定柱示意见图6-18。

多功能光谱夹具利用卧式夹具的原理，通过更换压板来完成棒线材、管材和片状的测定。棒线材一般指横截面形状为圆形、方形、六角形、八角形等简单图形，长度相对横截面尺寸来说比较大，并且通常都是以直条状提供的一种材料产品。线材是指直径为 5~22mm 的热轧圆钢或者相当此断面的异形钢。因以盘条形式交货，故又通称为盘条。在生产过程中，该产品统称"棒线材"。棒线材样品可以用作分析面的有两个地方，一个是断面，另外一个是侧面。在光谱检测时，一个是面接触，另一个是线接触。在大部分情况下，圆形棒线材样品选择断面作为分析面，当样品外径大于激发孔外径时，属于规则形状样品，可以直接测定。当样品外径小于激发孔外径时，属于不规则形状样品。需要借助立式光谱夹具进行测定。借助该夹具时，首先要用定位盘与光谱仪上的 V 形板进行定位，当电极顶端对准样品断面中心位置时，才能进行测定，见图 6-19。

样品外径小于 3mm 时，由于激发面积较小，并且样品定位困难，不能采用该法进行测定，只能选择侧面进行分析。如果圆形棒线材样品选择侧面作为分析面，就要先将样品侧面进行处理，即将样品与平面的接触面由细线变成粗线来获得分析平面。此时样品获得的分析平面仍然不能完全覆盖激发孔，还必须采用卧式光谱夹具来解决激发孔的覆盖问题，因此它还是不规则形状样品。具体方法是：先将样品分析面对准电极，然后将夹具（把夹具中钢球管拆掉）放在样品上，用光谱夹具的样品板将其压紧即可。夹具内部的样品压板（弧形凹槽的设计）以及背面的弹簧可将样品完全固定在激发台上。样品外罩是一个完全密封的圆桶，从而获得一相对平面来满足该样品所需条件。样品分析平面面积较大，可以采用多点激发。该夹具可以测定外径大于 1mm 的样品，见图 6-20。多功能光谱夹具通过卧式夹具的原理来解决棒线材样品的激发孔覆盖问题。

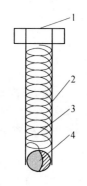

图 6-18　钢珠样品固定柱示意图
1—螺栓；2—样品筒；3—样品
固定弹簧；4—钢珠样品

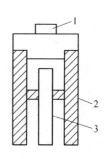

图 6-19　立式夹具示意图
1—定位器；2—外罩；
3—样品

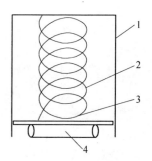

图 6-20　卧式夹具示意图
1—外罩；2—弹簧；3—压板；
4—管材样品

管材是指外观是一种两端开口并具有中空断面，而且长度与断面周长之比较大的材料。在工业生产和生活中，以简单断面管中的圆形管为主。对于圆形金属管样品来说，样品的截面是圆，并且中心是空的。在一般情况下，无法选择截面作为分析面，只能选择样品的侧面作为金属面，该样品属于不规则样品。如果其管壁尺寸大于其激发孔内径时，断面只需要磨制就可以直接分析，此时该样品属于规则样品。其具体办法与棒材样品一样，采用夹具的卧式功能对样品的侧面进行分析，见图 6-19。另外，要注意焊接钢管样品，由卷成管形的钢板采用对缝或螺旋缝焊接工艺制成的钢管。按焊缝形式的不同，可分为直缝焊管、螺旋焊管。对于这类样品在选择分析面时应该远离焊缝。

片材样品也具有一个分析面，与平面的接触也属于面接触。该样品大多数属于规则形状样品。但是，其宽度如果小于激发孔内径，无法完全覆盖激发孔，此时它属于不规则形状样品。因此，必须借助卧式光谱夹具功能来获得相对平面从而保证分析。片状样品由于表面积较大，多功能光谱夹具的压板可以采用平面压板来固定样品，解决了样品的激发孔覆盖问题，见图 6-21。

多功能的光谱夹具就是借助卧式光谱夹具的工作原理，将其固定的样品压板改为可拆

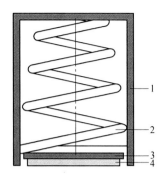

图 6-21 片状样品分析示意图
1—外罩；2—弹簧；3—压板；4—片状样品

卸。然后，根据样品的外观，配制不同类型的样品压板（不同内径的弧形凹槽压板及平面压板），以完成棒、线、管、片材样品在火花放电原子发射光谱中的应用。另外，该夹具的压板中间有一个和激发孔大小相同的圆孔，可避免样品压板被误激发。其弹簧采用塔式设计来保证受力均匀。压板材料选用散热性较好的 6061 铝合金板，以保证继续激发压板不变形。压板厚度为 2mm，以保证压板在使用一段时间后不变形。其中间配有不同尺寸的弧形槽来固定不同规格的样品。夹具外罩采用散热较快的 H65 黄铜材料，以免样品在连续激发后产生的热量导致外罩变形而漏气，或发生烫伤操作人员事件。

7 钢铁材料分析

7.1 钢铁材料分类

钢铁是铁与碳、硅、锰、磷、硫以及少量的其他元素所组成的合金。其中，除铁外，碳的含量对钢铁的力学性能起着主要作用，故统称为铁碳合金。它是工程技术中最重要，也是最主要、用量最大的金属材料。铁碳合金分为钢与生铁两大类。钢是碳含量为0.03% ~ 1.7%的铁碳合金。碳钢是最常用的普通钢。按碳含量不同，碳钢又分为：低碳钢、中碳钢、高碳钢。随碳含量升高，碳钢的硬度增加、韧性下降。合金钢又叫特种钢。它是在碳钢的基础上加入一种或多种合金元素，使钢的组织结构和性能发生变化，从而具有一些特殊性能，如高硬度、高耐磨性、高韧性、耐腐蚀性等。加入钢中的主要合金元素有 Si、W、Mn、Cr、Ni、Mo、V、Ti 等。碳含量为2% ~ 4.3%的铁碳合金称生铁。生铁硬而脆，但耐压耐磨。根据生铁中碳存在的形态不同，又可分为：白口铁、灰口铁、球墨铸铁。白口铁中，碳以 Fe_3C 形态分布，断口呈银白色，质硬而脆，不能进行机械加工，是炼钢的原料，故又称炼钢生铁。碳以片状石墨形态分布的称灰口铁，断口呈银灰色，易切削、易铸、耐磨。若碳以球状石墨分布则称球墨铸铁，其力学性能、加工性能接近于钢。在铸铁中，加入特种合金元素可得合金铸铁，如加入 Cr，耐磨性可大幅度提高。在特种条件下，有十分重要的应用。

通常情况下，钢主要按以下六种方式进行分类。

（1）按化学成分可分为：碳素钢、合金钢。碳素钢是指钢中除铁、碳外，还含有少量锰、硅、硫、磷等元素的铁碳合金。按其碳含量的不同可分为：低碳钢（碳含量≤0.25%）、中碳钢（碳含量为0.25% ~ 0.60%）、高碳钢（碳含量≥0.60%）。为了改善钢的性能，在冶炼碳素钢的基础上，加入一些合金元素而炼成的钢称为合金钢，如铬钢、锰钢、铬锰钢、铬镍钢等。按其合金元素的总含量可分为：低合金钢（合金元素的总含量≤5%）、中合金钢（合金元素的总含量为5% ~ 10%）、高合金钢（合金元素的总含量>10%）。

（2）按冶炼设备可分为：转炉钢、平炉钢、电炉钢。转炉钢就是用转炉吹炼的钢。转炉钢可分为：底吹、侧吹、顶吹、空气吹炼、纯氧吹炼等钢。平炉钢就是用平炉炼制的钢。按炉衬材料的不同分为酸性和碱性两种，一般平炉钢多为碱性。电炉钢就是用电炉炼制的钢。电炉钢可分为：电弧炉钢、感应炉钢、真空感应炉钢等。工业上大量生产的是碱性电弧炉钢。

（3）按脱氧程度可分为：沸腾钢、镇静钢、半镇静钢。沸腾钢属脱氧不完全的钢，浇铸在钢锭模里产生沸腾现象。其优点是冶炼损耗少、成本低、表面质量及深冲性能好；缺点是成分和质量不均匀、抗腐蚀性和力学强度较差。一般用于轧制碳素结构钢的型钢和钢板。镇静钢属脱氧完全的钢，浇铸在钢锭模里钢液镇静，没有沸腾现象。其优点是成分和质量均匀；缺点是金属的收得率低，成本较高。一般合金钢和优质碳素结构钢都为镇静钢。半镇静钢是脱氧程度介于镇静钢和沸腾钢之间的钢，因生产较难控制，产量不多。

（4）按钢的品质可分为：普通钢、优质钢、高级优质钢、特级优质钢。普通钢是指钢中含杂质元素较多，硫及磷含量均≤0.045%，如碳素结构钢、低合金结构钢等，常见牌号Q235A。优质钢是指钢中含杂质元素较少，硫及磷含量均≤0.030%，如优质碳素结构钢、合金结构钢、碳素工具钢、合金工具钢、弹簧钢、轴承钢等，比如20CrMo。高级优质钢含杂质元素更少，硫及磷含量均≤0.020%，如合金结构钢、工具钢等。高级优质钢，在钢号后面通常加符号"A"或汉字"高"，以示区别，比如20CrMnTiA。特级优质钢，含杂质元素极少，硫含量≤0.010%，磷含量≤0.020%。

（5）按钢的用途可分为：结构钢、工具钢、特殊钢、专业用钢。结构钢又可分为：建筑及工程用结构钢、机械制造用结构钢。建筑及工程用结构钢，简称建造用钢。它是指用于建筑、桥梁、船舶、锅炉或其他工程上制作金属结构件的钢，如碳素结构钢、低合金钢、钢筋钢等。机械制造用结构钢，是指用于制造机械设备上结构零件的钢。这类钢基本上都是优质钢或高级优质钢，主要有优质碳素结构钢、合金结构钢、易切结构钢、弹簧钢、滚动轴承钢等。工具钢是指用于制造各种工具的钢，如碳素工具钢、合金工具钢、高速工具钢等。按用途又可分为：刃具钢、模具钢、量具钢。特殊钢是指具有特殊性能的钢，如不锈耐酸钢、耐热不起皮钢、高电阻合金、耐磨钢、磁钢等。专业用钢是指各个工业部门专业用途的钢，如汽车用钢、农机用钢、航空用钢、化工机械用钢、锅炉用钢、电工用钢、焊条用钢等。

（6）按加工形式可分为：铸钢、锻钢、热轧钢、冷轧钢、冷拔钢。铸钢是指采用铸造方法而生产出来的一种钢铸件。铸钢主要用于制造一些形状复杂、难于进行锻造或切削加工成型，而又要求有较高强度和塑性的零件。锻钢是指采用锻造方法而生产出来的各种锻材和锻件。锻钢件的质量比铸钢件高，能承受大的冲击力作用，塑性、韧性和其他方面的力学性能也都比铸钢件高。所以，凡是一些重要的机器零件都应当采用锻钢件。热轧钢是指采用热轧方法生产出来的各种热轧钢材。大部分钢材都是采用热轧轧制而成。热轧常用来生产型钢、钢管、钢板等大型钢材，也用于轧制线材。冷轧钢是指用冷轧方法生产出来的各种冷轧钢材。与热轧钢相比，冷轧钢的特点是表面光洁、尺寸准确、力学性能好。冷轧常用来轧制薄板、钢带和钢管。冷拔钢是指用冷拔方法生产出来的各种冷拔钢材。冷拔钢的特点是尺寸准确度高、表面质量好。冷拔主要用于生产钢丝，也用于生产$\phi50mm$以下的圆钢和六角钢，以及$\phi76mm$以下的钢管。

生铁是指碳含量大于2%的铁碳合金。工业生铁碳含量一般为2.1%~4.3%，并含碳、硅、锰、硫、磷等元素。它是用铁矿石经高炉冶炼的产品。杂质元素主要是硅、硫、锰、磷等。生铁质硬而脆，缺乏韧性，几乎没有塑性变形能力。因此，不能通过锻造、轧制、拉拔等方法加工成型。但含硅高的生铁（灰口铁）的铸造及切削性能良好。生铁是高炉产品。按其用途可分为：炼钢生铁和铸造生铁两大类。习惯上，把炼钢生铁叫做生铁；把铸造生铁简称为铸铁。铸造生铁，通过锻化、变质、球化等方法可以改变其内部结构，改善并提高其力学性能。因此，铸造生铁又可分为：白口铸铁、灰口铸铁、可锻铸铁、球墨铸铁、特种铸铁等。在结晶过程中，没有石墨析出，断口呈银白色的一类铸铁，简称白口铁。组织中含有较多的游离渗碳体，具有很高的硬度（一般在HB500以上）。但性脆，多用作抗磨损零件，如农具、磨球、磨煤机零件、抛丸机叶片、泥浆泵零件、铸砂管以及冷硬轧辊的外表层等。灰口铸铁是指碳主要以片状石墨形式出现的铸铁，断口呈灰色。由于灰口铸铁具有良好的性能，加上其价格极低，所以除了少数铸钢和高级铸铁外，灰口铸铁的用途还是非常广泛的。可锻铸铁是由一定化学成分的铁液浇铸成白口坯件，再经退火而成的铸铁。它有较高的强度、塑性、冲击韧度，可以部分代替碳钢。球墨铸铁是通过球化和孕育处理得到球状石墨。它有效地提高了铸铁的力学性能，特别是提高了塑性和韧性，从而得到比碳钢还高的强度。特种铸铁是通过电炉及冲天炉铁水的孕育作用而得到的一种铸铁。

　　生铁也可分为普通生铁和合金生铁两种。前者包括炼钢生铁、铸造生铁；后者主要是锰铁、硅铁。合金生铁可作为炼钢辅助材料，如脱氧剂、合金元素添加剂。从广义角度讲，铁还分为化学纯铁（碳含量几乎为零）、工业纯铁（碳含量≤0.02%）、海绵铁、粒铁等。但它们皆非高炉冶铁产品，而且用途各异。

7.2　碳素钢及中低合金钢分析

　　碳素钢是指碳含量小于1.7%，除铁、碳和限量以内的硅、锰、磷、硫等杂质外，不含其他合金元素的铁碳合金。工业用碳钢的碳含量一般为0.05% ~ 1.35%。碳素钢的性能主要取决于碳含量。碳含量增加，钢的强度、硬度升高，塑性、韧性、可焊性降低。与其他钢类相比，碳素钢使用最早，成本低，性能范围宽，用量最大。

　　低合金钢是指合金元素总量小于5%的合金钢。低合金钢是相对于碳钢而言的，是在碳钢的基础上为了改善钢的性能而有意向钢中加入一种或几种合金元素。加入的合金量超过碳钢正常生产所具有的一般含量时，称这种钢为合金钢。当合金总量低于5%时称为低合金钢；合金含量在5% ~ 10%之间时称为中合金钢；合金含量大于10%时称为高合金钢。碳素钢及中低合金钢的牌号有几百个，相关的国家标准有：GB/T 699—2015《优质碳素结构钢》、GB/T 700—2006《碳素结构钢》、GB/T 3077—2015《合金结构钢》。

　　在光电直读光谱法中，与碳素钢及中低合金钢有关的国家标准有GB/T 4336—2016《碳素钢和中低合金钢　多元素含量的测定　火花放电原子发射光谱法（常规法）》。该标准规定了用火花源原子发射光谱法，可同时测定碳素钢和中低合金钢中碳、硅、锰、磷、硫、铬、镍、钨、钼、钒、铝、钛、铜、铌、钴、硼、锆、砷、锡等19种元素含量。该方法适用于电炉、感应炉、电渣炉、转炉等铸态或锻轧样品的分析。后续又发布了GB/T 4336—2016《碳素钢和中低合金钢　多元素含量的测定　火花放电原子发射光谱法（常规法）》国家标准第1号修改单。本标准适用于电炉、感应炉、电渣炉、转炉等铸态或锻轧的碳素钢和中低合金钢样品分析，各元素测定范围见表7-1。

表7-1　各元素的适用范围和定量范围

元素	适用范围（质量分数）/%	定量范围（质量分数）/%	元素	适用范围（质量分数）/%	定量范围（质量分数）/%
C	0.001 ~ 1.3	0.03 ~ 1.3	S	0.002 ~ 0.05	0.008 ~ 0.05
Si	0.006 ~ 1.2	0.17 ~ 1.2	Cr	0.005 ~ 3.0	0.1 ~ 3.0
Mn	0.006 ~ 2.2	0.07 ~ 2.2	Ni	0.001 ~ 4.2	0.009 ~ 4.2
P	0.003 ~ 0.07	0.01 ~ 0.07	W	0.06 ~ 1.7	0.06 ~ 1.7

元素	适用范围 （质量分数）/%	定量范围 （质量分数）/%	元素	适用范围 （质量分数）/%	定量范围 （质量分数）/%
Mo	0.0009 ~ 1.2	0.03 ~ 1.2	Co	0.0015 ~ 0.3	0.004 ~ 0.3
V	0.0007 ~ 0.6	0.1 ~ 0.6	B	0.0001 ~ 0.011	0.0008 ~ 0.011
Al	0.001 ~ 0.16	0.03 ~ 0.16	Zr	0.001 ~ 0.07	0.006 ~ 0.07
Ti	0.0007 ~ 0.5	0.015 ~ 0.5	As	0.0007 ~ 0.014	0.004 ~ 0.014
Cu	0.005 ~ 1.0	0.02 ~ 1.0	Sn	0.0015 ~ 0.02	0.006 ~ 0.02
Nb	0.0008 ~ 0.12	0.02 ~ 0.12			

注："适用范围"中低含量段未经精密度试验验证，实验室在测定低含量样品时注意选择合适仪器条件、标准样品等，严格控制，谨慎操作。

下面以低合金钢样品分析过程为例说明其样品分析过程。

7.2.1 样品取样

如果是熔融态样品，将样品浇铸在 $\phi16 \sim 40mm$ 模具中。在浇铸过程中，要保证样品的厚度不低于4mm。浇铸完毕后，立即浇水冷却。然后，从模具中取出样品。如果是块状样品，可通过切割，从抽样产品或原始样品中制取。其尺寸大小及形状，要适合分析方法的需要。样品可用锯切、砂轮切、剪切或冲切方法进行切割。产品标准中没有明确规定时，样品要有足够的厚度，可在产品的横截面上取样。

7.2.2 样品制样

碳素钢及中低合金钢具有良好的塑性韧性和焊接性能，可以采用车削、磨削、冷压等加工方式制样。常用的方法是磨削加工法、铣削加工法。两种方法对应的加工设备是光谱专用磨样机、铣床。对于小件样品，也可采用冷压法增大分析面积。

碳含量 >0.01% 的样品，可以采用光谱专用磨样机。加工样品的分析平面，常用的光谱磨样机型号有 MD-05 型。其参数为：转速1400r/min、使用的磨料的粒度在60级到120级较合适、转盘直径为300mm。在设备转动过程中，其转速不能设置太大。否则，样品容易发热，导致样品表面发黑，使得样品碳含量偏低。在样品磨制过程中，要保证用力均匀。否则，样品分析面会出现两个平面。样品加工后的分析面，要求条纹清楚、磨痕一致、平整性好。不要沾污任何物质，不能用手接触表面。表面温度最好不超过室温。在磨样机上，将其分析面厚度磨去1mm。

超低碳含量样品（≤0.01%），不宜采用磨削加工法。这是因为，样品碳含量低，其样品材料硬度较软，在样品磨削过程中，如果用力掌握不好，样品容易发热，导致样品表面发黑。另外，超低含量的碳容易被污染，造成碳含量的短期分析精密度降低，影响分析结果。超低碳含量样品（≤0.01%）分析面加工，可以采用铣削加工法。在加工过程中，样品可以滴浇冷却液，以控制样品表面温度。该法制样时间短（单工位铣床只需20s）、样品表面平整、纹路清晰、不易污染，且试样不过热，试样分析精密度高，特别是碳、磷、硫元素的精密度可以得到有效保证。

注意：在中低合金钢样品分析中，选择合适的分析谱线是必要的。TY-9000 全谱型直读光谱仪中，碳配备了 193.09nm、133.57nm 波长的分析线。如果是超低含量的碳（≤0.08%），采用 133.57nm，可大大降低背景强度，改善检测下限，分析灵敏度有显著的提高。

样品制备完毕以后，应对其进行目视检查，分析表面应该没有颗粒异物及表面缺陷。如果存在缺陷，应该对分析表面进行重新处理或放弃使用。分析样品应该干燥，并且应防止制备好的样品表面被污染。

7.2.3　仪器工作条件

分析仪器：TY-9000 全谱型直读光谱仪（无锡市金义博仪器科技有限公司）。

环境条件：温度 25℃，相对湿度 40% ~ 65%，电源有良好的接地，周围无强磁场，无大功率用电设备，无振动，室内无腐蚀性气体，避免强光照射，避免灰尘。

氩气纯度：99.999%。

仪器真空系统：连续抽真空，真空度小于 3Pa；钨电极（6mm），顶角 90°。

分析间隙：3.4mm。

分析条件：氩气流量 10L/min；冲洗时间 10s；预燃时间 8s；曝光时间 6s。

各元素分析谱线波长：C 193.0nm、Si 288.1nm、Mn 263.8nm、P 178.2nm、S 180.7nm、Cr 267.7nm、Ni 231.6nm、Mo 281.6nm。

内标谱线波长：Fe 273.0nm。

7.2.4　氩气纯度和压力的影响

光电直读光谱仪氩气系统所用氩气源，可采用液氩或高压氩气，其气体纯度 ≥99.9995%。仪器中的氩气流量可设置为 5.0L/min，输入氩气压力为 0.5 ~ 0.7MPa。在分析过程中，O_2 对 200nm 以下的光谱线有强烈的吸收，使得分析谱线的强度急剧下降。因此氩气纯度的高低，将直接影响分析结果。氩气纯度较低时，氩气中含 N_2、O_2、H_2O 等杂质气体较多，波长为 133.57nm 碳光谱易被氧强烈吸收。因此，样品需要在高纯的氩气气氛中进行激发。由于高纯氩气替代了空气中的氧和氮，防止了样品在激发过程中氧化，使放电状态稳定，提高了短波元素分析的精密度。光谱分析时，一般通过提高氩气纯度或增加流量来消除氩气不纯对分析结果的影响。使用过程中，使用液态氩气并二次净化，基本上能消除氩气不纯对分析精密度的影响。增加氩气的压力能提高碳的分析精密度。氩气压力超过 0.7MPa 以后，分析精密度变化不大，考虑到氩气压力过大，容易造成不必要的浪费，增加分析成本。因此，本实验中氩气压力控制在 0.5 ~ 0.7MPa 之间。

7.2.5　工作曲线的绘制

如果光电直读光谱仪的操作软件内，存在中低合金钢工作曲线，则不需要做工作曲线。可直接选择一个与分析样品同牌号的标准物质作为控样进行校准。校准完毕后，可直接对样品进行分析。如果没有合适的工作曲线，可选择一套与分析样品的元素含量范围比较接近的光谱分析标准物质，以绘制该样品所需各元素的工作曲线。本实验采用中低合金钢光谱分析标准物质［GBW(E)68071~GBW(E)68076］绘制工作曲线，并进行质量控制。其各元素化学成分标准值见表7-2。绘制工作曲线所需的标准样品是有证国家二级标准物质，必须保证各分析元素含量须有适当的梯度。由于仪器状态的变化，导致测定结果的偏离，为直接利用原始校准曲线，求出准确结果，用1~3个样品对仪器进行标准化，这种样品称为标准化样品。标准化样品应是非常均匀并要求有适当的含量，它可以从标准样品中选出，也可以专门冶炼。当使用两点标准化时，其含量分别取每个元素校准曲线上限和下限附近的含量。选择GBW(E)68071、GBW(E)68072、GBW(E)68076中低合金钢的其中两块标准物质，作为曲线的高低标校正样品。

表7-2 中低合金钢光谱分析标准物质各元素化学成分标准值 (%)

元素＼编号	GBW(E) 68071	GBW(E) 68072	GBW(E) 68073	GBW(E) 68074	GBW(E) 68075	GBW(E) 68076
C	0.126	0.672	0.283	0.446	0.617	0.327
Si	0.304	0.268	0.651	0.419	0.464	0.872
Mn	0.818	0.35	0.189	1.07	2.46	1.58
P	0.011	0.013	0.029	0.014	0.018	0.016
S	0.016	0.02	0.02	0.02	0.022	0.023
Cr	0.647	0.21	0.194	0.585	0.664	1.34
Ni	0.424	0.27	0.111	0.151	1.83	1.38
Mo	0.527	0.327	0.101	0.135	1.54	1.05

工作曲线绘制过程如下：

(1) 点击菜单上的"文件"中的"曲线建立"。然后，点击"文件"下的第一项"新建"，出现建立曲线的对话框，见图7-1。在模型名称中输入曲线的名称，基体元素选择Fe，分析阶段选择2。然后，在下面的元素框中右击鼠标，出现对话框，点击选择全部元素后，下面的所有元素就会打钩（√），然后，点击"确定"。以下操作都要按照顺序来设置，不可漏设置和不按顺序设置。

(2) 点击"编辑"菜单中的"光源激发参数"选项，出现"光源激发参数"对话框，见图7-2。在对话框中，"一般预燃的时间"选项设置为8s（铸铁为12s，其他材料为8s）。普通1、2的时间设置为3s，预燃的"分组火花"设置为10s。普通1的"分组火花"设置为5s，普通2的"分组火花"设置为3s，预燃的"激发电流"设置为1，普通1的"激发电流"设置为7，普通2的"激发电流"设置为5，预燃的快门打"√"，见图7-2。

(3) 点击"编辑"菜单中的"建立分析通道"选项，出现"设置基类窗体"对话框，见图7-3。此对话框设置元素的分析阶段，分析阶段1为全打"√"，分析阶段2选择含量高的元素打"√"，如高镍、高锰和高铬等。然后，点击"提交"按钮保存。

(4) 点击"编辑"菜单中的"分析通道参数"选项，出现"分析通道参数"对话框。此项是设置元素不同波长的测量范围。然后，点击"提交"按钮保存，见图7-4。分析通道参数设置原则为：不锈钢设置高锰、镍、铬等通道。设置的原则是测量的范围不能

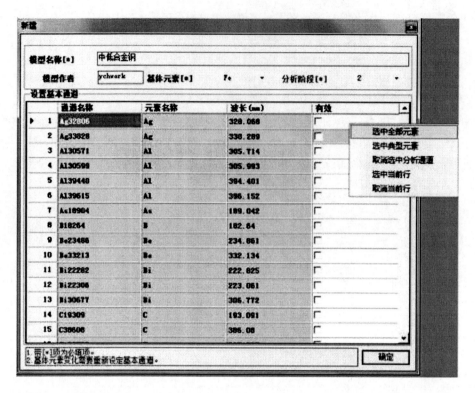

图 7-1　"新建"对话框

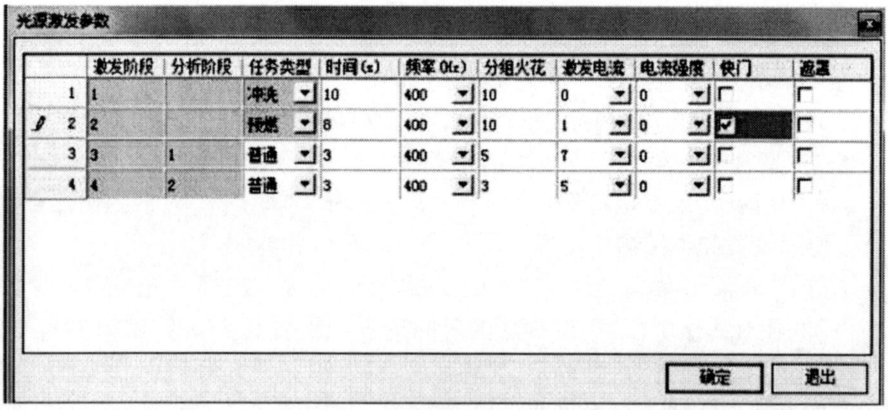

图 7-2　"光源激发参数"对话框

出现空白，如设置低 Cr2677 的测量范围是 0 ~ 3，高 Cr 设置的测量范围必须是 2.8 ~ 100。如果设置高 Cr 的测量范围 3.2 ~ 100，那么 3.0 ~ 3.2 之间的含量就不能测量出来，必须有个交接点。

（5）点击"编辑"菜单中的"元素显示设置"选项，出现"元素显示设置"对话框，见图 7-5。此项设置显示序号，都为 0 表示按照正常的顺序显示。如果某个元素要第一个显示，就设置 1；第二个显示，就设置 2；依次类推。小数点设置，即需要显示的小

图7-3 "设置基类窗体"对话框（一）

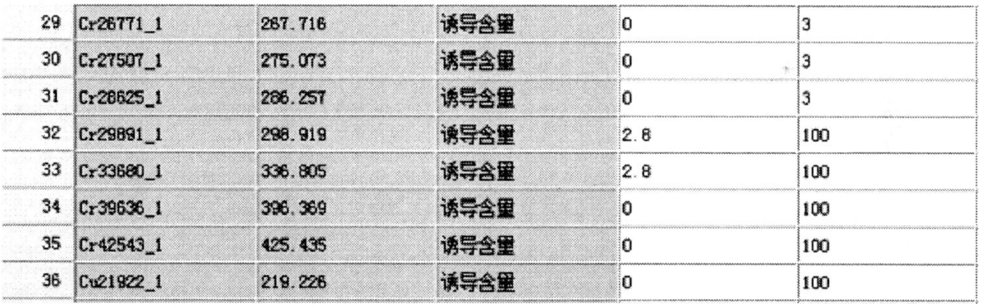

	通道名称	波长(nm)	分析阶段[1]	分析阶段[2]	含量类型
8	Cr26771	267.716	✓		诱导含量
9	Cr27507	275.073	✓		诱导含量
10	Cr28625	286.257	✓	✓	诱导含量
11	Cr29891	298.919	✓	✓	诱导含量
12	Cr33680	336.805	✓	✓	诱导含量
13	Cr39636	396.369	✓	✓	诱导含量
14	Cr42543	425.435	✓		诱导含量
15	Cu21922	219.226	✓		诱导含量
16	Cu21995	219.958	✓		诱导含量
17	Cu22300	223.008	✓		诱导含量
18	Cu22426	224.262	✓		诱导含量
19	Cu22470	224.7	✓		诱导含量
20	Cu32475	324.754	✓		诱导含量
21	Cu32739	327.396	✓		诱导含量
22	Ga29436	294.364	✓		诱导含量
23	Ga41720	417.204	✓		诱导含量
24	La40429	404.291	✓		诱导含量
25	La40867	408.672	✓		诱导含量

分析阶段 1 | 全部选中 | 全部取消 | 提交 | 退出

29	Cr26771_1	267.716	诱导含量	0	3
30	Cr27507_1	275.073	诱导含量	0	3
31	Cr28625_1	286.257	诱导含量	0	3
32	Cr29891_1	298.919	诱导含量	2.8	100
33	Cr33680_1	336.805	诱导含量	2.8	100
34	Cr39636_1	396.369	诱导含量	0	100
35	Cr42543_1	425.435	诱导含量	0	100
36	Cu21922_1	219.226	诱导含量	0	100

图7-4 "分析通道参数"对话框

数点位数。一般含量很低的设置为4；含量很高的设置为2；其他设置为3。

（6）点击"编辑"菜单中的"光强标准化"，点击"新建"选项，出现"激发高低标样"对话框，见图7-6。点击添加高低标样，从样品库中导入需要作为高低标的样品。然后，点击"下一步"依次激发选择的样品，见图7-7。点击添加"高低标样"，从样品库中导入需要作为高低标的样品，然后点击"下一步"来依次激发选择的样品。每块样品激发2~3次，光强值超过300时，要求RSD小于3%。所有样品激发完毕后，保存高低标的光强值，点击"下一步"。样品激发完毕后，点击设置参考光强和计算标准化系数即可完成标准化样品的设置，见图7-8。

（7）点击"编辑"菜单中的"样品管理"，从样品库中导入需要用来建立曲线的样品，见图7-9。

	元素名称	显示序号	有效下限	下限示值	有效上限	上限示值	小数位数	显示	显示名称
1	Ag	0	0.001	0.001	100	100	3	☑	Ag
2	Al	0	0.001	0.001	100	100	3	☑	Al
3	As	0	0.001	0.001	100	100	3	☑	As
4	B	0	0.001	0.001	100	100	3	☑	B
5	Be	0	0.001	0.001	100	100	3	☑	Be
6	Bi	0	0.001	0.001	100	100	3	☑	Bi
7	C	0	0.001	0.001	100	100	3	☑	C
8	Ca	0	0.001	0.001	100	100	3	☑	Ca
9	Cd	0	0.001	0.001	100	100	3	☑	Cd
10	Ce	0	0.001	0.001	100	100	3	☑	Ce
11	Co	0	0.001	0.001	100	100	3	☑	Co
12	Cr	0	0.001	0.001	100	100	3	☑	Cr
13	Cu	0	0.001	0.001	100	100	3	☑	Cu
14	Fe	0	0.001	0.001	100	100	3	☑	Fe
15	Ga	0	0.001	0.001	100	100	3	☑	Ga
16	La	0	0.001	0.001	100	100	3	☑	La
17	Mg	0	0.001	0.001	100	100	3	☑	Mg
18	Mn	0	0.001	0.001	100	100	3	☑	Mn
19	Mo	0	0.001	0.001	100	100	3	☑	Mo

图 7-5　"元素显示设置"对话框

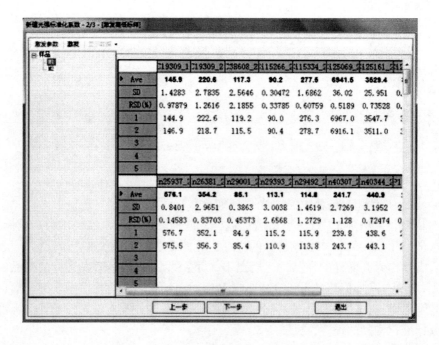

图 7-6　"激发高低标样"对话框（一）

新建光强标准化系数 - 1/3 - [设置高低标样]

添加高低标样　初始化

	通道	高标	低标	启用
1	Ag32805_1	AS1_Ag:0	AS2_Ag:0	✓
2	Ag33828_1	AS2_Ag:0	AS1_Ag:0	✓
3	Al30571_1	AS2_Al:0.21	AS1_Al:0.004	✓
4	Al30598_1	AS2_Al:0.21	AS1_Al:0.004	✓
5	Al39440_1	AS2_Al:0.21	AS1_Al:0.004	✓
6	Al39615_1	AS2_Al:0.21	AS1_Al:0.004	✓
7	As18904_1	AS1_As:0.15	AS2_As:0.005	✓
8	B18264_1	AS2_B:0.3	AS1_B:0.002	✓
9	Be23486_1	AS1_Be:0	AS2_Be:0	✓
10	Be33213_1	AS2_Be:0	AS1_Be:0	✓
11	Bi22282_1	AS2_Bi:0.008	AS1_Bi:0.0001	✓
12	Bi22306_1	AS2_Bi:0.008	AS1_Bi:0.0001	✓
13	Bi30677_1	AS2_Bi:0.008	AS1_Bi:0.0001	✓
14	C19309_1	AS1_C:0.95	AS2_C:0.05	✓
15	C38608_1	AS1_C:0.95	AS2_C:0.05	✓
16	Ca31588_1	AS2_Ca:0.012	AS1_Ca:0.0001	✓
17	Ca31793_1	AS2_Ca:0.012	AS1_Ca:0.0001	✓
18	Ca31793_2	AS2_Ca:0.012	AS1_Ca:0.0001	✓
19	Ca39336_1	AS2_Ca:0.012	AS1_Ca:0.0001	✓
20	Ca39684_1	AS2_Ca:0.012	AS1_Ca:0.0001	✓

下一步　　　　　退出

图 7-7　"激发高低标样"对话框（二）

新建光强标准化系数 - 3/3 - [计算标准化系数]

设定参考光强　计算标准化系数

	通道	高标	高标含量	参考光强	当前光强	低标	低标含量	参考光强	当前光强	Alpha	Beta	启用	最近 Alpha	最近 Beta
1	Ag32..	H1	0	522.577	522.577	H2	0	793.069	0	1	0	✓	1	0
2	Ag33..	H2	0			H1			0	1	0	✓	1	0
3	Al30..	H2	0.448	1050.19	1050.19	H1	0.168	1127.61	0	1	0	✓	1	0
4	Al30..	H2	0.448	1829.12	1829.12	H1	0.168	1781.79	0	1	0	✓	1	0
5	Al39..	H2	0.448	22.0227	22.0227	H1	0.168	19.4583	0	1	0	✓	1	0
6	Al39..	H2	0.448	35.7557	35.7557	H1	0.168	19.067	0	1	0	✓	1	0
7	As16..	H1	0	6.33468	6.33468	H2	0	7.30875	0	1	0	✓	1	0
8	Bi82..	H2	0	23.4679	23.4679	H1	0	24.1036	0	1	0	✓	1	0
9	Be23..	H1	0	1.51237	1.51237	H2	0	1.45515	0	1	0	✓	1	0
10	Be33..	H2	0	32.9861	32.9861	H1	0	47.8915	0	1	0	✓	1	0
11	Bi22..	H1	0	1.3714	1.3714	H2	0	1.44585	0	1	0	✓	1	0
12	Bi22..	H2	0	0.15...	0.157036	H1	0	0.17...	0	1	0	✓	1	0
13	Bi30..	H1	0	20.1519	20.1519	H2	0	16.4011	0	1	0	✓	1	0
14	C193..	H2	0.131	15.3381	15.3381	H1	0.051	11.493	0	1	0	✓	1	0
15	C193..	H2	0.131	16.3369	16.3369	H1	0.051	11.9174	0	1	0	✓	1	0
16	C366..	H2	0.131	10.9781	10.9781	H1	0.051	10.1575	0	1	0	✓	1	0
17	Ca31..	H1	0	8.55728	8.55728	H2	0	3.74944	0	1	0	✓	1	0
18	Ca31..	H2	0	6.44995	6.44995	H1	0	18.8838	0	1	0	✓	1	0
19	Ca39..	H1	0	2.31207	2.31207	H2	0	1.87769	0	1	0	✓	1	0
20	Ca39..	H2	0	1.50579	1.50579	H1	0	1.60026	0					

上一步　　　　　保存　　　　　退出

图 7-8　"激发高低标样"对话框（三）

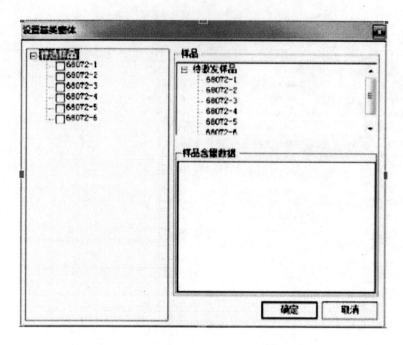

图 7-9 "设置基类窗体"对话框（二）

（8）点击"编辑"菜单中的"激发样品"，依次激发需要建立曲线的样品，每块样品激发 2~3 次，光强值超过 300 时，要求 RSD 小于 3%。所有样品激发完毕后，保存所有建立曲线样品的光强值，点击"提交"，见图 7-10。

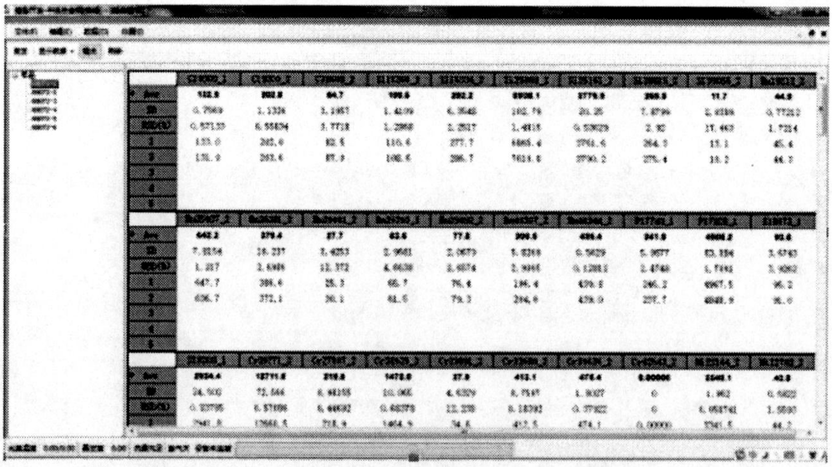

图 7-10 "设置基类窗体"对话框（三）

（9）点击"编辑"菜单中的"建立曲线分析"，点击拟合全部曲线。可以查看各元素的分析曲线，见图 7-11。

曲线的拟合原则：要求元素各点尽可能都在曲线上；删除偏离曲线太远的点；拟合后的曲线相关系数要大于 0.999；可以添加设置干扰，将曲线拟合成一条直线。然后，点击

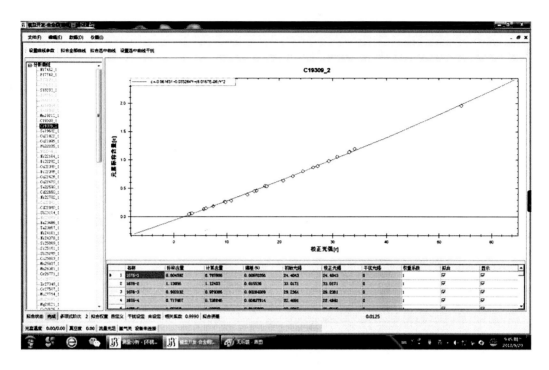

图 7-11 工作曲线

"保存"，即可完成元素曲线的建立过程。曲线方程如下：

$$CONC = A(IR)^3 + B(IR)^2 + C(IR) + D$$

式中　A，B，C，D——常数；

IR——光强比值；

$CONC$——元素含量,% 。

如果 A 为零，则表示该曲线为二次方程。如果 A 和 B 都为零，则表示该曲线为直线方程。中低合金钢中各元素，一般采用二次方程拟合工作曲线。

经历一段时间后，需要对各元素的工作曲线进行标准化。该过程就是指当仪器处于正常工作状态时，激发中低合金钢曲线的低标样品 N_1、高标样品 N_2。每块样品激发 3 次，要求每块样品的 RSD 值小于 2% 即可。否则，删除异常点。另外，要注意曲线标准化完毕后，要仔细查看标准化系数。正常情况下，系数一般在 1 左右。如果此系数偏差较大时，特别是超出 0.5 ~ 2.5 范围，则说明正常测量结果的修正量较大，测量的偏差也较大，需要寻找原因。如果正常，可保存激发的数据，软件会自动计算出标准化系数和偏差。为了减少系统误差，在每一次样品分析前，需要用与样品含量相近或者相同牌号的标准物质，对工作曲线进行控样校正。这个过程是指当仪器处于正常工作状态时，激发所选标准物质 3 次，要求每块样品的 RSD 值小于 2% （微量元素可放宽到 5% ）即可。如果超出范围，寻找原因。正常则保存激发的数据，软件会自动计算出各元素的修正值。

工作曲线绘制完毕后，可用与分析样品同牌号的标准物质作为控样进行校准。然后，可直接对样品进行分析。

7.2.6　重复性限（r）和再现性限（R）的计算

GB/T 4336—2016《碳素钢和中低合金钢　多元素含量的测定　火花放电原子发射光谱法（常规法）》中，对重复性限（r）和再现性限（R）描述如下：

重复性限（r）常用于判定同一实验室内测量结果的精密度。在重复性条件下获得的两次独立测试结果的绝对差值不大于重复性限（r），则认定该测试结果符合国家标准；否则，该测试结果之差超出国家标准。

再现性限（R）常用于判定不同实验室之间测量数据的精密度。在再现性条件下获得的两次独立测试结果的绝对差值不大于再现性限（R），则认定两家实验室的测试结果符合国家标准；否则，两家实验室的测试结果之差超出国家标准。

重复性判断是指在仪器正常状态，任选择一个样品在同一台仪器进行分析两次，其结果见表 7-3；根据标准 GB/T 4336—2016 提供的公式来计算各分析元素的重复性限（r），并判断其重复性，其计算结果见表 7-4。

表 7-3　合金钢样品各元素分析结果（同一实验室，$n=2$）　　　　（％）

项目＼元素	C	Si	Mn	P	S	Cr	Ni	Mo
均值	0.162	0.173	0.669	0.073	0.015	0.997	3.100	0.284
1	0.160	0.176	0.664	0.074	0.016	1.000	3.088	0.288
2	0.164	0.170	0.674	0.072	0.014	0.994	3.112	0.280

表 7-4　中低合金钢样品各元素重复性限（r）

元素	水平范围（质量分数）/%	重复性限（r）/%	测定值极差/%	与重复性限相比较
C	0.03 ~ 0.7	$r=0.0526m+0.0044=0.013$	0.004	小于
Si	0.06 ~ 0.7	$\lg r=0.5539\lg m-1.6467=-2.0687$ $r=0.009$	0.006	小于
P	0.004 ~ 0.07	$r=0.0642m+0.0005=0.005$	0.002	小于
Mn	0.1 ~ 2.0	$r=0.0297m+0.0016=0.021$	0.010	小于
S	0.002 ~ 0.06	$r=0.077m+0.0014=0.003$	0.002	小于
Cr	0.1 ~ 2.0	$r=0.0203m+0.0072=0.027$	0.006	小于
Ni	0.1 ~ 4.0	$r=0.0275m+0.0035=0.089$	0.024	小于
Mo	0.1 ~ 1.2	$\lg r=0.794\lg m-1.4475=-1.8816$ $r=0.013$	0.008	小于

注：m 是两个测定值的平均值（质量分数）。

再现性判断是指在仪器正常状态，同一样品在两个不同的实验室，或两台仪器上进行分析，其分析结果见表 7-5；根据标准 GB/T 4336—2016 提供的公式来计算各分析元素的再现性限（R），并判断其再现性，其计算结果见表 7-6。

表 7-5 合金钢样品各元素分析结果 （不同实验室，n = 2） （%）

项目 \ 元素	C	Si	Mn	P	S	Cr	Ni	Mo
均值	0.161	0.175	0.672	0.072	0.014	0.994	3.106	0.282
仪器 1	0.162	0.173	0.669	0.073	0.015	0.997	3.100	0.284
仪器 2	0.160	0.177	0.675	0.071	0.013	0.991	3.112	0.280

表 7-6 中低合金钢样品各元素再现性限 （R）

元素	水平范围 （质量分数）/%	再现性限 （R）/%	测定值极差/%	与再现性限 相比较
C	0.03 ~ 0.7	$R = 0.0517m + 0.0126 = 0.021$	0.002	小于
Si	0.06 ~ 0.7	$R = 0.0514m + 0.0070 = 0.016$	0.004	小于
P	0.004 ~ 0.07	$R = 0.1030m + 0.001 = 0.008$	0.002	小于
Mn	0.1 ~ 2.0	$\lg R = 0.5149 \lg m - 1.3002 = -1.3891$ $R = 0.041$	0.006	小于
S	0.002 ~ 0.06	$R = 0.1269m + 0.0025 = 0.004$	0.002	小于
Cr	0.1 ~ 2.0	$R = 0.0409m + 0.0094 = 0.050$	0.006	小于
Ni	0.1 ~ 4.0	$R = 0.0377m + 0.008 = 0.125$	0.012	小于
Mo	0.1 ~ 1.2	$R = 0.0712m - 0.0002 = 0.18$	0.004	小于

注：m 是两个测定值的平均值（质量分数）。

7.3 工模具钢分析

工模具钢 （GB/T 1299—2014 《工模具钢》） 是用以制造切削刃具、量具、模具和耐磨工具的钢。按照钢的用途可分为刃具钢、模具钢、量具钢等三大类。工模具钢具有较高的硬度。在高温下能保持高硬度和红硬性，以及高的耐磨性和适当的韧性。工模具钢的用途很广，各种模具的工作条件差别很大。所以，制造模具用材料范围很广，包括一般的碳素结构钢、碳素工具钢、合金结构钢、合金工具钢、弹簧钢、高速工具钢、不锈耐热钢、适应特殊模具需要的马氏体时效钢、粉末高速钢、粉末高合金模具钢等。

刃具钢是用来制造各种切削加工工具 （车刀、铣刀、刨刀、钻头、丝锥、板牙等） 的钢。刃具钢的一般使用性能：（1） 为了保证刀刃能切入工件并防止卷刃，必须使刃具具有高于被切削材料的硬度 （一般应在 HRC60 以上，加工软材料时可为 HRC45 ~ 55），故刃具钢应是以高碳马氏体为基体的组织。（2） 为了保证刃具的使用寿命，应当要求有足够的耐磨性。高的耐磨性不仅决定于高硬度，同时也决定于钢的组织。在马氏体基体上分布着弥散的碳化物，尤其是各种合金碳化物，能有效地提高刃具钢的耐磨损能力。（3） 在各种形式的切削加工过程中，刃具承受着冲击、振动等作用，应当具有足够的塑性和韧性，以防止使用中崩刃或折断。（4） 为了使刃具能承受切削热的作用，在使用过程中，防止温度升高而导致硬度下降，要求刃具有高的红硬性。钢的红硬性是指钢在受热条件下，仍能保持足够高的硬度和切削能力，这种性能称为钢的红硬性。红硬性可以用多次高温回火后，在室温条件下测得的硬度值来表示。所以，红硬性是钢抵抗多次高温回火软化的能力。实质上这是一个回火抗力的问题。刀具钢视使用条件的不同可以有所侧重。如锉刀不一定需要很高的红硬性。而钻头工作时，其热量散失困难，所以对红硬性要求很高。刀具钢通常按照使用情况及相应的性能要求不同，可分为碳素工具钢、合金工具钢、高速工具钢。

　　碳素工具钢的碳质量分数较高，在 0.65% ~ 1.35% 之间，按其组织属于亚共析、共析或过共析钢。碳素工具钢热处理后，表面可得到较高的硬度和耐磨性，心部有较好的韧性，退火硬度低（不大于 HB207），加工性能良好。但其红硬性差，当工作温度达 250℃ 时，钢的硬度和耐磨性急剧下降，硬度下降到 HRC60 以下，淬透性低。较大的工具不能淬透（水中淬透直径为 15mm）。水淬时，表面淬硬层与中心部位硬度相差很大。在淬火时，工具易产生变形或形成裂纹。此外，其淬火温度范围窄，在淬火时，应严格控制温度，防止过热、脱碳、变形。常见牌号有：T7、T7A、T8、T8A、T8Mn、T8MnA、T9、T9A 等。

　　合金工具钢是指，在碳素工具钢基础上，加入铬、钼、钨、钒等合金元素，以提高淬透性、韧性、耐磨性和耐热性的一类钢种。它主要用于制造量具、刃具、耐冲击工具和冷、热模具及一些特殊用途的工具。加入 Cr 和 Mn 元素，可以提高工具钢的淬透性。可根据要求，有选择地加入或同时加入其他元素（加入总量一般不超过 5%），即形成一系列的合金工具钢。合金工具钢广泛用作刃具、冷、热变形模具和量具，也可用于制作柴油机燃料泵的活塞、阀门、阀座以及燃料阀喷嘴等。合金工具钢的淬硬性、淬透性、耐磨性和韧性均比碳素工具钢高。按用途大致可分为：刃具、模具、量具用钢等三类。其中碳含量高的钢（碳质量分数大于 0.80%），多用于制造刃具、量具和冷作模具。这类钢淬火后的硬度在 HRC60 以上，且具有足够的耐磨性。碳含量中等的钢（碳质量分数 0.35% ~ 0.70%），多用于制造热作模具。这类钢淬火后的硬度稍低，为 HRC50 ~ 55，但韧性较好。

　　高速工具钢主要用于制造高效率的切削刀具。由于其具有红硬性高、耐磨性好、强度高等特性，也用于制造性能要求高的模具、轧辊、高温轴承和高温弹簧等。高速工具钢经热处理后，硬度可达 HRC63 以上。在 600℃ 左右的工作温度下，仍能保持高的硬度，而且其韧性、耐磨性和耐热性均较好。退火状态的高速工具钢的主要合金元素有钨、钼、铬、钒。还有一些高速工具钢加入了钴、铝等元素。这类钢属于高碳高合金莱氏体钢，其主要的组织特征之一是含有大量的碳化物。铸态高速工具钢中的碳化物是共晶碳化物，经热压力加工后，破碎成颗粒状分布在钢中，称为一次碳化物。从奥氏体和马氏体基体中，析出的碳化物称为二次碳化物。这些碳化物对高速工具钢的性能影响很大，特别是二次碳化物，其对钢的奥氏体晶粒度和二次硬化等性能有很大影响。碳化物的数量、类型与钢的化学成分有关。而碳化物的颗粒度和分布则与钢的变形量有关。钨、钼是高速工具钢的主要合金元素，对钢的二次硬化和其他性能起重要作用。铬对钢的淬透性、抗氧化性和耐磨性起重要作用，对二次硬化也有一定的作用。钒对钢的二次硬化和耐磨性起重要作用，但降低可磨削性能。高速钢按所含合金元素可分为：钨系高速钢（W 9% ~ 18%）、钨钼系高速钢（W 5% ~ 12%，Mo 2% ~ 6%）、高钼系高速钢（W 0 ~ 2%，Mo 5% ~ 10%）。各系又可按钒含量的多少分为一般钒含量（V 1% ~ 2%）高速钢、高钒含量（V 2.5% ~ 5%）高速钢。任何高速钢，若含钴（Co 5% ~ 10%）时，归入钴高速钢。高速钢按用途可分为：综合性通用高速钢、特种用途高速钢两类。通用高速钢广泛用于制作各种金属切削普通刀具（如钻头、丝锥、锯条）和精密刀具（如滚刀、插齿刀、拉刀）。被切削材料一般硬度 HB≤300。特种用途高速钢又可分为：高钒高速钢、一般含钴高速钢、超硬型（HRC68~70）高速钢。高速钢主要用于制造高速切削工具。除具有高硬度（一般大于 HRC63，高的可达 HRC68~70）、高耐磨性、足够韧性外，在高速切削下，还具有不因发热而软化的耐热性。耐热性通常用红硬性衡量，也就是在 580~650℃，把钢先后加热 4 次，每次保温 1h 后空冷。然后在室温下测定其硬度值。高速钢的韧性，通常用弯曲强度和冲击值来衡量。高速钢用于制造冷作模具。在使用性能上，主要要求有高的抗压屈服强度、高的耐磨性、高韧性，对耐热性则要求不高。因此，可采用较低的温度淬火。

模具钢按用途一般可分为：冷作模具钢、热作模具钢、塑料成型用模具钢三大类。

冷作模具钢主要用于制造对冷状态下的工件进行压制成型的模具，如冷冲裁模具、冷冲压模具、冷拉深模具、压印模具、冷挤压模具、螺纹压制模具和粉末压制模具等。冷作模具钢包括碳素工具钢、合金工具钢、高速工具钢、粉末高速工具钢、粉末高合金模具钢。冷作模具钢是真空脱气精炼钢，纯净，机械加工性良好，切削性明显提高，淬透性良好，空冷淬硬不易出现淬裂，耐磨性极为优异，韧性良好，可用作不锈钢及高硬度材料的冲裁模。

热作模具钢主要用于制造对高温状态下的工件进行压力加工的模具，如热锻模具、热挤压模具、压铸模具、热镦锻模具等。常用的热作模具钢有中高碳含量的添加 Cr、W、Mo、V 等合金元素的合金模具钢。对特殊要求的热作模具钢，有时采用高合金奥氏体耐热模具钢制造。

塑料成型用模具钢用于塑料模具的制作材料。由于塑料的品种很多，对塑料制品的要求差别也很大。因此，对制造塑料模具的材料也提出了各种不同的性能要求。常见的材料有：碳素结构钢、渗碳型塑料模具钢、预硬型塑料模具钢、时效硬化型塑料模具钢、耐蚀塑料模具钢、易切塑料模具钢、整体淬硬型塑料模具钢、马氏体时效钢、镜面抛光用塑料模具钢等。

量具钢常用于机械制造行业大量使用的卡尺、千分尺、块规、塞规、样板等量具的制造。在使用过程中，量具常受到工件的摩擦与碰撞，且本身须具备极高的尺寸准确度和稳定性。故量具钢应具备高硬度（HRC58~64）、高耐熔性、高的尺寸稳定性、足够的韧性（防撞击与折断）和特殊环境下的耐蚀性。最重要的是具有稳定而准确的尺寸。制作量具没有专用的钢号，都是选用其他类型的钢种来制造，如结构钢、轴承钢、低合金工具钢和不锈钢等。量具钢的热处理，基本上可依照其相应钢种的热处理规范进行。但量具对尺寸稳定性要求很高，在处理过程中，应尽量减小形变。在使用过程中组织应稳定，因为组织稳定，方可保证尺寸稳定。因此，热处理时应采取一些附加措施。如淬火加热时，进行预热，以减小形变。这对形状复杂的量具更为重要。在保证力学性能的前提条件下，降低淬火温度。尽量不采用等温淬火或分级淬火工艺，减少残留奥氏体的生成。淬火后立即进行冷处理，减少残留奥氏体量。延长回火时间，回火或磨削之后，进行长时间的低温时效处理等。

国家产品标准 GB/T 1299—2014《工模具钢》中规定，工模具钢按用途可分为：刃具模具用非合金钢、量具刃具用钢、耐冲击工具用钢、轧辊用钢、冷作模具用钢、热作模具用钢、塑料模具用钢、特殊用途模具用钢；按使用加工方法可分为：压力加工用钢（UP）、切削加工用钢（UC），其中压力加工用钢（UP）又可分为：热压力加工用钢（UHP）、冷压力加工用钢（UCP）；按化学成分可分为：非合金工具钢（牌号头带"T"，原为"碳素工具钢"）、合金工具钢、非合金模具钢（牌号头带"SM"）、合金模具钢四类。在该产品标准中，将工模具钢分为八类，共92个牌号，见表7-7。

表7-7　工模具钢材料牌号分类

分　类	数量/种	牌　号　名　称
刃具模具用非合金钢	8	T7、T8、T8Mn、T9、T10、T11、T12、T13
量具刃具用钢	6	9SiCr、8MnSi、Cr06、Cr2、9Cr2、W
耐冲击工具用钢	6	4CrW2Si、5CrW2Si、6CrW2Si、6CrMnSi2Mo1V、5Cr3MnSiMo1、6CrW2SiV
轧辊用钢	5	9Cr2V、9Cr2Mo、9Cr2MoV、8Cr3NiMoV、9Cr5NiMoV
冷作模具用钢	19	9Mn2V、9CrWMn、CrWMn、MnCrWV、7CrMn2Mo、5Cr8MoVSi、7CrSiMnMoV、Cr8Mo2SiV、Cr4W2MoV、6Cr4W3Mo2VNb、6W6Mo5Cr4V、W6Mo5Cr4V2、Cr8、Cr12、Cr12W、7Cr7Mo2V2Si、Cr5Mo1V、Cr12MoV、Cr12Mo1V1
热作模具用钢	22	5CrMnMo、5CrNiMo、4CrNi4Mo、4Cr2NiMoV、5CrNi2MoV、5Cr2NiMoVSi、8Cr3、4Cr5W2VSi、3Cr2W8V、4Cr5MoSiV、4Cr5MoSiV1、4Cr3Mo3SiV、5Cr4Mo3SiMnVAl、4CrMnSiMoV、5Cr5WMoSi、4Cr5MoWVSi、3Cr3Mo3W2V、5Cr4W5Mo2V、4Cr5Mo2V、3Cr3Mo3V、4Cr5Mo3V、3Cr3Mo3VCo3
塑料模具用钢	21	SM45、SM50、SM55、3Cr2Mo、3Cr2MnNMo、4Cr2Mn1MoS、8Cr2MnWMoVS、5CrNiMnMoVSCa、2CrNiMoMnV、2CrNi3MoAl、1Ni3MnCuMoAl、06Ni6CrMoVTiAl、00N18Co8Mo5TiAl、2Cr13、4Cr13、4Cr13NiVSi、2Cr17Ni2、3Cr17Mo、3Cr17NiMo、9Cr18、9Cr18MoV
特殊用途模具用钢	5	7Mn15Cr2Al3V2WMo、2Cr25Ni2MoSi2、0Cr17Ni4Cu4Nb、Ni25Cr15Ti2MoMn、Ni53Cr19Mo3TiNb

　　工模具钢样品，需要分析的化学元素为碳、硅、锰、磷、硫、铬、钨、钼、钒、镍、铌、钴、铝、铜。除此之外，还有个别特殊牌号的材料还要分析钙、钛、硼。92个工模具钢牌号中，有32个牌号的化学成分检测范围，与GB/T 4336—2016《碳素钢和中低合金钢　多元素含量的测定　火花放电原子发射光谱法（常规法）》中规定的化学成分检测范围相吻合。可以直接使用该标准方法分析样品中各元素的化学成分含量。它们分别是：T7、T8、T8Mn、T9、T10、T11、T12、9SiCr、8MnSi、Cr2、9Cr2、W、9Cr2V、9Cr2Mo、9Cr2MoV、9Mn2V、9CrWMn、CrWMn、MnCrWV、7CrSiMnMoV、5CrMnMo、5CrNiMo、4CrNi4Mo、4Cr2NiMoV、5CrNi2MoV、5Cr2NiMoVSi、4CrMnSiMoV、SM45、SM50、SM55、3Cr2Mo、3Cr2MnNMo、2CrNiMoMnV。另外，在牌号中，有4个牌号与GB/T 11170—2008《不锈钢　多元素含量的测定　火花放电原子发射光谱法（常规法）》中规定的化学成分检测范围相吻合。可以直接使用该标准方法分析样品中各元素的化学成分含量。它们分别是：2Cr13、2Cr17Ni2、2Cr25Ni2MoSi2、0Cr17Ni4Cu4Nb。

　　目前，在光电直读光谱法中，没有相应的国家标准方法测定工模具钢样品中各元素含量。工模具钢样品的特点是：碳、硅、铬、钨、钒、钴等元素含量高。比如碳含量最高可为2.0%，铬含量可达12.0%。其样品具有硬度大、红硬性好，难以激发等特点。因此，需要提高仪器的激发功率。当前与铁基材料有关的常见国家标准方法是：GB/T 4336—2016《碳素钢和中低合金钢　多元素含量的测定　火花放电原子发射光谱》、GB/T 24234—2009《铸铁　多元素含量的测定　火花放电原子发射光谱法（常规法）》、GB/T 11170—2008《不锈钢　多元素含量的测定　火花放电原子发射光谱法（常规法）》。上述三个国家标准方法分析条件的组合，可基本覆盖工模具钢样品各元素化学成分检测范围。该样品可参照上述三个标准方法有关章节，将仪器及其实验条件进行优化整合，可解决工模具钢样品的分析方法。下面以冷模具钢样品光电直读光谱法分析过程举例说明。

7.3.1　样品制备

如果是熔融态样品，将样品浇铸在 $\phi16 \sim 40mm$ 的模具中。在浇铸过程中，要保证样品的厚度不低于4mm。浇铸完毕后，立即浇水冷却。然后，从模具中取出样品。如果是块状样品，可从抽样产品或原始样品中切割制取。其尺寸大小及形状，要适合分析方法的需要。样品可采用锯切、砂轮切、剪切或冲切方法进行切割。产品标准中没有明确规定时，若样品有足够的厚度，可在产品的横截面上取样。

一般的工模具钢样品具有良好的塑性、韧性、冷冲压性能，可以采用车削、磨削、冷压等加工方式制样。常用的方法是磨削加工法和铣削加工法。两种方法对应的加工设备是光谱专用磨样机、铣床。对于小件样品，也可采用冷压法增大分析面积。个别样品还具有较好的淬透性和良好的耐磨性，也可采用车削或磨削方式加工样品。不过应该选择硬质合金钢材料制作的车削刀具。磨床砂轮，应该选择粗砂型（0.250mm）。小件样品可以在氩气气氛下，采用浇铸熔融法制样。

7.3.2　仪器及工作条件

分析仪器：TY-9000 全谱型直读光谱仪（无锡市金义博仪器科技有限公司）。

环境条件：温度25℃，相对湿度40% ~ 65%，电源有良好的接地，周围无强磁场，无大功率用电设备，无振动，室内无腐蚀性气体，避免强光，避免灰尘。

仪器真空系统：连续抽真空，真空度 <3Pa。

电极：钨电极（6mm），顶角90°，分析间隙3.4mm。

分析条件：氩气流量10L/min；冲洗时间10s；预燃时间10s；曝光时间6s。

各元素分析谱线波长：C 193.0nm、Si 288.1nm、Mn 293.3nm、P 178.2nm、S 180.7nm、Cr 267.7nm（0 ~ 3.0）和298.9nm（2.8 ~ 100）、Ni 231.6nm、Mo 281.6nm、Cu 324.7nm、V 311.0nm、W 207.9nm。

内标谱线波长：Fe 273.0nm。

7.3.3　工作曲线的绘制

如果光电直读光谱仪的操作软件内有工模具钢工作曲线，则不需要做工作曲线，直接选择一个与分析样品同牌号的标准物质作为控样进行校准。校准完毕后，可直接对样品进行分析。如果样品没有合适的工作曲线分析，可选择一套与分析样品的元素含量范围比较接近的光谱分析标准物质，绘制该样品所需各元素的工作曲线。比如：采用高速工具钢标准样品（GSB H40088—1996 – 1 ~ 6）绘制工作曲线和进行质量控制。其各元素化学成分标准值见表 7-8。绘制工作曲线所需的标准样品是有证国家一级标准样品。标准化样品采用 GSB H40088—1996 -1、GSB H40088—1996 -6 高速工具钢标准样品，作为曲线的高低标校正样品。高速工具钢样品工作曲线制作过程可参照中低合金钢制作流程。工作曲线绘制完毕后，可用与分析样品同牌号的标准物质作为控样进行校准，校准完毕后可直接对样品进行分析。

表 7-8　高速工具钢标准样品各元素标准值含量　　　　　　　（%）

元素 \\ 编号	40088/1	40088/2	40088/3	40088/4	40088/5	40088/6
Si	0.065	0.207	0.309	0.443	0.349	0.352
P	0.0042	0.022	0.025	0.049	0.025	0.034
Ni	0.072	0.156	0.203	0.383	0.196	0.201
Mo	0.16	0.421	0.88	1.57	2.51	3.75
S	0.00431	0.022	0.026	0.024	0.036	0.034
C	0.757	0.731	0.909	0.821	1.11	1.09
Mn	0.069	0.286	0.244	0.307	0.313	0.405
Cr	2.55	2.96	3.25	3.54	3.90	4.26
V	0.154	0.44	0.84	1.23	2.03	2.77
W	18.68	15.99	14.41	11.71	9.27	6.85
Cu	0.046	0.249	0.223	0.211	0.348	0.248

7.4　高锰钢及轴承钢分析

高锰钢是一种奥氏体锰钢。其锰含量在 10% 以上。这类钢锰含量范围为 10% ~15%；碳含量一般为 0.90% ~1.50%，大部分在 1.0% 以上。高锰钢常用来制作挖掘机的铲齿、圆锥式破碎机的轧面壁和破碎壁、颚式破碎机岔板、球磨机衬板、铁路辙岔、板锤、锤头等。上述成分的高锰钢的铸态组织，通常由奥氏体、碳化物、珠光体所组成。有时，还含有少量的磷共晶。碳化物数量多时，常在晶界上呈网状出现。因此，铸态组织的高锰钢很脆，无法使用，需要进行固溶处理。国家标准 GB/T 5680—2010《奥氏体锰钢铸件》中，高锰钢的牌号有 10 个。它们分别是：ZG120Mn7Mo1、ZG110Mn13Mo1、ZG100Mn13、ZG120Mn13、ZG120Mn13Cr2、ZG120Mn13W1、ZG120Mn13Ni3、ZG90Mn14Mo1、ZG120Mn17、ZG120Mn17Cr2。上述 10 种牌号钢的锰含量为 6% ~19%，大部分情况为 11% ~14%。样品要分析的化学元素是碳、硅、锰、磷、硫、铬、钼、镍、钨，有时候还要根据需要分析钒、钛、铌、硼和稀土元素。

轴承钢是用来制造滚珠、滚柱和轴承套圈的钢，根据材料化学成分可分为：高碳铬轴承钢、无铬轴承钢、渗碳轴承钢、不锈轴承钢、中高温轴承钢、防磁轴承钢六大类。本章节主要讲高碳铬轴承钢，其国家标准是 GB/T 18254—2016《高碳铬轴承钢》。该材料碳含量为 1% 左右，铬含量为 0.5% ~1.65%。它是用来制造滚珠、滚柱和轴承套圈的钢。具有高而均匀的硬度和耐磨性，以及高的弹性极限。高碳铬轴承钢的化学成分的均匀性、非金属夹杂物的含量和分布、碳化物的分布等要求，都十分严格，是所有钢铁生产中要求最严格的钢种之一。目前，GB/T 18254—2016《高碳铬轴承钢》中共有 5 个牌号，它们分别是：G8Cr15、GCr15、GCr15SiMn、GCr15SiMo、GCr18Mo。其中 GCr15 是世界上生产量最大的轴承钢，其碳含量为 1% 左右，铬含量为 1.5% 左右。自 1901 年诞生至今 100 多年来，主要成分基本没有改变。该材料生产占世界轴承钢生产总量的 80% 以上。以至于如果没有特殊的说明，轴承钢就是指 GCr15。我国已生产高碳铬不锈轴承钢，主要钢号有9Cr18；渗碳轴承钢，主要钢号有 G20CrMo；铬轴承钢，主要钢号有 GCr15。高碳铬轴承钢样品要分析的主要元素有碳、硅、锰、铬、钼，杂质元素有铜、镍、磷、硫、钛、铝、砷、锑、铅、锡。由此可见，上述两种材料所分析的元素及其化学成分含量范围比较接近，其物理性能也比较相似，两种材料样品可在同一条工作曲线进行分析。

目前，高锰钢和高碳铬轴承钢样品没有相应的国家标准方法。该样品分析可参照美国标准方法 ASTM E2209—2013《Standard Test Method for Analysis of High Manganese Steel Using Atomic Emission Spectrometry》（原子发射光谱法分析高锰钢的标准测试方法）。高锰钢样品元素分析范围见表 7-9。

表 7-9　高锰钢样品各元素分析范围

元　素	适用范围(质量分数)/%	元　素	适用范围(质量分数)/%
Al	0.02 ~ 0.15	Mo	0.03 ~ 2.0
C	0.3 ~ 1.4	Ni	0.05 ~ 4.0
Cr	0.25 ~ 2.0	P	0.025 ~ 0.6
Mn	8.0 ~ 16.2	Si	0.25 ~ 1.5

7.4.1　样品制备

如果是熔融态样品，将样品浇铸在 $\phi 16 \sim 40$mm 的模具中。在浇铸过程中，要保证样品的厚度不低于 4mm。浇铸完毕后，立即浇水冷却。然后，从模具中取出样品。如果是块状样品，可从抽样产品或原始样品中切割制取。其尺寸大小及形状，要适应分析方法的需要。样品可采用锯切、砂轮切、剪切或冲切方法进行切割。产品标准中没有明确规定且样品有足够的厚度时，可在产品的横截面上取样。

高锰钢样品塑性较差，不宜进行切削加工。可采用磨削加工法制样。所用制样设备为光谱专用磨样机。由于该样品耐磨性适中，可采用研磨材质的粒度直径为 0.4 ~ 0.8mm 的砂轮进行磨削。对于小件样品，在氩气气氛条件下，采用浇铸熔融法来制样。如果用铣床进行铣削，则采用硬质合金刀具。在铣削过程中，乳化液为冷却剂，以防止样品发热。

7.4.2　仪器及其工作条件

分析仪器：TY-9000 全谱型直读光谱仪（无锡市金义博仪器科技有限公司）。

环境条件：温度 25℃，相对湿度 40% ~ 65%，电源有良好的接地，周围无强磁场，无大功率用电设备，无振动，室内无腐蚀性气体，避免强光，避免灰尘。

仪器真空系统：连续抽真空，真空度 <3Pa。

电极：钨电极（6mm），顶角 90°；分析间隙 3.4mm。

分析条件：氩气流量 10L/min；冲洗时间 2s；预燃时间 6s；曝光时间 10s。

分析谱线波长：C 193.0nm、Si 288.1nm、P 178.2nm、S 180.7nm、Mn 263.8nm（3.8 ~ 100）、Cr 267.7nm、Ni 231.6nm、Cu 324.7nm、Mo 281.6nm。

内标谱线波长：Fe 273.0nm。

7.4.3　工作曲线的绘制

如果光电直读光谱仪的操作软件内有高锰钢工作曲线，则不需要做工作曲线。直接选择一个与分析样品同牌号的标准物质作为控样进行校准。校准完毕后，可直接对样品进行分析。如果样品没有合适的工作曲线分析，可选择一套与分析样品的元素含量范围比较接近的光谱分析标准物质，绘制该样品所需各元素的工作曲线。比如：采用高锰钢光谱分析标准物质（GBW01642 ~ GBW01647）绘制工作曲线和进行质量控制。其各元素化学成分标准值见表7-10。绘制工作曲线所需的标准样品是有证国家一级标准物质。标准化样品采用 GBW01642、GBW01645、GBW01647 三块高锰钢标准物质作为曲线的高低标校正样品。高锰钢样品工作曲线制作过程可参照中低合金钢制作流程。工作曲线绘制完毕后，可用与分析样品同牌号的标准物质作为控样进行校准。校准完毕后，可直接对样品进行分析。

表 7-10　高锰钢光谱分析标准物质各元素含量　　　　　　（%）

元素　　　　　　　编号	GBW01642	GBW01643	GBW01644	GBW01645	GBW01646	GBW01647
C	1.96	1.61	1.16	1.06	0.750	2.38
Si	0.348	0.652	1.16	1.47	1.01	1.69
Mn	22.96	10.66	16.75	15.04	12.20	5.36
P	0.188	0.052	0.077	0.044	0.118	0.029
S	0.0063	0.054	0.055	0.059	0.037	0.108
Cr	3.01	0.467	0.257	1.45	0.680	0.084
Ni	0.045	0.328	0.152	1.66	0.838	3.43
Cu	0.025	0.221	0.143	0.089	0.449	0.474
Mo	—	0.118	0.589	0.881	0.302	1.51

7.5　生铁及其铸铁分析

在光电直读光谱法中，生铁样品有关的行业标准有 SN/T 2489—2010《生铁中铬、锰、磷、硅的测定　光电发射光谱法》。该标准规定了光电发射光谱法同时测定生铁中铬、锰、磷、硅含量的方法。该标准适用于生铁中铬、锰、磷、硅含量的测定，测定范围见表7-11。

表 7-11　生铁中各元素化学成分测定范围

元　素	元素测定范围(质量分数)/%	元　素	元素测定范围(质量分数)/%
Cr	0.008 ~ 9.0	Mn	0.002 ~ 2.0
P	0.002 ~ 1.0	Si	0.2 ~ 3.5

铸铁样品有关的国家标准有 GB/T 24234—2009《铸铁　多元素含量的测定　火花放

电原子发射光谱法（常规法）》。该标准规定了白口铸铁样品测定碳、硅、锰、磷、硫、铬、镍、钼、铝、铜、钨、钛、铌、钒、硼、砷、锡、镁、镧、铈、锑、锌和锆含量的方法。各元素的测定范围见表7-12。

表7-12 铸铁各元素化学成分测定范围

元　素	适用范围(质量分数)/%	元　素	适用范围(质量分数)/%
C	2.0 ~ 4.5	Nb	0.02 ~ 0.70
Si	0.45 ~ 4.00	V	0.01 ~ 0.60
Mn	0.06 ~ 2.00	B	0.005 ~ 0.200
P	0.03 ~ 0.80	As	0.01 ~ 0.09
S	0.005 ~ 0.20	Sn	0.01 ~ 0.40
Cr	0.03 ~ 2.90	Mg	0.005 ~ 0.100
Ni	0.05 ~ 1.50	La	0.01 ~ 0.03
Mo	0.01 ~ 1.50	Ce	0.01 ~ 0.10
Al	0.01 ~ 0.40	Sb	0.01 ~ 0.15
Cu	0.03 ~ 2.00	Zn	0.01 ~ 0.035
W	0.01 ~ 0.70	Zr	0.01 ~ 0.05
Ti	0.01 ~ 1.00		

上述两个标准方法适宜白口化后的铸铁及生铁样品的分析。

在日常生产中，生铁和铸铁样品就是碳含量大于2.0%的铁碳合金。在铁基金属材料中，属于高碳多元合金，碳含量在2% ~ 4%之间。在铸铁中，碳的存在状态有三种：以石墨晶体单质形式单独存在、与铁形成二元或多元化合物以化合状态存在、溶入 α-Fe 或 γ-Fe 中以固溶状态存在。在铸铁中，由于石墨晶体单质形式存在比例较大，而且其状态为游离态，碳在铸铁组织中分布是不均匀的。而火花源发射光谱法要求样品表面层的碳以碳化物的状态存在，不能有游离石墨。因此，铸铁不经过白口化处理，不能直接进行分析。

那什么叫白口化呢？白口化是铸铁金相检测术语。在快速冷却下，铸铁中的碳元素均以渗碳体（Fe_3C 碳化物）形式存在于组织，其断口成亮白色，故称为白口组织。显而易见，铸铁经过白口化处理后，其碳元素以碳化物（Fe_3C）形式存在于组织，无石墨碳，而碳元素在白口组织中分布较均匀，无偏析现象，符合火花源发射光谱法样品要求。那怎么才能保证铸铁样品的白口化呢？在这里分析人员必须了解白口化产生的过程，它是铸铁快速冷却下的产物。因此，对铸铁样品白口化，首先要保证浇铸试样的温度要高。只有温度越高，其温度差就越大，在高温下铸铁以石墨为核心的夹杂物才会越少。在中频感应熔炼电炉中，铸铁低温浇铸温度为1250℃，高温出铁水温度为1450℃。因此，浇铸温度应该在1450℃左右。其次要保证浇铸物快速冷却。也就是浇铸试样的冷却速度，也就是将浇铸试样放到水中，以快速冷却。为了白口化更彻底，还应该注意试样的厚度不能太厚。其模具可采用散热效果较好的铜模浇铸。下面以铸铁样品分析过程举例说明，其样品分析过程如下。

7.5.1　样品制备

分析样品可以从熔体中取出，也可以从铸锭或加工件上取得。在取样过程中，样品应满足具有代表性、各化学成分均匀、无气孔、无夹杂、无裂纹，试样表面应清洁无氧化、光洁平整，可完全覆盖仪器的激发孔。从熔融状态取样时，用预热过的铸铁模或钢模浇铸成型，分析易挥发的元素时，应采用坩埚，直接从熔体中取样。从铸锭或加工件上取样时，应从具有代表性的部位取样。若有偏析现象时，可将试样重新熔融浇铸。但必须掌握熔铸条件，避免重熔损失和污染。分析样品应保证为白口化铸铁，且均匀、无物理缺陷。现场取铁水样品时，应按国家标准 GB/T 20066—2006 中的规定，将铁水注入特殊的模具中，以制取白口化的样品。铸件样品经破坏成小块样品，放入高温设备（马弗炉、电弧熔融炉、熔样机）中熔融后，摇匀倒入铜模中，用水冷激后即可。样品从模具中取出后，采用砂轮机、砂纸磨盘或砂带研磨机研磨。研磨材质的粒度直径应选用 0.4～0.8mm，或采用铣床处理样品，并保证样品表面平整、洁净。标准样品和分析样品，应在同一条件下研磨，不得过热。

7.5.2　仪器工作条件

分析仪器：W6 型全谱直读光谱仪。

环境条件：温度 25℃，湿度 40%～65%，电源有良好的接地，周围无强磁场，无大功率用电设备，无振动，室内无腐蚀性气体，避免强光，避免灰尘。

分析条件：氩气流量 10L/min；冲洗时间 10s；预燃时间 12s；曝光时间 6s。

真空系统：连续抽真空，真空度 <3Pa。

氩气：液氩，纯度≥99.9995%；分析流量 5.0L/min，输入氩气压力为 0.5MPa。

电极：钨电极（6mm），顶角 90°；分析间隙 3.4mm。

元素分析线波长：C 193.0nm、S 180.7nm、P 178.2nm、Si 251.6nm、Mn 293.3nm、Cr 267.7nm、Ni 231.6nm、Mo 281.6nm、V 324.7nm、Cu 324.7nm、Ti 337.2nm、Nb 319.4nm、B 182.6nm。

内标谱线波长：Fe 271.4nm。

7.5.3　仪器状态检查和确认

从仪器及其配套设备上可以看到：氩气表上压力为 0.5MPa，氩气瓶上合格证上的氩气纯度为 99.9995%；从仪器的流量表上可以观察到：主氩气流量为 6L/min，辅助氩气流量为 1.5L/min；从仪器操作软件上可以看到：仪器内温度显示为 34.21℃，真空度：2.9Pa。以上数据全部符合要求，可以上机分析。

7.5.4　工作曲线的绘制

如果光电直读光谱仪的操作软件内有铸铁工作曲线，则不需要做工作曲线。直接选择一个与分析样品同牌号的标准物质作为控样进行校准。校准完毕后，可直接对样品进行分析。如果样品没有合适的工作曲线分析，可选择一套与分析样品的元素含量范围比较接近的光谱分析标准物质，绘制该样品所需各元素的工作曲线。比如：采用白口铸铁光谱分析标准物质［GBW(E)010032～GBW(E)010038］套标绘制工作曲线和进行质量控制。其各元素化学成分标准值见表7-13。绘制工作曲线所需的标准样品是有证国家二级标准物质。标准化样品采用 GBW(E)010032、GBW(E)010033、GBW(E)010034、GBW(E)010037 等4块白口铸铁标准物质作为曲线的高低标校正样品。白口铸铁样品工作曲线制作过程可参照中低合金钢制作流程。工作曲线的绘制，在所选定的工作条件下，激发一系列标准样品，每个样品至少激发3次，以每个待测元素相对强度的平均值，对标准样品中该元素与内标元素的浓度比，绘制校准曲线。如有必要，应进行基体校正和干扰元素校正。采用标准曲线法计算分析元素的含量。为了保证分析结果的可靠性，待测元素含量应在校准曲线所用的一系列标准样品的含量范围内。

表7-13 白口铸铁光谱分析标准物质各元素含量值 (%)

元素 ＼ 编号	010032	010033	010034	010035	010036	010037	010038
C	3.66	2.25	1.92	2.52	2.74	2.15	3.21
S	0.168	0.026	0.032	0.024	0.066	0.022	0.158
P	0.170	0.063	0.099	0.073	0.50	0.078	0.448
Si	0.438	2.08	2.80	1.22	0.932	2.12	0.495
Mn	0.825	0.46	0.922	0.372	1.22	1.31	0.43
Cr	0.070	1.44	0.449	0.90	0.197	1.18	0.081
Ni	0.095	0.116	0.193	0.95	0.32	0.087	0.70
Mo	0.12	0.23	0.51	0.34	0.75	0.14	0.57
V	0.020	0.278	0.598	0.132	0.065	0.501	0.029
Cu	1.61	0.40	0.24	0.73	0.94	0.29	1.21
Ti	0.107	0.051	0.036	0.018	0.266	0.019	0.116
Nb	0.286	0.67	0.125	0.038	0.064	0.055	0.160
B	0.017	0.091	0.063	0.099	0.042	0.021	0.066

工作曲线绘制完毕后，可用与分析样品同牌号的标准物质作为控样进行校准。校准完毕后，可直接对样品进行分析。控制样品是与分析样品有相似的冶金加工过程和化学成分，用于对分析样品测定结果进行校正的样品。应定期用标准化样品对仪器进行校准。校准的时间间隔取决于仪器的稳定性。校准完毕后，可直接对样品进行分析。

7.5.5 重复性限 (r) 和再现性限 (R) 计算

GB/T 24234—2009《铸铁 多元素含量的测定 火花放电原子发射光谱法（常规法）》，对重复性限 (r) 和再现性限 (R) 描述如下：

重复性限 (r)、再现性限 (R)，按国家标准 GB/T 24234—2009 中给出的方程求得。在重复性条件下，获得的两次独立测试结果的绝对差值不大于重复性限 (r)，以大于重复性限 (r) 的情况不超过5%为前提。在再现性条件下，获得的两次独立测试结果的绝对差值不大于再现性限 (R)，以大于再现性限 (R) 的情况不超过5%为前提。

重复性判断是指在仪器正常状态，任选择一个样品在同一台仪器进行分析两次，其结果见表7-14。根据标准方法 GB/T 24234—2009 提供的公式来计算各分析元素的重复性限 (r)，并判断其重复性，其计算结果见表7-15。

表 7-14　铸铁样品各元素分析结果（同一实验室，$n = 2$）　　　　（%）

项目 \ 元素	C	Si	Mn	P	S	Cr	Ni	Ti	B	Mo
均值	3.406	1.344	0.705	0.115	0.113	0.474	0.064	0.023	0.036	0.448
1	3.382	1.340	0.701	0.112	0.116	0.477	0.063	0.024	0.035	0.451
2	3.430	1.348	0.709	0.118	0.110	0.471	0.065	0.022	0.037	0.445

表 7-15　铸铁样品重复性限（r）

元素	水平范围/%	重复性限（r）/%	测定值极差/%	与重复性限相比较
C	2.0 ~ 4.5	$r = 0.00181 + 0.02271m = 0.079$	0.048	小于
Si	0.45 ~ 4.0	$r = 0.001617 + 0.01611m = 0.023$	0.008	小于
Mn	0.06 ~ 2.0	$r = 0.003325 + 0.01922m = 0.017$	0.006	小于
P	0.03 ~ 0.8	$r = -0.000142 + 0.05636m = 0.007$	0.006	小于
S	0.005 ~ 0.2	$r = 0.001217 + 0.184319m = 0.022$	0.006	小于
Cr	0.03 ~ 2.9	$r = 0.001659 + 0.01210m = 0.007$	0.006	小于
Ni	0.05 ~ 1.5	$r = 0.001168 + 0.009458m = 0.002$	0.002	等于
Mo	0.01 ~ 1.5	$r = 0.000596 + 0.02393m = 0.012$	0.004	小于
Ti	0.01 ~ 1.0	$r = 0.00069797 + 0.05459m = 0.002$	0.002	等于
B	0.005 ~ 0.2	$r = 0.001123 + 0.04682m = 0.003$	0.002	小于

注：m 是两个测定值的平均值（质量分数）。按表列的方程求得重复性限（r）、再现性限（R）。

再现性判断是指在仪器正常状态，同一样品在两个不同的实验室或两台仪器上进行分析，其分析结果见表 7-16。根据标准方法 GB/T 24234—2009 提供的公式来计算各分析元素的再现性限（R），并判断其再现性，其计算结果见表 7-17。

表 7-16　铸铁样品各元素分析结果（不同实验室，$n = 2$）　　　　（%）

项目 \ 元素	C	Si	Mn	P	S	Cr	Ni	Ti	B	Mo
均值	3.411	1.351	0.710	0.121	0.119	0.469	0.066	0.022	0.037	0.445
实验室 1	3.406	1.344	0.705	0.115	0.113	0.474	0.064	0.023	0.036	0.448
实验室 2	3.416	1.358	0.715	0.127	0.125	0.464	0.068	0.021	0.038	0.442

表 7-17　铸铁样品再现性限（R）

元素	水平范围/%	再现性限（R）/%	测定值极差/%	与再现性限相比较
C	2.0 ~ 4.5	$R = 0.02407 + 0.06028m = 0.230$	0.010	小于
Si	0.45 ~ 4.0	$\lg R = -0.9943 + 0.5296\lg m = -0.9251$ $R = 0.119$	0.014	小于
Mn	0.06 ~ 2.0	$\lg R = -1.2352 + 0.5472\lg m = -1.3166$ $R = 0.048$	0.010	小于
P	0.03 ~ 0.8	$\lg R = -0.9065 + 0.59595\lg m = -1.4531$ $R = 0.035$	0.012	小于

元素	水平范围/%	再现性限（R）/%	测定值极差/%	与再现性限相比较
S	0.005 ~ 0.2	$\lg R = -0.6674 + 0.7858 \lg m = -1.3938$ $R = 0.040$	0.012	小于
Cr	0.03 ~ 2.9	$\lg R = -1.08965 + 0.9683 \lg m = -1.4081$ $R = 0.039$	0.010	小于
Ni	0.05 ~ 1.5	$R = 0.003577 + 0.06818 m = 0.008$	0.004	小于
Mo	0.01 ~ 1.5	$R = 0.0075997 + 0.1273 m = 0.064$	0.006	小于
Ti	0.01 ~ 1.0	$R = 0.002388 + 0.1211 m = 0.005$	0.002	小于
B	0.005 ~ 0.2	$R = 0.001508 + 0.07718 m = 0.004$	0.002	小于

注：m 是两个测定值的平均值（质量分数）。

7.6 铬镍不锈钢分析

铬镍不锈钢是一种高合金钢。它是由铬、镍两元素相配合组成不锈钢，是一种较好的奥氏体不锈钢。除了基体元素铁以外，含铬18%左右，含镍9%左右，还有少量钼、钛、氮等元素。综合性能好，可耐多种介质腐蚀。奥氏体不锈钢的常用牌号有1Cr18Ni9、0Cr19Ni9等。0Cr19Ni9中，碳含量小于0.08%，钢号标记为"0"。这类钢中含有大量的Cr和Ni，使钢在室温下呈奥氏体状态。这类钢具有良好的塑性、韧性、焊接性、耐蚀性能和无磁或弱磁性。在氧化性和还原性介质中耐蚀性均较好，用来制作耐酸设备。如耐蚀容器及设备衬里、输送管道、耐硝酸的设备零件等。另外，还可用作不锈钢钟表饰品的主体材料。一般采用固溶处理奥氏体不锈钢。即将钢加热至1050~1150℃。然后，水冷或风冷，以获得单相奥氏体组织。

在光电直读光谱法中，与不锈钢有关的标准有GB/T 11170—2008《不锈钢 多元素含量的测定 火花放电原子发射光谱法（常规法)》。该标准方法用火花放电原子发射光谱法测定不锈钢中碳、硅、锰、磷、硫、铬、镍、钼、铝、铜、钨、钛、铌、钒、钴、硼、砷、锡、铅含量。各元素测定范围见表7-18。

表7-18 不锈钢样品各元素测定范围

元 素	适用范围(质量分数)/%	元 素	适用范围(质量分数)/%
C	0.01 ~ 0.30	W	0.03 ~ 0.80
Si	0.10 ~ 2.00	Ti	0.03 ~ 1.10
Mn	0.10 ~ 11.00	Nb	0.03 ~ 2.50
P	0.004 ~ 0.050	V	0.04 ~ 0.50
S	0.005 ~ 0.050	Co	0.01 ~ 0.50
Cr	7.00 ~ 28.00	B	0.002 ~ 0.020
Ni	0.10 ~ 24.00	As	0.002 ~ 0.030
Mo	0.05 ~ 3.50	Sn	0.005 ~ 0.055
Al	0.02 ~ 2.00	Pb	0.005 ~ 0.020
Cu	0.04 ~ 6.00		

下面以铬镍不锈钢样品分析过程举例说明，其样品分析过程如下。

7.6.1 试样要求

分析时，采用块状试样直接测定。因此，分析样品与一般钢铁分析要求一样，推荐厚度不小于 3mm，无物理缺陷。应保证均匀、无缩孔和裂纹，取样应有代表性。按照 GB/T 20066—2006 中的要求进行取样。通常要求，分析样品的直径大于 16mm，厚度大于 2mm，并保证样品表面平整、洁净。研磨设备可采用砂轮机、砂纸磨盘或砂带研磨机，亦可采用铣床等加工。选择不同的研磨材料，可能对相关的痕量元素检测带来影响。应在同一条件下研磨标准样品和分析样品，不能出现过热，以免样品的组织结构发生变化，影响分析结果的准确性。对于小件样品，也可采用冷压法增大分析面积。

7.6.2 仪器工作条件

分析仪器：TY-9000 全谱型直读光谱仪。

环境条件：温度 25℃，相对湿度 40% ~ 65%，电源有良好的接地，周围无强磁场，无大功率用电设备，无振动，室内无腐蚀性气体，避免强光，避免灰尘。

真空系统：连续抽真空，真空度 <3Pa。

氩气：液氩，纯度 ≥99.9995%。

分析流量 5.0L/min，输入氩气压力为 0.5MPa。

电极：钨电极（6mm），顶角 90°；分析间隙 3.4mm。

分析条件：冲洗时间 10s；预燃时间 8s；曝光时间 6s。

元素分析线波长：C 193.0nm、Si 288.1nm、Mn 293.3nm、P 178.2nm、S 180.7nm、Cu 324.7nm、Cr 298.9nm、Ni1 231.6nm、Ni2 243.7nm、V 311.0nm、Al 394.4nm、Mo 281.6nm、Ti 337.2nm、Nb 319.4nm、Co 258.0nm、As 189.9nm、Sn 317.5nm。

内标元素波长：Fe 271.4nm。

7.6.3 仪器状态检查和确认

（1）氩气压力：0.5MPa，氩气纯度：99.9995%。

（2）分析流量：主氩气 5L/min，辅助氩气 1.5L/min。

（3）仪器温度：34.04℃，真空度 2.8Pa。

结论：仪器现在的状态满足分析样品的要求。

7.6.4 工作曲线的制作

如果光电直读光谱仪的操作软件内有 CrNi 不锈钢工作曲线，则不需要做工作曲线。直接选择一个与分析样品同牌号的标准物质作为控样进行校准。校准完毕后，可直接对样品进行分析。如果样品没有合适的工作曲线，可选择一套与分析样品的元素含量范围比较接近的光谱分析标准物质，绘制该样品所需各元素的工作曲线。比如：采用不锈钢系列光谱标准样品（GSB03-2028—2006/1 ~ GSB03-2028—2006/6）套标，以绘制工作曲线和进行质量控制。其各元素化学成分标准值见表 7-19。绘制工作曲线所需的标准样品是有证国家一级标准样品。标准化样品采用 GSB03-2028—2006/1、GSB03-2028—2006/2、

GSB03-2028—2006/5、GSB03-2028—2006/6 等 4 块不锈钢标准物质作为曲线的高低标校正样品。不锈钢样品工作曲线制作过程可参照中低合金钢制作流程。工作曲线的绘制：在所选定的工作条件下，激发一系列标准样品，每个样品至少激发 3 次，以每个待测元素相对强度的平均值对标准样品中该元素与内标元素的浓度比绘制校准曲线。如有必要，应进行基体校正和干扰元素校正。采用标准曲线法计算分析元素的含量。为了保证分析结果的可靠性，待测元素含量应在校准曲线所用的一系列标准样品的含量范围内。

表 7-19　不锈钢系列光谱标准样品各元素化学成分含量标准值　　　　　　　（%）

编号 元素	-1 号	-2 号	-3 号	-4 号	-5 号	-6 号
Si	1.99	0.148	0.532	0.928	0.103	1.39
P	0.0043	0.043	0.015	0.028	0.054	0.014
Ni	24.28	4.16	7.66	12.25	15.92	19.90
S	0.0056	0.016	0.018	0.022	0.027	0.048
C	0.303	0.093	0.055	0.022	0.020	0.195
Mn	2.53	0.737	0.867	1.63	0.127	1.96
Cr	28.24	24.10	20.22	18.37	15.37	11.59
Ti	0.048	0.139	0.432	0.108	0.553	0.704
Mo	0.522	1.01	0.089	2.22	0.306	3.22

工作曲线绘制完毕后，可用与分析样品同牌号的标准样品作为控样进行校准。校准完毕后，可直接对样品进行分析。控制样品与分析样品冶金加工过程和化学成分相近似。用于对分析样品的测定结果进行校正。应定期用标准化样品进行校准。校准的时间间隔取决于仪器的稳定性。

7.6.5　重复性限（r）和再现性限（R）计算

国家标准 GB/T 11170—2008《不锈钢　多元素含量的测定　火花放电原子发射光谱法（常规法）》中，对重复性限（r）和再现性限（R）描述如下：

重复性限（r）、再现性限（R），按 GB/T 11170—2008 中给出的方程求得。在重复性条件下，获得的两次独立测试结果的绝对差值不大于重复性限（r），以大于重复性限（r）的情况不超过 5% 为前提；在再现性条件下，获得的两次独立测试结果的绝对差值不大于再现性限（R），以大于再现性限（R）的情况不超过 5% 为前提。

重复性判断是指在仪器正常状态下，任意选择一个样品在同一台仪器进行分析两次，其结果见表 7-20。根据 GB/T 11170—2008 提供的公式计算各分析元素的重复性限（r），并判断其重复性，其计算结果见表 7-21。

表 7-20　铬镍不锈钢样品各元素分析结果（同一实验室，$n=2$）　　　　　（%）

元素 项目	C	Si	Mn	P	S	Cr	Ni	Ti	Mo
均值	0.055	0.500	1.417	0.027	0.017	17.79	9.10	0.010	1.902
1	0.057	0.495	1.424	0.026	0.016	17.68	9.05	0.010	1.915
2	0.053	0.505	1.410	0.028	0.018	17.90	9.15	0.010	1.889

表 7-21　铬镍不锈钢样品的重复性限（r）

元素	水平范围/%	重复性限（r）/%	测定值极差/%	与重复性限相比较
C	0.01 ~ 0.30	$r = 0.0009 + 0.09933m = 0.006$	0.004	小于
Si	0.10 ~ 2.00	$r = 0.0084 + 0.01942m = 0.018$	0.010	小于
Mn	0.10 ~ 11.00	$\lg r = -1.6525 + 0.8129\lg m = -1.5295$ $r = 0.030$	0.014	小于
P	0.004 ~ 0.050	$r = 0.0019 + 0.04734m = 0.003$	0.002	小于
S	0.005 ~ 0.050	$r = 0.0016 + 0.1110m = 0.003$	0.002	小于
Cr	7.00 ~ 28.00	$\lg r = -1.5272 + 0.7370\lg m = -0.6058$ $r = 0.25$	0.22	小于
Ni	0.10 ~ 24.00	$\lg r = -1.5874 + 0.7186\lg m = -0.8982$ $r = 0.13$	0.10	小于
Mo	0.06 ~ 4.00	$r = 0.0008 + 0.02179m = 0.042$	0.026	小于
Ti	0.03 ~ 1.10	$\lg r = -1.2707 + 0.9091\lg m = -3.0889$ $r = 0.001$	0.000	小于

注：m 是两个测定值的平均值（质量分数）。

　　再现性判断是指在仪器正常状态下，同一样品在两个不同的实验室，或两台仪器上进行分析，其分析结果见表 7-22。根据 GB/T 11170—2008 提供的公式来计算各分析元素的再现性限（R），并判断其再现性，其计算结果见表 7-23。

表 7-22　铬镍不锈钢样品各元素分析结果（不同实验室，n = 2）　　　　　（%）

元素 项目	C	Si	Mn	P	S	Cr	Ni	Ti	Mo
均值	0.057	0.495	1.410	0.025	0.016	17.71	9.04	0.011	1.907
实验室 1	0.055	0.500	1.417	0.027	0.017	17.79	9.10	0.010	1.902
实验室 2	0.059	0.490	1.403	0.023	0.015	17.63	8.98	0.012	1.912

表 7-23　铬镍不锈钢样品各元素再现性限（R）

元素	水平范围/%	再现性限（R）/%	测定值极差/%	与再现性限相比较
C	0.01 ~ 0.30	$R = 0.0069 + 0.1650m = 0.016$	0.004	小于
Si	0.10 ~ 2.00	$R = 0.0378 + 0.005225m = 0.040$	0.010	小于
Mn	0.10 ~ 11.00	$\lg R = -1.3518 + 0.5924\lg m = -1.2634$ $R = 0.055$	0.014	小于
P	0.004 ~ 0.050	$R = 0.0027 + 0.06679m = 0.004$	0.004	等于
S	0.005 ~ 0.050	$R = 0.0015 + 0.1434m = 0.004$	0.002	小于
Cr	7.00 ~ 28.00	$\lg R = -1.0866 + 0.5140\lg m = -0.4450$ $R = 0.36$	0.16	小于

元素	水平范围/%	再现性限（R）/%	测定值极差/%	与再现性限相比较
Ni	0.10 ~ 24.00	$\lg R = -1.1448 + 0.5574\lg m = -0.6118$ $R = 0.24$	0.12	小于
Mo	0.06 ~ 4.00	$R = 0.0119 + 0.02512m = 0.060$	0.010	小于
Ti	0.03 ~ 1.10	$\lg R = -1.1874 + 0.8141\lg m = -2.7819$ $R = 0.002$	0.002	等于

注：m 是两个测定值的平均值（质量分数）。

8 铜及铜合金材料分析

8.1 铜及铜合金材料分类

铜是人类最早使用的金属，同时也是与人类关系非常密切的有色金属。在自然界中，铜既以矿石的形式存在，也同时以纯金属的形式存在。其应用以纯铜为主，铜及铜合金广泛地应用于电气、轻工、机械制造、建筑工业、国防工业等领域，在有色金属材料的消费中，仅次于铝。铜是一种紫红色金属，同时也是一种绿色金属。说它是绿色金属，主要是因为它熔点较低，易再熔化、再冶炼，因而易回收利用。按合金系可分为非合金铜、合金铜。非合金铜包括高纯铜、韧铜、脱氧铜、无氧铜等。其他则属于合金铜。按材料形成方法可分为铸造铜合金、变形铜合金。

在工业生产中，纯铜的外观颜色呈紫红色，又叫紫铜或红铜，其密度为 $8.96g/cm^3$，熔点为 1083℃。具有优良的导电性、导热性、延展性和耐蚀性。纯铜材料的主要成分为：铜 + 银，含量为 99.5% ~ 99.95%。主要杂质元素：磷、铋、锑、砷、铁、镍、铅、锡、硫、锌、氧等。常见牌号：T2（纯铜）、T3（纯铜）、TP1（磷脱氧铜）和 TU1（脱氧铜）。脱氧铜又可分为：普通脱氧铜、银脱氧铜、锆脱氧铜、弥散脱氧铜。另外，为了改变材料特性，在纯铜中添加少量砷、碲、银、硫、锆等元素，形成特种铜。常见的特种铜有：砷铜、碲铜、银铜、硫铜、锆铜。纯铜材料主要用于制作发电机、母线、电缆、开关装置、变压器等电工器材，以及热交换器管道、太阳能加热装置的平板集热器等导热器材。

铜合金是指以铜为基体元素加入一定量其他元素组成的合金。铜合金强度中等，易于加工，较耐疲劳，色泽美观，并具有良好的电导性、热导性和耐蚀性，是重有色金属材料中的一个重要分支。常见的铜合金可分为：高铜合金、黄铜、青铜、白铜等四大类。

高铜合金可分为：加工高铜合金、铸造高铜合金。加工高铜合金是指以铜为基体金属，在铜中加入一种或几种微量元素，以获得某些预定特性的合金。铜含量在 96.0% ~ 99.3% 范围内，主要用于冷、热压力加工生产。该类合金中，常加入的元素有：镉、铍、镍、铬、镁、铅、铁、钛。铸造高铜合金是指以铜为基体金属，铜含量大于 94%，用于铸造加工。为了获得某种特殊的性能，有时还添加银元素（GB/T 29091—2012《铜及铜合金牌号和代号表示方法》）。

黄铜是由铜和锌所组成的二元合金，可分为：普通黄铜、特殊黄铜。只是由铜、锌组成的黄铜，叫普通黄铜。常见牌号有：H59、H62。黄铜可分为铸造和压力加工两类产品，常被用于制造阀门、水管、空调内外机连接管和散热器等。为了改善普通黄铜的性能，常添加其他元素，如铝、镍、锰、锡、硅、铅等。即在普通黄铜中，添加上述一种或多个元素组成的多元合金，称为特殊黄铜。在特殊黄铜中，铝能提高黄铜的强度、硬度和耐蚀性，但使塑性降低，适合作海轮冷凝管及其他耐蚀零件。锡能提高黄铜的强度和对海水的耐腐性，故称其为海军黄铜，主要用作船舶热工设备和螺旋桨等。铅能改善黄铜的切削性能，这种易切削黄铜常用作钟表零件。黄铜铸件常用来制作阀门和管道配件等。常见的牌号有：铅黄铜（常见牌号为HPb59-1）、锰黄铜（常见牌号为HMn58-2）、铝黄铜（常见牌号为HAl60-1-1）。其代号表示为：H（"黄"字的拼音"Huang"首位字母大写）+主加元素符号（除锌外）+铜的质量分数+主加元素质量分数+其他元素质量分数。比如"HPb59-1"，表示铜的质量分数为59%，含主加元素铅的质量分数为1%，余量为锌的铅黄铜。特殊黄铜又叫特种黄铜，它强度高、硬度大、耐化学腐蚀性强，切削加工的力学性能也较突出。黄铜有较强的耐磨性能。由黄铜所拉成的无缝铜管，质软、耐磨性能强。黄铜无缝管可用于热交换器、冷凝器、低温管路、海底运输管。用于制造板料、条材、棒材、管材、铸造零件等。含铜62%~68%时，塑性强，用于制造耐压设备等。

青铜是我国使用最早的合金，至今已有三千多年的历史。青铜就是在纯铜（紫铜）中，分别加入锡、铅、铝、磷、铍、锰、铬、镉、锆、钛等元素组成的合金总称。锡青铜，以锡为主要合金元素的青铜，锡含量一般在3%~14%之间。其铸造性能、减摩性能、力学性能良好，主要用于制造轴承、蜗轮、齿轮、板材等。变形锡青铜的锡含量不超过8%，有时还添加磷、铅、锌等元素。磷是良好的脱氧剂，还能改善流动性和耐磨性。常见牌号有：QSn4-0.3、QSn6.5-0.1。铅青铜具有良好的自润滑性能，易切削，铸造性能差，易产生偏析。主要用于要求高滑动速度的双金属轴瓦、减摩零件等。它是现代发动机和磨床广泛使用的轴承材料。铝青铜强度高，耐磨性和耐蚀性好，用于铸造高载荷的齿轮、轴套、船用螺旋桨等。磷青铜的弹性极限高，导电性好，适于制造精密弹簧和电接触元件。铍青铜还用来制造煤矿、油库等使用的无火花工具。铍青铜是一种过饱和固溶体铜基合金。其力学性能、物理性能、化学性能、抗蚀性能良好，抗弯强度≥667MPa。

白铜，又叫铜镍合金，是以镍为主要添加元素的铜合金。可分为：普通白铜、特殊白铜。工业用白铜可分为：结构白铜、电工白铜。铜镍二元合金（即二元白铜）称为普通白铜。在普通白铜中，字母B表示镍的含量，比如B5表示镍含量约为5%，其余为铜含量。常见牌号有：B5、B19。添加了锰、铁、锌、铝等元素的白铜合金称复杂白铜（即三元以上的白铜）。包括铁白铜、锰白铜、锌白铜、铝白铜等。在复杂白铜中，第二个主要元素符号及铜含量以外的成分数字组，表示各种元素的含量。如BMn3-12，表示镍和钴含量约为3%，锰含量约为12%。复杂白铜有4个牌号，详细情况如下：

（1）铁白铜。常见牌号有：BFe10-1-1、BFe30-1-1。

（2）锰白铜。常见牌号有：BMn3-12、BMn4.0-1.5。

（3）锌白铜。常用牌号有：BZn18-17、BZn15-20。

（4）铝白铜。常用牌号有：BAl13-3、BAl6-1.5。

在光电直读光谱法中，与铜及铜合金有关的行业标准方法有 YS/T 482—2005《铜及铜合金分析方法 光电发射光谱法》。该标准方法规定了用光电发射光谱法分析铜及铜合金中合金元素及杂质元素。铜及铜合金样品各元素测定范围见表8-1。

表 8-1　铜及铜合金样品各元素测定范围

元　素	测定范围/%	元　素	测定范围/%
Pb	0.0005 ~ 5.00	Si	0.0005 ~ 6.00
Fe	0.0005 ~ 8.00	Cr	0.0002 ~ 1.50
Bi	0.0002 ~ 0.10	Al	0.0005 ~ 15.00
Sb	0.0004 ~ 0.50	Ag	0.0005 ~ 0.20
As	0.0005 ~ 0.20	Zr	0.0005 ~ 1.00
Sn	0.0005 ~ 15.00	Mg	0.0010 ~ 0.50
Ni	0.0005 ~ 30.00	Te	0.0005 ~ 0.15
Zn	0.0005 ~ 35.00	Se	0.0005 ~ 0.10
P	0.0005 ~ 0.50	Co	0.0005 ~ 1.00
S	0.0005 ~ 0.050	Cd	0.0005 ~ 0.10
Mn	0.0002 ~ 10.00		

8.2　样品制备及分析

铜及铜合金材料，在力学性能方面，具有良好的加工性能，塑性好，容易冷热成形等特点，适合于机械加工。在光电直读光谱法分析中，采用车削加工方式进行制样。铜及铜合金样品的取样与制样，按照 YS/T 668—2008《铜及铜合金理化检测取样方法》的规定执行。

铜及铜合金样品分析包括熔炼分析和成品分析。取样时，应在铜液或铜材具有代表性的部位进行。在取样过程中，分析用的样品应具有代表性、均匀性、无气孔、无夹杂、无裂纹。试样表面应清洁无氧化、光洁平整，能充分代表每一熔次或批次成分，并应具有足够的量，以满足分析项目的要求。在取样之前，样品应干净，无锈皮、污垢和其他杂物。如有污物，可先用丙酮清洗，再用酒精漂洗，然后晾干。锈皮类污垢，可采用切削加工或者化学法去除。试样可以从熔体中取得，也可以从铸锭或加工件上取得。从熔融状态取样时，用预热过的铸铁模或钢模浇铸成型。分析易挥发元素时，应采用坩埚直接从熔体中取样；从铸锭或加工件上取样时，应从具有代表性的部位取样。若有偏析现象，可将试样重新熔融浇铸，但必须掌握熔铸条件，避免重熔损失和污染。熔融态金属样品取样可分为间歇炉取样、连续炉取样。间歇取样是指在单炉次铸造过程的开始、中间和结束等阶段，至少选取一个样品，即可代表一批由间歇炉炉料所生产的铸造未加工产品。当几个炉次炉料经混合后浇铸的情况下，应在浇铸前从炉液中选取至少一个样品。连续炉取样是指根据工艺要求，按一定时间间隔选取个样，即可代表一批由连续熔炉生产的铸造未加工产品。样品在浇铸个样时，应保持熔融料温度高于其熔点。熔体中的各组分完全熔化并充分搅拌混合，以保证样品的均匀性。分析易挥发元素样品时，应采取保护措施，防止其挥发，确保试样代表熔体组分。样锭浇铸至样模内时，模内应清洁、干燥。往样模内浇铸铜液时，铜液应均匀，不应使铜液流出或溢溅，样模不得注满。应使样模内铜液自然冷却。成品分析取样量，根据加工产品数量来决定，可按相关产品标准规定执行。若无规定，应每 4 件成品选取 1 个样品。若该批不足 4 件，则每件成品取 1 个样品。

　　制样前，首先要了解样品尺寸。样品的最佳外观形状为：圆柱体、坩埚体（梯形样）、长方体样（含正方体）。一般情况下，带状试样的厚度不小于 0.5mm，其有效面积不小于 $30 \times 30mm^2$；棒状试样的外径不小于 20mm，长度在 300 ~ 500mm；块状试样的厚度不小于 5mm，有效面积不小于 $30 \times 30mm^2$。总的来说，样品为厚度 5 ~ 40mm、外径 30 ~ 60mm 的圆柱形样品，或者（30 ~ 60）mm ×（30 ~ 60）mm 的矩形样品。

　　试样应具有代表性、均匀性、无气孔、无夹杂、无裂纹。试样表面应清洁无氧化、光洁平整。试样可以从熔体中取得，也可以从铸锭或加工件上取得。从熔融状态取样时，用预热过的铸铁模或钢模浇铸成型。分析易挥发的元素时，应采用坩埚直接从熔体中取样；从铸锭或加工件上取样时，应从具有代表性的部位取样；若有偏析现象时，可将试样重新熔融浇铸，但必须掌握熔铸条件，避免重熔损失和污染。

　　棒状和块状试样，用车床或铣床加工成光洁的平面。在制样过程中，保证试样不氧化。制样时，不可使用切削液或普通冷却剂（可用无水乙醇冷却）。用车床或铣床制成分析面积足够大，并具有一定光洁度的平面。取样用的车刀或铣刀，可用丙酮或无水乙醇清洗处理，除去灰尘和污物。铣（车）床的转速应控制适中，以防止样品过热而氧化。对于加工产品和铸造产品，应锯取和铣取整个横断面。对于太薄产品，可折叠、压紧后，用铣床将剪切边加工成平面；对于含磁性相的合金样品，应使用硬质合金刀具，且不应采取磁性净化措施。对于无磁性相的合金，在取样时其刀具应该除去带入的铁质，并除掉引入的任何外来物质。用车床或铣床，将棒状和块状试样加工成光洁的平面，在制样过程中，并保证试样不被氧化。不可使用切削液或普通冷却剂（可用无水乙醇冷却）。厚度 <0.5mm 的板（带）材样品，可采用冷压法制样。外径 <10mm 的棒材样品，可借助多功能光谱夹具分析。也可以采用冷压法处理样品。外径 <10mm 的管材样品可直接用冷压法制样。

　　钻屑样品可采用冷压法制样，也可采用熔融浇铸法制样。熔融浇铸法制样过程为：150g 屑状试样屑样单片尺寸不大于 8mm × 5mm，为防止制样环境中铁的污染，必要时应将屑状试样先以盐酸溶液（1 + 10）洗去表面铁杂质，并用水、无水乙醇洗净，放入烘箱（105℃ ±2℃）中，于 105℃烘干。在干燥器中冷却后装入高纯石墨坩埚中，盖上盖子。移入已升温至 1100℃的高温箱式电阻炉中，继续升温至 1150℃，并保持 10 ~ 15min。取出坩埚，自然冷却（也可在电弧熔融炉或高频熔样机操作）。

　　试样冷却至室温后，取出熔铸所得柱状试样，用车床加工。车出表面光洁、平整无气孔的待测面。加工时，控制转速，以防止试样过热氧化。

　　根据待测试样的种类，选择建立工作曲线所需的标准物质（标准样品）及再校准样品。建立标准曲线用的标准样品（标准物质），应采用国家级或公认的权威机构研制的标准样品（标准物质）。所选择的系列标准样品（标准物质），应与分析试样的化学组成及冶金过程基本一致，并能涵盖分析元素的测定范围。同时，选择 5 个以上具有适当质量分数梯度的标准样品（标准物质）作为一个系列。再校准样品是用来校准仪器工作状态的成分均匀、稳定的样品。根据待测试样种类进行选择。也可以从标准样品（标准物质）系列中选取，也可从满足基本要求的、均匀稳定的、再现性好的试样中选取。选择完毕后，按仪器说明书的再校准程序进行校准。每个再校准样连续激发三次，取其平均强度存储（获得值）。通过获得值和期望值求得再校准系数。此步骤可根据情况按一定的周期进行（如一周或一个月）。仪器再校准完毕后，根据待测试样的种类，选择控制样品进行分析。控制样品可选择具有准确定值，与待测试样具有相似基体、相近组织结构的标准样品，也可以从满足基本要求、均匀稳定、再现性好的试样中选取。控制样品选择好后，按仪器说明书控制样分析程序进行操作。每个控制样品激发三次，取其平均值存储。获得的平均值与控制样品定值结果比较，满足要求时，再继续进行下一步分析。否则，需重复上述操作或查明原因，直至控制样品分析程序通过为止。

8.3　纯铜材料分析

纯铜材料的主要成分为：铜 + 银，含量为 99.5% ~ 99.95%。其主量元素为铜 + 银，主要杂质元素为磷、铋、锑、砷、铁、镍、铅、锡、硫、锌、氧等。在光电直读光谱法中，铜元素的含量大于 99.0%，可以作为内标元素，其含量可以通过差减法获得。因此，准确测定银及其他杂质元素含量，显得尤为重要。阴极铜，也叫电解铜，它是将粗铜（含铜 99%）预先制成厚板作为阳极，纯铜制成薄片作阴极，以硫酸（H_2SO_4）和硫酸铜（$CuSO_4$）的混合液作为电解液。通电后，铜从阳极溶解成铜离子（Cu^{2+}）向阴极移动，到达阴极后获得电子而在阴极析出，即为阴极铜。因此，阴极铜也是一种纯铜材料，其各元素含量也可以参照纯铜材料的方法进行分析。

目前，可用于纯铜材料分析的国家行业标准方法为 YS/T 482—2005《铜及铜合金分析方法　光电发射光谱法》。除此之外，还有检验检疫行业标准方法 SN/T 2260—2010《阴极铜化学成分的测定　光电发射光谱法》。该标准方法规定了用光电发射光谱分析方法测定高纯阴极铜和标准阴极铜中砷、锑、铋、硫、硒、碲、铁、银、锡、镍、铅、锌、铬、镉、钴、硅、磷和锰含量。高纯阴极铜和标准阴极铜样品各元素测定范围见表 8-2。

表 8-2　高纯阴极铜和标准阴极铜各元素测定范围

元素	测定范围(质量分数)/%	元素	测定范围(质量分数)/%
As	0.00001 ~ 0.0150	Sb	0.00001 ~ 0.0200
Bi	0.00001 ~ 0.0050	S	0.00001 ~ 0.0100
Se	0.00001 ~ 0.0050	Te	0.00001 ~ 0.0100
Fe	0.00001 ~ 0.0100	Ag	0.00010 ~ 0.0100
Sn	0.00001 ~ 0.0100	Ni	0.00001 ~ 0.0100
Pb	0.00001 ~ 0.0100	Zn	0.00010 ~ 0.0100
Cr	0.00001 ~ 0.0100	Cd	0.00010 ~ 0.0050
Co	0.00010 ~ 0.0100	Si	0.00010 ~ 0.0100
P	0.00010 ~ 0.0100	Mn	0.00010 ~ 0.0050

下面以按照标准方法 SN/T 2260—2010《阴极铜化学成分的测定　光电发射光谱法》，分析纯铜样品各元素的过程举例说明。其样品分析过程如下。

8.3.1　操作要点

将制备好的块状样品作为一个电极，用光源发生器使样品与对电极之间激发发光，并将该光束引入分光计。通过色散元件将光束色散后，对选定的内标线和分析线的强度进行测量。根据分析线对的相对强度，从校准曲线上，求出分析样品中待测元素的含量。由于纯铜样品杂质含量较低，而全谱型光电直读光谱仪灵敏度较低，宜选择通道型光电直读光谱仪。选定好工作条件后，激发标准样品和分析样品，每个样品至少激发三次，取其平均值作为分析结果。分析结果以质量分数表示。

8.3.2　仪器及工作条件

分析仪器：ARL4460 型光电发射光谱仪。

工作条件：一级光谱线色散的倒数 <0.6nm/mm；入射狭缝为 20μm；出射狭缝分别为 25μm、37.5μm、50μm、75μm；焦距为 1.0m；波长范围为 130.0～850.0nm；真空度 <3Pa；由于是纯金属分析，电极选用 0.5mm 的针式电极；分析间距为 3mm；高纯氩纯度不低于 99.999%。

仪器实验条件：氩气流量 10L/min；冲洗时间 10s；预燃时间 8s；曝光时间 6s。

由于纯铜材料中各元素含量较低，因此应该主要选择特征灵敏线为分析谱线，还可以结合元素之间谱线干扰情况，择优选择。

元素波长：As 189.04nm、Bi 306.77nm、Fe 259.94nm、Pb 283.30nm、Sb 206.84nm、Ni 231.60nm；其中 As、Fe、Sb、Ni 的内标线，选择 Bg2 200.86nm；Bi、Pb 的内标线，选择 Bg3 310.50nm。内标元素 Cu 510.55nm。

8.3.3　工作曲线绘制

如果光电直读光谱仪的操作软件内有纯铜工作曲线，则不需要做工作曲线。直接选择一个与分析样品同牌号的标准物质作为控样进行校准。校准完毕后，可直接对样品进行分析。如果样品没有合适的工作曲线分析，可选择一套与分析样品的元素含量范围比较接近的光谱分析标准物质，绘制该样品所需各元素的工作曲线。比如：采用 GBW02111～GBW02115 纯铜光谱分析标准物质套标，绘制工作曲线和进行质量控制。其各元素化学成分标准值见表 8-3。在所选定的工作条件下，激发一系列标准样品，每个样品至少激发 3次，以每个待测元素相对强度的平均值，对标准样品中该元素与内标元素的浓度比绘制校准曲线。如有必要，应进行基体校正和干扰元素校正。采用标准曲线法计算分析元素的含量。为了保证分析结果的可靠性，待测元素含量应在校准曲线所用的一系列标准样品的含量范围内。由于仪器状态的变化，导致测定结果的偏离，为直接利用原始校准曲线，求出准确结果，用 GBW02111、GBW02112、GBW02115 标准物质对仪器进行高低点标准化。其中铜元素含量，通过差减法计算获得。

表 8-3　纯铜光谱分析标准物质各元素标准值　　　　　（%）

元素＼编号	GBW02111	GBW02112	GBW02113	GBW02114	GBW02115
As	0.0135	0.0022	0.0013	0.0043	0.0074
Bi	0.00050	0.0053	0.0013	0.0026	0.010
Fe	0.00093	0.0026	0.0048	0.0089	0.0157
Ni	0.0015	0.0089	0.0173	0.0050	0.0031
Pb	0.0012	0.0110	0.0083	0.0047	0.0031
Sb	0.00084	0.0025	0.0018	0.0042	0.0074

工作曲线绘制、校正完毕后，选择一个与分析样品有相似冶金加工过程和化学成分的定值纯铜样品作为控制样品，用于对分析样品测定结果进行校准的样品。控样校准完毕后，可直接对样品进行分析。由于铜元素含量通过差减法计算获得，在控样校准时，可用"归一化"模式。

8.3.4   重复性限（r）和再现性限（R）计算

纯铜样品中，As、Bi、Fe、Pb、Sb、Ni 元素成分含量的重复性限（r）和再现性限（R），可依据标准方法 SN/T 2260—2010《阴极铜化学成分的测定   光电发射光谱法》中提供的公式计算获得，并对其进行精密度判断。

重复性判断是指在仪器正常状态，任选择一个样品在同一台仪器进行分析两次，其结果见表 8-4。根据标准方法 SN/T 2260—2010 提供的公式，计算各分析元素的重复性限（r），并判断其重复性，计算结果见表 8-5。

表 8-4   纯铜样品各元素分析结果（同一实验室，$n = 2$）   （%）

项目\元素	As	Bi	Fe	Pb	Sb	Ni
均值	0.0025	0.0018	0.0067	0.0032	0.0015	0.0013
1	0.0023	0.0019	0.0068	0.0031	0.0013	0.0014
2	0.0027	0.0017	0.0066	0.0033	0.0017	0.0012

表 8-5   纯铜样品各元素重复性限（r）

元素	水平范围（质量分数）/%	重复性限(r)/%	测定值极差/%	与重复性限相比较
As	0.00001 ~ 0.0050	$y = 0.0617x + 0.00004 = 0.0006$	0.0004	小于
Bi	0.00001 ~ 0.0050	$y = 0.0611x + 0.00007 = 0.0002$	0.0002	等于
Fe	0.00010 ~ 0.0100	$y = 0.0312x + 0.0001 = 0.0003$	0.0002	小于
Ni	0.00010 ~ 0.0050	$y = 0.0861x + 0.00005 = 0.0002$	0.0002	等于
Pb	0.000101 ~ 0.0050	$y = 0.0334x + 0.0002 = 0.0003$	0.0002	小于
Sb	0.0002 ~ 0.0050	$y = 0.00009\ln x + 0.001 = 0.0005$	0.0004	小于

再现性判断是指在仪器正常状态，同一样品在两个不同的实验室，或两台仪器上进行分析，其分析结果见表 8-6。根据标准方法 SN/T 2260—2010 提供的公式来计算各分析元素的再现性限（R），并判断其再现性，其计算结果见表 8-7。

表 8-6   纯铜样品各元素分析结果（不同实验室，$n = 2$）   （%）

项目\元素	As	Bi	Fe	Pb	Sb	Ni
均值	0.0023	0.0016	0.0070	0.0035	0.0014	0.0015
仪器 1	0.0025	0.0018	0.0067	0.0032	0.0015	0.0013
仪器 2	0.0021	0.0014	0.0073	0.0038	0.0013	0.0017

表 8-7 纯铜样品各元素再现性限 （R）

元素	水平范围 （质量分数）/%	再现性限(R)/%	测定值极差/%	与再现性限 相比较
As	0.00001~0.0050	$y=0.2379x+0.00005=0.0006$	0.0004	小于
Bi	0.00001~0.0050	$y=0.2982x+0.00006=0.0006$	0.0004	小于
Fe	0.00010~0.0100	$y=0.1036x+0.00003=0.0008$	0.0006	小于
Ni	0.00010~0.0050	$y=0.177x+0.0002=0.0005$	0.0004	小于
Pb	0.000101~0.0050	$y=0.1997x+0.0002=0.0009$	0.0006	小于
Sb	0.0002~0.0050	0.00025	0.0002	小于

8.3.5 质量保证和控制

应选用国家级、行业级标准样品，或准确度相当的其他标准样品绘制工作曲线。选择适合的再校准样品和控制样品，按需要定期对仪器进行校验。每周或每两周校准一次本分析方法的有效性。适时进行仪器再校准和控制样品分析。当过程失控时，应找出原因，纠正错误后，重新进行校核，确保分析的正确性。

8.4 黄铜材料分析

黄铜是由铜和锌组成的二元合金。根据性能需要，还要加入硼、砷、铅、锡、铋、锰、铁、锑、硅、铝、镁、镍等元素，形成对应的硼黄铜、砷黄铜、铅黄铜、锡黄铜、铋黄铜、锰黄铜、铁黄铜、锑黄铜、硅黄铜、铝黄铜、镁黄铜、镍黄铜。除此之外，还有钴、镉、铬、碲、磷、硫等杂质元素。由此可见，黄铜材料需要测定的元素有主量元素铜、锌，次量元素有硼、砷、铅、锡、铋、锰、铁、锑、硅、铝、镁、镍，杂质元素有钴、镉、铬、碲、磷、硫。该材料含量最高的元素为铜。宜选择铜作为内标元素。在黄铜材料化学成分测定中，锌元素以余量表示。在光电直读光谱法中，由于选择铜作为内标元素，无法直接测定黄铜材料中铜元素含量。但是，可以采用差减法获得。因此，标准样品中锌元素含量值的定量尤为重要。它决定是否能准确测定出黄铜材料中铜元素含量的关键因素之一。

在光电直读光谱法中，可用于黄铜样品有关的行业标准方法为 YS/T 482—2005《铜及铜合金分析方法 光电发射光谱法》。除此之外，还有检验检疫行业标准方法 SN/T 2083—2008《黄铜分析方法 火花原子发射光谱法》。该标准方法规定了用光电发射光谱分析方法测定黄铜中铝、砷、铍、铋、铁、锰、镍、磷、铅、锑、锡、锌的含量，其测定含量范围见表8-8。

本实验参照 SN/T 2083—2008《黄铜分析方法 火花原子发射光谱法》，选取相应的各类黄铜标准样品绘制工作曲线。具体情况如下。

8.4.1 仪器及工作条件

分析仪器：W6型光电发射光谱仪。

表 8-8　黄铜各元素含量测定范围

黄铜种类	分析元素	测定范围(质量分数)/%	黄铜种类	分析元素	测定范围(质量分数)/%
普通黄铜	As	0.0053 ~ 0.100	铅黄铜	Al	0.128 ~ 0.602
	Bi	0.00076 ~ 0.0075		Bi	0.0013 ~ 0.0063
	Fe	0.016 ~ 0.427		Fe	0.021 ~ 0.654
	P	0.00178 ~ 0.00294		P	0.0136 ~ 0.0559
	Pb	0.0082 ~ 0.591		Sb	0.0055 ~ 0.0286
	Sb	0.0017 ~ 0.028	锰黄铜	Bi	0.00117 ~ 0.0118
	Zn	3.06 ~ 41.04		Fe	0.0295 ~ 1.22
铁黄铜	Al	0.059 ~ 1.50		P	1.32 ~ 3.15
	Bi	0.00098 ~ 0.0096		Pb	0.0055 ~ 0.0299
	Fe	0.17 ~ 1.54		Sb	0.0039 ~ 0.0209
	Mn	0.11 ~ 3.31	锡黄铜	Al	0.0022 ~ 0.344
	Pb	0.069 ~ 1.37		As	0.0069 ~ 0.085
	Sb	0.0030 ~ 0.040		Bi	0.00087 ~ 0.0080
	Sn	0.18 ~ 1.48		Fe	0.026 ~ 0.274
铝黄铜	As	0.0104 ~ 0.119		Mn	0.0081 ~ 0.340
	Be	0.0028 ~ 0.039		Ni	0.181 ~ 1.80
	Bi	0.00085 ~ 0.0097		P	0.0043 ~ 0.030
	Fe	0.023 ~ 0.27		Pb	0.0112 ~ 0.135
	P	0.002 ~ 0.11		Sn	0.182 ~ 1.82
	Pb	0.017 ~ 0.15		Zn	21.26 ~ 29.72
	Sb	0.006 ~ 0.12			

工作条件：一级光谱线色散的倒数 < 0.6nm/mm；入射狭缝为 $10\mu m$；焦距为 400mm；波长范围为 130.0 ~ 580.0nm；真空度 < 7Pa；氩气冲洗时间为 10s；预燃时间为 8s；积分时间为 5s；电极选用 6mm 电极；分析间距为 3.4mm；高纯氩纯度不低于 99.9995%。

仪器实验条件：氩气流量 10L/min；冲洗时间 10s；预燃时间 8s；曝光时间 6s。

元素波长：Zn 481.05nm、As 189.04nm、Pb 283.30nm、Bi 306.77nm、Fe 259.94nm、Sb 206.84nm、P 178.29nm。内标元素 Cu 224.90nm。

8.4.2　工作曲线绘制

如果光电直读光谱仪的操作软件内有 Cu-Zn 工作曲线，则不需要做工作曲线。直接选择一个与分析样品同牌号的标准物质作为控样进行校准。校准完毕后，可直接对样品进行分析。如果样品没有合适的工作曲线分析，可选择一套与分析样品的元素含量范围比较接近的光谱分析标准物质，绘制该样品所需各元素的工作曲线。比如：采用有证标准样品（199501 ~ 199516 黄铜系列光谱标准样品），作为标准样品和标准化样品绘制工作曲线和进行质量控制。其各元素化学成分标准值见表 8-9。在上述选定的工作条件下，激发一系列标准样品，每个样品至少激发3次，以每个待测元素相对强度的平均值，对标准样品中该元素与内标元素的浓度比绘制工作曲线。根据需要进行基体校正和干扰元素校正。采用标准曲线法计算分析元素的含量。为了保证分析结果的可靠性，待测元素含量应在校准曲线所用的一系列标准样品的含量范围内。由于仪器状态的变化，导致测定结果的偏离，为直接利用原始校准曲线，求出准确结果，用199501、199509、199512、199516等4块标准样品，对仪器进行高低两点标准化。其中铜元素含量通过差减法计算获得。

表8-9　黄铜系列光谱标准样品各元素标准值

编号	各元素化学成分/%							
	Cu	Fe	Zn	Pb	Bi	P	Sb	As
199501	96.86	0.024	3.06	0.0082	0.00076	0.0027	0.0017	—
199502	95.10	0.066	4.78	0.0236	0.0014	0.0028	0.0037	—
199503	94.46	0.182	5.26	0.0500	0.0036	0.0144	0.0079	—
199504	92.70	0.336	6.81	0.098	0.0075	0.0294	0.0164	—
199505	89.97	0.124	9.83	0.0301	0.0020	0.0100	0.0052	—
199506	90.76	0.051	9.15	0.0120	0.00095	0.0041	0.0025	—
199507	85.49	0.097	14.41	0.0283	0.0018	0.0091	0.0046	—
199508	79.10	0.098	20.74	0.029	0.0018	0.0090	0.0048	—
199509	70.44	0.182	29.04	0.132	0.0074	0.0239	0.0196	0.100
199510	69.25	0.016	30.66	0.0105	0.0015	0.0084	0.0044	0.053
199511	67.59	0.101	32.17	0.060	0.0039	0.016	0.0101	0.0188
199512	66.11	0.0353	33.72	0.023	0.00095	0.0035	0.0024	0.0053
199513	64.32	0.067	35.51	0.0697	0.0017	0.0049	0.0032	—
199514	63.42	0.140	36.18	0.163	0.0035	0.012	0.0091	—
199515	60.81	0.236	38.59	0.294	0.0067	0.0208	0.0145	0.0084
199516	57.98	0.427	41.04	0.591	0.0020	0.00178	0.028	—

选择一个与分析样品有相似冶金加工过程和化学成分的定值黄铜样品，作为控制样品，用于对分析样品测定结果进行校准。由于铜元素含量通过差减法计算获得，在控样校正时，可选择"归一化"模式。

8.4.3　重复性限（r）和再现性限（R）计算

黄铜样品中，Fe、Zn、Pb、Bi、P、Sb、As元素成分含量的重复性限（r）和再现性限（R），可依据标准方法 SN/T 2083—2008《黄铜分析方法　火花原子发射光谱法》中提供的要求对其进行精密度判断。

重复性判断是指在仪器正常状态，任选一个样品在同一台仪器进行分析两次，其结果见表8-10。根据标准方法 SN/T 2083—2008 提供的要求对各分析元素重复性限（r）的重复性进行判断。其计算结果见表8-11。

表 8-10　黄铜样品各元素分析结果（同一实验室，$n=2$）　　　　　（%）

项目 \ 元素	Fe	Zn	Pb	Bi	P	Sb	As
均值	0.0860	31.34	0.0419	0.00326	0.0124	0.00634	0.01427
1	0.0855	31.45	0.0415	0.00331	0.0127	0.00645	0.01418
2	0.0865	31.23	0.0423	0.00321	0.0121	0.00623	0.01436

表 8-11　黄铜样品各元素重复性限（r）

元　素	水平/%	重复性限（r）/%	测定值极差/%	与重复性限相比较
Fe	0.10	0.0050	0.0010	小于
Zn	30	0.46	0.23	小于
Pb	0.060	0.0017	0.0008	小于
Bi	0.0040	0.00017	0.00010	小于
P	0.015	0.0014	0.0006	小于
Sb	0.010	0.00083	0.00022	小于
As	0.020	0.00055	0.00018	小于

　　再现性判断是指在仪器正常状态，同一样品在两个不同的实验室，或两台仪器上进行分析，其分析结果见表 8-12。根据标准方法 SN/T 2083—2008 提供的要求对各分析元素再现性限（R）进行再现性判断。其计算结果见表 8-13。

表 8-12　黄铜样品各元素分析结果（不同实验室，$n=2$）　　　　　（%）

项目 \ 元素	Fe	Zn	Pb	Bi	P	Sb	As
均值	0.0857	31.38	0.0413	0.00323	0.0121	0.00642	0.01430
实验室 1	0.0860	31.34	0.0419	0.00326	0.0124	0.00634	0.01427
实验室 2	0.0854	31.42	0.0407	0.00320	0.0118	0.00650	0.01433

表 8-13　黄铜样品各元素再现性限（R）

元　素	水平/%	再现性限（R）/%	测定值极差/%	与再现性限相比较
Fe	0.10	0.012	0.0006	小于
Zn	30	0.82	0.08	小于
Pb	0.060	0.0028	0.0012	小于
Bi	0.0040	0.00024	0.00006	小于
P	0.015	0.0021	0.0006	小于
Sb	0.010	0.0016	0.00016	小于
As	0.020	0.00093	0.0006	小于

8.5　青铜材料分析

　　青铜，就是在纯铜（紫铜）中，分别加入锡、铝、锰、铬、硅等元素，分别形成的锡青铜、铝青铜、锰青铜、铬青铜、硅青铜。青铜材料的基体元素为铜。在材料化学成分分析中，铜量以余量表示。需要检测的元素除了主量元素锡、铝、锰、铬、硅，次量元素银、钛、镍、铅、硼，还有杂质元素磷、铁、锌、砷、铋、锑、硫。在选择分析谱线时，应该根据其含量大小进行选择。上述有的元素可能在某种青铜材料中作为主量元素，但是在另外的青铜材料中作为杂质元素出现。因此，在制作工作曲线时，应该选择合适的标准样品和合适的分析谱线。比如：在锡青铜中，铝含量很低（可低至 0.002%），为杂质元素。在铝青铜中，铝含量可高达 11.5%，为主量元素。

在光电直读光谱法中，青铜样品的分析，可采用行业标准方法 YS/T 482—2005《铜及铜合金分析方法 光电发射光谱法》。该方法可覆盖所有青铜牌号。

本实验根据 YS/T 482—2005《铜及铜合金分析方法 光电发射光谱法》，选取相应的各类锡青铜标准物质绘制工作曲线，并对锡青铜样品进行分析。具体情况如下：

8.5.1 仪器及工作条件

分析仪器：W6 型光电发射光谱仪。

工作条件：一级光谱线色散的倒数 <0.6nm/mm；入射狭缝为 10μm；焦距为 400mm；波长范围为 130.0～580.0nm；真空度 <7Pa；电极为 6mm；分析间距为 3mm；高纯氩纯度不低于 99.995%。

仪器实验条件：氩气流量 10L/min；冲洗时间 10s；预燃时间 8s；积分时间 6s。

主量元素：锡、铝、锰、铬、硅。

次量元素：银、钛、镍、铅、硼。

杂质元素：磷、铁、锌、砷、铋、锑、硫。

元素波长：Sn 175.79nm、Si 288.16nm、Ni 231.60nm、Pb 283.30nm、Fe 259.94nm、Bi 306.77nm、Sb 206.84nm、Zn 334.50nm、P 178.29nm。内标元素 Cu 510.55nm。

8.5.2 工作曲线绘制

如果光电直读光谱仪的操作软件内有 Cu-Sn 工作曲线，则不需要做工作曲线。直接选择一个与分析样品同牌号的标准物质，作为控样进行校准。校准完毕后，可直接对样品进行分析。如果样品没有合适的工作曲线分析，可选择一套与分析样品的元素含量范围比较接近的光谱分析标准物质，绘制该样品所需各元素的工作曲线。比如：采用有证标准物质（BYG9701～BYG9708 QSn6.5-0.1 锡青铜光谱标准样品），作为标准样品和标准化样品，绘制工作曲线和进行质量控制。BYG9701～BYG9708 QSn6.5-0.1 锡青铜光谱标准样品，各元素标准值见表 8-14。

表 8-14 QSn6.5-0.1 锡青铜光谱标准样品各元素标准值 （%）

元素 编号	Pb	Fe	Bi	Sb	Si	Zn	Ni	P	Sn
BYG9701	0.0100	0.0148	0.00084	0.0013	0.0013	0.0622	0.0522	0.0203	2.99
BYG9702	0.0107	0.0247	0.00104	0.0015	0.0014	0.0665	0.051	0.0485	5.84
BYG9703	0.0148	0.0285	0.00145	0.0017	0.0020	—	—	—	3.62
BYG9704	0.0213	0.0376	0.0020	0.0026	0.0021	0.173	0.105	0.194	6.10
BYG9705	0.0395	0.0740	0.0060	0.0058	0.0100	0.343	0.211	0.289	6.55

编号 \ 元素	Pb	Fe	Bi	Sb	Si	Zn	Ni	P	Sn
BYG9706	0. 0995	0. 164	0. 0132	0. 0137	0. 0295	0. 566	0. 418	0. 468	8. 76
BYG9707	0. 085	0. 140	0. 0112	0. 0099	0. 0290	0. 458	0. 343	0. 385	7. 03
BYG9708	0. 131	0. 217	0. 0195	0. 0181	0. 0482	0. 652	0. 528	0. 549	7. 50

在上述选定的工作条件下，激发一系列标准样品，每个样品至少激发 3 次，以每个待测元素相对强度的平均值，对标准样品中该元素与内标元素的浓度比绘制工作曲线。根据需要进行基体校正和干扰元素校正。采用标准曲线法计算分析元素的含量。为了保证分析结果的可靠性，待测元素含量应在校准曲线所用的一系列标准样品的含量范围内。QSn6.5-0.1 锡青铜各元素工作曲线的建立流程如下：

（1）设定分析曲线的名称，输入模型名称为"锡青铜"，分析基体为"Cu"，分析阶段为 2，选择所有元素建立分析曲线，见图 8-1。

图 8-1　W6 型光电发射光谱仪操作软件"新建"对话框

（2）设定锡青铜曲线的激发参数，设置预燃时间为 8s，曝光时间为 6s，激发频率为400Hz，见图 8-2。

（3）设置分析曲线的分析范围。此项主要设置不同波长的分析范围，由于是锡青铜的分析曲线，设置低锡的分析波长为 189.98nm，高锡的分析波长为 317.50nm，见图 8-3。

图 8-2 W6 型光电发射光谱仪操作软件"光源激发参数"对话框（一）

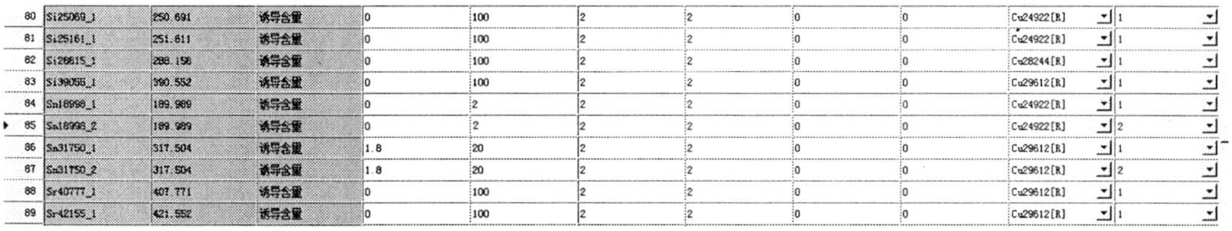

图 8-3 W6 型光电发射光谱仪操作软件"光源激发参数"对话框（二）

（4）设置高低标样品，设置 32XSEB4-2 为高标，RC12-36 为低标样品，依次激发这两块样品，点击"下一步"保存激发的数据，见图 8-4。

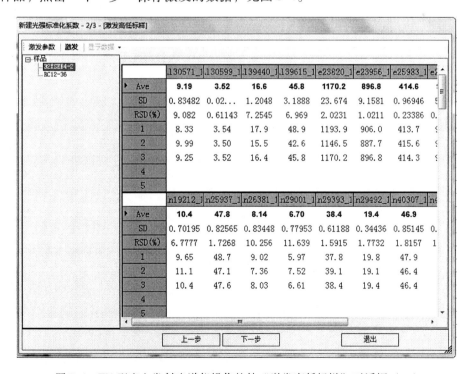

图 8-4 W6 型光电发射光谱仪操作软件"激发高低标样"对话框（一）

（5）激发分析曲线所使用的标准样品，依次激发建立锡青铜分析曲线使用的标准样品，见图8-5。

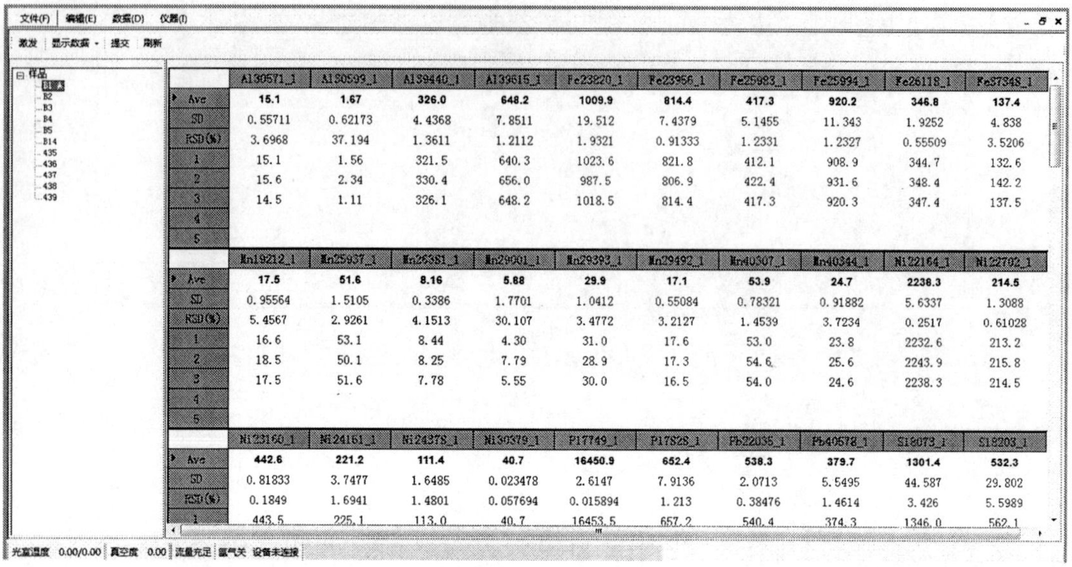

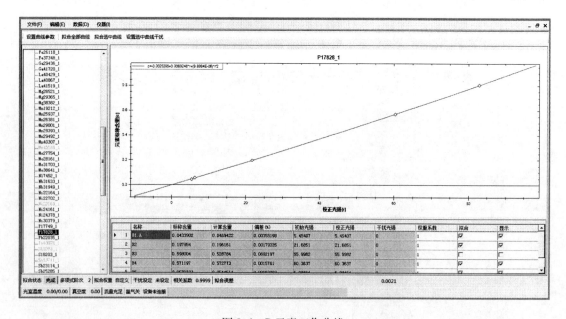

图8-5   W6 型光电发射光谱仪操作软件"激发高低标样"对话框（二）

（6）分析曲线的拟合。图 8-6 所示工作曲线是 P 元素的，本曲线为二次方程。拟合后的相关系数为 0.9999，无干扰修正。

图8-6   P 元素工作曲线

图 8-7 是 Sn 元素的分析曲线，本曲线为二次方程。拟合后的相关系数为 0.9993，无干扰修正。

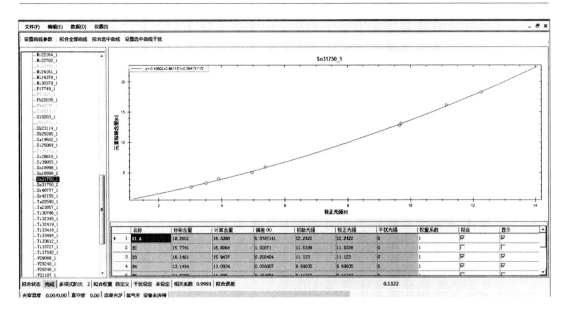

图 8-7　锡元素工作曲线

工作曲线绘制完毕后，可用与分析样品同牌号的标准样品作为控样进行校准。校正完毕后，可直接对样品进行分析。控制样品与分析样品具有相似的冶金加工过程和化学成分，用于对分析样品测定结果进行校准。应定期用标准化样品，对仪器进行校准。校准的时间间隔取决于仪器的稳定性。

8.5.3　重复性限（r）和再现性限（R）计算

YS/T 482—2005《铜及铜合金分析方法　光电发射光谱法》对重复性限（r）和再现性限（R）描述如下：

（1）重复性限（r）。在重复性条件下，获得的两次独立测试结果的绝对差值，应不超过表 8-15 所列重复性限（r）。超过重复性限（r）的情况不超过 5%。重复性限（r）按表 8-15 数据采用线性内插法求得。

表 8-15　铜及铜合金样品重复性限（r）

元素的质量分数/%	重复性限（r）/%	元素的质量分数/%	重复性限（r）/%
0.0002	0.0002	1.00	0.03
0.0010	00004	10.00	0.20
0.010	0.002	35.00	0.52
0.10	0.008		

注：重复性限（r）为 $2.8S_r$，S_r 为重复性标准差。

线性内插法，是根据一组已知的未知函数自变量的值和它相对应的函数值，利用等比关系去求未知函数其他值的近似计算方法，是一种求未知函数逼近数值的求解方法。具体过程如下：

线性内插法，是指两个量之间如果存在线性关系，若 $A(r_1, m_1)$，$B(r_2, m_2)$ 为这条直线上的两个点，已知直线上另一点 P 的 r_0 值，那么利用它们的线性关系即可求得 P 点的对应值 r_0。通常应用的是点 P 位于点 A、B 之间，故称"线性内插法"，见图 8-8。

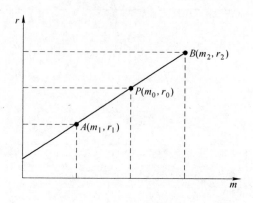

图 8-8　线性内插法

在求解 r_0 时，可以根据下面方程计算：

$$\frac{r_0 - r_1}{r_2 - r_1} = \frac{m_0 - m_1}{m_2 - m_1}$$

式中　r——重复性限；

　　　m——两个测定值的平均值。

上述公式经过换算后，可得重复性限（r）计算公式：

$$r_0 = \frac{m_0 - m_1}{m_2 - m_1}(r_2 - r_1) + r_1$$

例：在光电直读光谱法中，采用线性内插法，求锡青铜样品中 Sn 含量测定值（同一实验室，同台仪器两次结果）的重复性限（r）。判断是否满足标准方法 YS/T 482—2005 中规定的重复性要求。其中在同一台仪器上测定的 Sn 含量为：6.54%、6.48%；其平均值为 6.51%；两测定值极差为 0.06%。

根据表 8-15 可知：$m_1 = 1.00$，$m_2 = 10.00$，$r_1 = 0.03$，$r_2 = 0.20$，$m_0 = 6.51$。根据上述公式计算可得：$r_0 = 0.13$。而两值极差为 0.06，小于 r_0。因此，锡青铜样品中锡含量的测定结果满足标准方法 YS/T 482—2005 中规定的重复性要求。

（2）再现性限（R）。在再现性条件下，获得的两次独立测试结果的绝对差值，应不超过表 8-16 所列再现性限（R）。超过再现性限（R）的情况不超过 5%。再现性限（R）按表 8-16 数据采用线性内插法求得。

表 8-16　铜及铜合金样品再现性限（R）

元素的质量分数/%	再现性限（R）/%	元素的质量分数/%	再现性限（R）/%
0.0002	0.0002	1.00	0.05
0.0010	0.0005	10.00	0.30
0.010	0.002	35.00	0.70
0.10	0.01	—	—

注：再现性限（R）为 $2.8S_R$，S_R 为再现性标准差。

根据线性内插法的公式转换后，可得再现性限（R）计算公式：

$$R_0 = \frac{m_0 - m_1}{m_2 - m_1}(R_2 - R_1) + R_1$$

式中　R——再现性限；

　　　m——两个测定值的平均值。

例：在光电直读光谱法中，采用线性内插法。求锡青铜样品中 P 含量测定值（两个实验室，$n=2$）的再现性限（R）。判断是否满足标准方法 YS/T 482—2005 中规定的再现性要求。其中两个不同实验室测定的 P 含量分别为：0.438%、0.450%；其平均值为 0.444%；两测定值极差为 0.012%。

根据表 8-16 可知：$m_1 = 0.10$，$m_2 = 1.00$，$R_1 = 0.01$，$R_2 = 0.05$，$m_0 = 0.444$。根据上述公式计算可得：$R_0 = 0.025$。而两值极差为 0.012，小于 R_0。因此，锡青铜样品中磷含量的测定结果满足标准方法 YS/T 482—2005 中规定的再现性要求。

8.6　白铜材料分析

白铜，是由铜和镍组成的二元合金。根据需要，加入锰、铁、锌、铝等元素，形成锰白铜、铁白铜、锌白铜、铝白铜。普通白铜、锰白铜、铁白铜、铝白铜中的铜含量以余量表示。锌白铜中的铜含量为 38.0% ~ 73.5%，锌元素用余量表示。在光电直读光谱法中，选择铜作为内标元素，无法直接测定铜元素含量。但是，可以采用差减法获得。因此，标准样品中锌元素含量值的定量尤为重要。它是决定是否准确测定出白铜材料中铜元素含量的关键因素之一。白铜材料，除了测定主要元素镍、锰、铁、锌、铝、钴以外，还要测定杂质元素磷、硫、硅、铅、锡、碳、铋、锑、砷、镁、钛。上述有的元素，在某种白铜材料作为主量元素；在另外的白铜材料中，作为杂质元素出现。因此，在制作工作曲线时，应该选择合适的标准样品和合适的分析谱线。比如：铅在锌白铜 BZn18-10 材料中作为杂质元素，其含量不大于 0.09%；铅在 BZn10-41-2 材料中作为主量元素，含量为 1.5% ~ 2.5%。

在光电直读光谱法中，与白铜样品有关的行业标准方法为 YS/T 482—2005《铜及铜合金分析方法　光电发射光谱法》。该方法可覆盖所有白铜牌号。

本实验根据 YS/T 482—2005《铜及铜合金分析方法　光电发射光谱法》，选取相应的白铜共用光谱标准样品绘制工作曲线，并对白铜样品进行分析。具体情况如下。

8.6.1　仪器及工作条件

分析仪器：W6 型光电发射光谱仪。

工作条件：入射狭缝为 10μm；焦距为 400mm；波长范围为 130.0 ~ 580.0nm；真空度 <7Pa；波长范围为 130.0 ~ 850.0nm；电极为 6mm；分析间距为 3mm；高纯氩纯度不低于 99.995%。

仪器实验条件：氩气流量 10L/min；冲洗时间 10s；预燃时间 8s；积分时间为 5s。

元素波长：Ni 231.60nm、Mn 394.40nm、Fe 259.94nm、Zn 334.50nm、Si 288.16nm、Pb 283.30nm、Bi 306.77nm、Sb 206.84nm、As 189.04nm、Mg 285.21nm、Sn 175.79nm；内标元素 Cu 224.90nm。

8.6.2　工作曲线绘制

如果光电直读光谱仪的操作软件内有 Cu-Ni 工作曲线，则不需要做工作曲线。直接选择一个与分析样品同牌号的标准物质，作为控样进行校准。校准完毕后，可直接对样品进行分析。如果样品没有合适的工作曲线分析，可选择一套与分析样品的元素含量范围比较接近的光谱分析标准物质，绘制该样品所需各元素的工作曲线。比如：白铜共用光谱标准样品（BT951 ~ BT957），作为标准样品和标准化样品，绘制工作曲线和进行质量控制。该标准样品各元素含量值见表 8-17。在上述选定的工作条件下，激发一系列标准样品，每个样品至少激发 3 次，以每个待测元素相对强度的平均值，对标准样品中该元素与内标元素的浓度比绘制工作曲线。根据需要进行基体校正和干扰元素校正。采用标准曲线法计算分析元素的含量。为了保证分析结果的可靠性，待测元素含量应在校准曲线所用的一系列标准样品的含量范围内。其中铜元素含量通过差减法计算获得。由于仪器状态的变化，导致测定结果的偏离，为直接利用原始校准曲线，求出准确结果，用 BT951、BT955、BT956、BT957 标准物质对仪器进行两点标准化。各元素工作曲线制作过程可参照青铜制作过程。

表 8-17　白铜共用光谱标准样品各元素标准值

编号	各元素化学成分/%										
	Zn	Ni	Mn	Fe	Sn	Si	Pb	Mg	Bi	Sb	As
BT951	1.81	23.80	2.08	0.108	0.116	0.095	0.0090	0.0554	0.0013	0.0021	0.0037
BT952	0.147	23.54	1.096	0.216	0.0145	0.064	0.0169	0.0481	0.0041	0.0099	0.0055
BT953	0.249	24.61	0.534	0.406	0.0293	0.073	0.0079	0.0174	0.0022	0.0059	0.0101
BT954	0.708	25.16	0.424	0.821	0.0603	0.0292	0.0022	0.0130	0.0085	0.0031	0.0188
BT955	0.093	23.96	0.240	1.626	0.0088	0.299	0.0286	0.528	0.0178	0.0199	0.0351
BT956	0.812	8.47	0.274	1.76	0.198	0.0114	0.046	0.0268	0.0012	0.0032	0.0198
BT957	0.033	35.04	1.455	0.324	0.0146	0.383	0.0023	0.237	0.016	0.0311	0.0024

工作曲线绘制完毕后，可用与分析样品同牌号的标准样品，作为控样进行校准。校准完毕后，可直接对样品进行分析。控制样品与分析样品，具有相似的冶金加工过程和化学成分，用于对分析样品测定结果进行校正。应定期用标准化样品对仪器进行校准。校准的时间间隔取决于仪器的稳定性。由于铜元素含量通过差减法计算获得，在控样校准时，可选择"归一化"模式。

8.6.3　重复性限（r）和再现性限（R）计算

YS/T 482—2005《铜及铜合金分析方法　光电发射光谱法》，对重复性限（r）和再现性限（R）描述如下：

（1）重复性限（r）。在重复性条件下，获得的两次独立测试结果的绝对差值，应不超过表 8-15 所列重复性限（r）。超过重复性限（r）的情况不超过 5%。根据表 8-15 所列重复性限（r），结合表 8-18 中分析结果数据，采用线性内插法计算可得白铜样品各元素测定值的重复性限（r），其详细结果见表 8-19。

表8-18 白铜样品各元素分析结果（同一实验室，$n=2$）　　　　　（%）

项目＼元素	Zn	Ni	Mn	Fe	Sn	Si	Pb	Mg	Bi	Sb	As
均值	0.0142	30.48	1.186	0.765	0.0034	0.148	0.0026	0.0012	0.00082	0.00024	0.00036
1	0.0136	30.58	1.180	0.760	0.0031	0.151	0.0025	0.0013	0.0081	0.00020	0.00041
2	0.0148	30.38	1.192	0.770	0.0037	0.145	0.0027	0.0011	0.0083	0.00028	0.00031

表8-19 白铜样品各元素重复性限（r）

元　素	重复性限（r）/%	测定值极差/%	与重复性限相比较
Zn	0.0022	0.0012	小于
Ni	0.46	0.20	小于
Mn	0.034	0.012	小于
Fe	0.024	0.010	小于
Sn	0.0008	0.0006	小于
Si	0.0092	0.006	小于
Pb	0.0007	0.0002	小于
Mg	0.00043	0.0002	小于
Bi	0.00036	0.0002	小于
Sb	0.00021	0.00008	小于
As	0.00024	0.00010	小于

（2）再现性限（R）。在再现性条件下，获得的两次独立测试结果的绝对差值，应不超过表8-16所列再现性限（R）。超过再现性限（R）的情况不超过5%。根据表8-16所列再现性限（R），结合表8-20中分析结果数据，采用线性内插法计算可得白铜样品各元素测定值的再现性限（R），其详细结果见表8-21。

表8-20 白铜样品各元素分析结果（两个实验室，$n=2$）　　　　　（%）

项目＼元素	Zn	Ni	Mn	Fe	Sn	Si	Pb	Mg	Bi	Sb	As
均值	0.0145	30.43	1.189	0.763	0.0035	0.145	0.0025	0.0011	0.00084	0.00025	0.00035
实验室1	0.0142	30.48	1.186	0.765	0.0034	0.148	0.0026	0.0012	0.00082	0.00024	0.00036
实验室2	0.0148	30.38	1.192	0.761	0.0036	0.142	0.0024	0.0010	0.00086	0.00026	0.00034

表8-21 白铜样品各元素再现性限（R）

元　素	再现性限（R）/%	测定值极差/%	与再现性限相比较
Zn	0.0024	0.0006	小于
Ni	0.63	0.10	小于
Mn	0.055	0.006	小于
Fe	0.039	0.004	小于

元　素	再现性限（R）/%	测定值极差/%	与再现性限相比较
Sn	0.0009	0.0002	小于
Si	0.012	0.006	小于
Pb	0.0007	0.0002	小于
Mg	0.00052	0.0002	小于
Bi	0.00044	0.00004	小于
Sb	0.00022	0.00002	小于
As	0.00026	0.00002	小于

9 铝及铝合金材料分析

铝是元素周期表第三周期ⅢA族的元素，元素符号Al，原子序数13，原子量26.98154，主要同位素为^{27}Al（稳定），丰度接近100%。铝原子半径为118pm，离子半径为50pm，其电子构型为$1s^2 2s^2 2p^6 3s^2 3p^1$。铝外观是银白色，属轻金属，有延展性。商品常制成棒状、片状、箔状、粉状、带状和丝状。在潮湿空气中，能形成一层防止金属腐蚀的氧化膜。在空气加热中，铝粉和铝箔能猛烈地燃烧，并发出眩目的白色火焰。易溶于稀硫酸、硝酸、盐酸、氢氧化钠、氢氧化钾溶液，难溶于水。相对密度2.70g/cm^3，熔点660℃，沸点2327℃。铝是应用最广泛的一类金属，比其他有色金属、钢铁、塑料和木材等性能更优良。其产量仅次于钢铁。此外，铝材的高温、成型、切削加工、铆接、表面处理等性能也比较好。因此，铝材在航天、航海、航空、汽车、交通运输、桥梁、建筑、电子电气、能源动力、冶金化工、农业排灌、机械制造、包装防腐、电器家具、日用、文体等各个领域都获得了十分广泛的应用。

9.1 铝及铝合金材料分类

在市场供应中，原铝统称为电解铝。它是生产铝材及铝合金的原料。铝及铝合金的性质，具有密度小、导电性好、导热性好、强度高、塑性好、抗腐蚀性好、反射能力强等优点，适合于各种加工，可压成薄板或箔，可拉成细丝、磨成细粉、挤压成复杂型材。铝是强度低、塑性好的金属，有部分纯铝用于工业生产。除此之外，为了提高强度或综合性能，在纯铝中加入适量其他元素，如铜、镁、锌、硅、锰等，配制成铝合金。在铝中，每加入一种合金元素，就能使其组织结构和性能发生改变，适宜各种加工或铸造零件。GB/T 8005.1—2008《铝及铝合金术语 第1部分：产品及加工处理工艺》中规定，铝的质量分数大于50%的合金为铝合金（aluminium alloy）。

在工业生产中，根据实际使用的不同需要，对铝及铝合金材料进行以下分类：按材料的基本加工方法可分为铸造铝合金、变形铝合金两大类。这是最常见的，也是最基本的分类方法。在实际使用中，加工及使用人员往往关心的不是材料的合金体系（组别），而是材料的用途和基本特性。变形铝合金按用途可分为：纯铝、防锈铝、硬铝、超硬铝、特殊铝。这就是以往铝和铝合金的牌号表示方法所采用的分类方法。

在光电直读光谱法中，与铝及铝合金有关的国家标准有GB/T 7999—2015《铝及铝合金光电直读发射光谱分析方法》。该标准规定了铝及铝合金中合金元素及杂质的光电直读发射光谱分析方法。本标准适用于铝及铝合金中锑、砷、钡、铍、铋、硼、镉、钙、铈、铬、铜、镓、铁、铅、锂、镁、锰、镍、磷、钪、硅、钠、锶、锡、钛、钒、锌、锆等28个元素的同时测定。测定范围见表9-1。

表 9-1　铝及铝合金中各元素化学成分范围

元素/元素符号	测定范围/%	元素/元素符号	测定范围/%
锑/Sb	0.0040 ~ 0.50	锂/Li	0.0005 ~ 0.010
砷/As	0.0060 ~ 0.050	镁/Mg	0.0001 ~ 11.00
钡/Ba	0.0001 ~ 0.005	锰/Mn	0.0001 ~ 2.00
铍/Be	0.0001 ~ 0.20	镍/Ni	0.0001 ~ 3.00
铋/Bi	0.0010 ~ 0.80	磷/P	0.0005 ~ 0.0050
硼/B	0.0001 ~ 0.0030	钪/Sc	0.050 ~ 0.30
镉/Cd	0.0001 ~ 0.030	硅/Si	0.0001 ~ 15.00
钙/Ca	0.0001 ~ 0.0050	钠/Na	0.0001 ~ 0.0050
铈/Ce	0.050 ~ 0.60	锶/Sr	0.0010 ~ 0.50
铬/Cr	0.0001 ~ 0.50	锡/Sn	0.0010 ~ 0.50
铜/Cu	0.0001 ~ 11.00	钛/Ti	0.0001 ~ 0.50
镓/Ga	0.0001 ~ 0.050	钒/V	0.0001 ~ 0.20
铁/Fe	0.0001 ~ 5.00	锌/Zn	0.0001 ~ 13.00
铅/Pb	0.0001 ~ 0.80	锆/Zr	0.0001 ~ 0.50

9.2　样品处理

在力学性能方面，铝及铝合金有较好的强度和塑性，适于机械加工。在光电直读光谱法分析中，主要采用车削加工方式进行制样。铝及铝合金的取样与制样，需严格按照 GB/T 17432—2012《变形铝及铝合金化学成分分析取样方法》的规定执行。

铝及铝合金样品包括熔炼分析和成品分析。熔炼分析的取样也是采用勺式取样；成品分析采用切割取样。熔炼分析的取样勺，要求表面有附着牢固、均匀完整、洁净（无金属残留等污物）、干燥耐热（取样过程中，不会因高温导致膜层脱落）涂膜，足够盛下浇铸一个样品所需的金属熔液。取样模具应用钢或铸铁做成，内腔表面无气孔、生锈、残渣。内腔表面宜喷砂后进行钝化处理，内腔形状宜浇铸表面光滑、均匀。样品尺寸符合光电直读光谱法要求，必须保证试样能将激发台的激发孔完全覆盖（激发孔径 10 ~ 15mm），以保证激发室不漏气。试样厚度（不小于 0.5mm）应保证激发后试样不被击穿。

熔融样品取样，应该先用取样勺或排渣工具，将流槽中取样区的所有浮渣推开。然后，立即将取样勺斜插入流槽液面下的清洁区域，快速搅拌，取样勺达到熔体温度时舀样、收回。取样勺舀取的金属熔液，不应接触固态金属、渣子、湿气、铁或灰尘。立即将取样勺舀取的金属熔液，以均匀、平缓的流速注入已经加热的取样模具中。以金属熔液将取样模具中的空气全部赶出，直至金属熔液注满浇口。注入金属熔液时，不应倾斜取样模具，以免熔液溢出注入口。在无搅拌的情况下，待取样模具中的金属熔液慢慢凝固后，开启取样模具，取出样品。每熔次至少抽取一个样品。对于连续铸造，每班应至少取一个样品。样品表面应无缩孔、无包裹物、无夹渣、无裂纹，表面不粗糙。另外要特别注意，在浇铸前取样模具应该加热除去水分。在取样模具中，也可以通过预浇铸一个样品（非试验用样品）的方式加热取样模具。铸模形状应该以圆柱形为最佳，并保证样品均匀、无气孔、无夹渣和裂纹。从铸锭、铸件、加工产品上取样时，应从具有代表性的部位取样。若发生化学成分偏析，可将试样重新熔融浇铸。样品重熔时，必须合理设计熔铸参数和条件，避免样品中化学成分因熔融而损失和污染。

铝及铝合金的制样设备为车床或铣床。其刀具应该采用硬质合金工具钢材料制作。如果选用钢制刀具，在制样前应除去吸附在刀具上的铁。从样品或试样坯料上选取能代表其整体化学成分的试样分析面时，应足够覆盖激发台的激发孔径，以使激发室不漏气。在选定的样品分析面上，铸造样品可用车床车去 14%～22% 的样品厚度。铸锭、板材、带材样品，可用铣床铣去 0.8mm 的厚度或者四分之一的样品坯料厚度。箔材样品，将数张样品放在一起折叠、压紧后，用铣床将剪切边一侧加工成平整的试样分析面。在选定的棒材样品试样分析面上，可用车床或铣床去掉 5～20mm 的厚度。在选定的其他产品的样品试样分析面上，用车床或铣床去掉至少 1.3mm 的厚度。上述样品分析面，用车床或铣床加工（表面不抛光）成光洁平滑的平面。加工后的试样分析面，应具有细小的刀具痕迹，无明显可视的沟槽，无磨损、坑凹或包裹物，样品应有足够的厚度，保证试样不会被击穿。另外，在制样过程中应避免加工过热而氧化。特别是制取高纯铝或较黏金属或合金试样时，由于样品中杂质元素的含量较低，样品表面处理的好坏，将直接影响杂质元素的分析结果。铝合金样品，必须用车床或铣床进行表面加工处理。在加工过程中，可采用无水乙醇作为冷却润滑剂。加工完毕后，制备出的样品表面的纹理清晰，无裂纹、夹杂等物理缺陷。如果试样表面有油污或粉尘，需用无水乙醇洗净、干燥后待用。

铝合金小件及屑状样品可以采用冷压法或浇铸熔融法制样。采用冷压法的具体过程为：将样品放入 UHPS 超高压压样机（瑞绅葆分析技术（上海）有限公司）的铝杯中，盖上盖子并上好扶臂，调整好压力和时间（压力选择 300kN，时间设置 2min）后，按"运行"按钮，2min 后取出样品块，分析面平整并露出金属光泽。采用浇铸熔融法的具体过程是：称取 20g 左右的样品，放入无水乙醇中浸泡数分钟，取出晾干，然后用磁铁吸取样品表面的铁；在氩气气氛、670℃下，样品在电弧熔融炉或高温电炉内熔融完毕后迅速倒入熔铸模中，水冷后脱模取出试样。熔铸模的材料可用高纯石墨制作。样品制取完毕后，在选定的试样分析面上，用车床或铣床车削掉分析表面的氧化膜，并露出金属光泽；车削后的分析面，用脱脂棉沾无水乙醇擦去上面的颗粒和油渍，晾干后即可上机分析。

9.3 铸造铝合金分析

铸造铝合金是以熔融金属充填铸型，获得各种形状零件毛坯的铝合金。具有低密度、比强度较高、抗蚀性、铸造工艺性好、受零件结构设计限制小等优点。可分为：Al-Si、Al-Si-Mg-Cu 为基体的中等强度合金；Al-Cu 为基体的高强度合金；Al-Mg 为基体的耐蚀合金；Al-RE 为基体的热强合金。大多数需要进行热处理，以达到强化合金、消除铸件内应力、稳定组织和零件尺寸等目的。用于制造梁、燃汽轮叶片、泵体、挂架、轮毂、进气唇口和发动机的机匣等产品。还用于制造汽车气缸盖、变速箱、活塞；用于制造仪器仪表的壳体、增压器泵体等零件。现代铸造铝合金，按主要加入的元素可分为 4 个系列，即铝硅系、铝铜系、铝镁系、铝锌系。对于这 4 个系列，各国都有相应的合金及合金牌号的标记。在我国，铸造铝合金牌号标识方法为：Z + 基体元素符号 + 主要合金元素符号及其名义百分含量数字 + 其他合金元素符号及其百分含量数字，如 ZAlSi7Cu4（ZL107）。混合稀土元素符号用 RE 表示。

对于优质合金，在牌号后标注字母"A"。第一位数字表示合金系，其中：1 表示铝硅合金系；2 表示铝铜合金系；3 表示铝镁合金系；4 表示铝锌合金系。第二、三位数字表示合金序号。其主要产品有：铝铸锭、铝合金铸件。其中铝合金铸件有：砂型铸件、金属型铸件、熔模铸件、压铸件。

铝硅系合金，通常硅含量为 4% ~13% ，又称"硅铝明"合金。铸造性能最佳，裂纹倾向性极小，收缩率低，有很好的耐蚀性和气密性，以及足够的力学性能和焊接性能。用于制造飞机、仪表、电动机壳体、汽缸体、风机叶片、发动机活塞等。该合金进行变质处理后，可使该系合金的组织和性能得到改善，拓宽了使用范围。在用量上，几乎占铸造铝合金的 50% 。铝硅系合金可分为：共晶型、亚共晶型、过共晶型和添加铜、镁、锰等元素的复杂共晶合金。其代号为 ZL1 + 两位数字顺序号，如 ZAlSi7Mg（ZL101）、ZAlSi12（ZL102）等。

铝铜系合金，耐热性好，强度较高，密度大。铸造性能、耐蚀性能较差，强度低于 Al-Si 系合金。铜含量一般低于铜在铝中的溶解度极限（5.85%）。平衡组织中无共晶体；非平衡条件下，可能出现少量共晶体。经固溶处理，使固溶体过饱和，可获得时效强化效果。合金中加入锰、钛元素，可使晶粒细化，能补充强化和改善耐蚀性。主要用于制造在较高温度下工作的高强零件，如内燃机汽缸头、汽车活塞等。其代号为 ZL2 + 两位数字顺序号，如 ZAlCu5Mn（ZL201）、ZAlCu4（ZL203）等。

铝镁系合金，耐蚀性好，强度高，密度小，有较好的气密性。铸造性能差、耐热性低。铝镁二元铸造合金，镁含量高达 11.5% 。多元合金中的镁含量一般为 5% 左右。合金的组织由 α + β（Mg5Al8）相组成。热处理的强化效果不明显，主要为固溶强化。β（Mg5Al8）相沿晶界呈网状析出时，抗蚀性和力学性能变坏。为了防止 β（Mg5Al8）相沿晶界析出，多在固溶状态下使用。合金中加入硅和锰元素，能改善合金的流动性。主要用于制造外形简单、承受冲击载荷、腐蚀性介质环境中工作的零件，如舰船配件、泵体等。代号为 ZL3 + 两位数字顺序号，常用代号为 ZAlMg10（ZL301）、ZAlMg5Si1（ZL303）等。

铝锌系合金，铸造性能好，强度较高，可自然时效强化，密度大，耐蚀性较差。也就是说，铸造状态就具备淬火组织特征，不进行热处理就可获得高的强度。合金的密度大，不适宜制作飞机零件。该合金系是在硅铝明合金的基础上加锌而成。因此，亦称"锌硅铝明"合金。主要用于制造形状复杂、受力较小的汽车、飞机、仪器零件。代号为 ZL4 + 两位数字顺序号，如 ZAlZn11Si7（ZL401）、ZAlZn6Mg（ZL402）等。

在光电直读光谱法中，铸造铝合金样品的分析，可以参照 GB/T 7999—2015《铝及铝合金光电直读发射光谱分析方法》。铸造铝合金样品主要分析元素有硅、铜、铁、锌、锰、镁、镍、铬、钛、铅、锡等。个别特殊样品还要分析锆、钒、镉、锶、铍、锑、钙和稀土元素。标准中，基体元素铝以余量形式表示。以铝元素的分析谱线做内标元素。常用的三条谱线波长为 305.47nm、266.04nm、256.79nm。选择的其他元素谱线见表 9-2。

将制备好的块状样品作为一个电极，用光源发生器使样品与对电极之间激发发光，并将该光束引入色散系统，通过色散元件将光束色散后，对选定的铝内标线和分析线的强度进行测量，根据分析线对的相对强度，从校准曲线上，求出分析样品中待测元素的含量。选定的工作条件激发标准样品和分析样品，每个样品至少激发 2~3 次，取平均值。

表 9-2 铸造铝合金样品各元素分析谱线波长

元素	波长/nm	测定范围(质量分数)/%	元素	波长/nm	测定范围(质量分数)/%
Si	251.61	0.00050 ~ 5.00	Fe	259.93	0.0010 ~ 3.00
	390.55	0.020 ~ 15.00	Mn	259.37	0.00010 ~ 2.00
Cu	324.75	0.00010 ~ 0.50	Mg	279.55	0.00010 ~ 3.00
	510.55	0.020 ~ 11.00		382.93	0.0030 ~ 11.00
Zn	330.26	0.00080 ~ 13.00	Ni	341.47	0.00020 ~ 3.00
Cr	267.71	0.00030 ~ 3.00	Ti	337.28	0.00010 ~ 1.00
Pb	405.78	0.00050 ~ 0.10	Sn	317.50	0.00050 ~ 20.00
	283.30	0.0050 ~ 1.00	Zr	339.19	0.00005 ~ 0.50
V	310.23	0.00050 ~ 1.00	Cd	228.80	0.0010 ~ 0.20
Sr	460.73	0.00010 ~ 0.50	Be	313.04	0.00002 ~ 0.50
Sb	259.80	0.00080 ~ 0.50	Ca	396.85	0.00050 ~ 0.50
Ce	399.92	0.0010 ~ 0.60			

9.3.1 分析条件

分析仪器：W2 型全谱直读光谱仪（无锡市金义博仪器科技有限公司）。

环境条件：温度 25℃，相对湿度 40% ~ 65%，电源有良好的接地，周围无强磁场，无大功率用电设备，无振动，室内无腐蚀性气体，避免强光，避免灰尘。氩气纯度≥99.999%。

仪器系统：非真空充氩气模式。

电极：钨电极（6mm），顶角 90°；分析间隙 3.4mm。

仪器实验条件：氩气流量 10L/min；冲洗时间 10s；预燃时间 8s；曝光时间 6s。

在上述分析条件中，仪器实验条件尤为重要。它是由氩气流量、冲洗时间、预燃时间、曝光时间组成。氩气流量大小，对分析结果有一定的影响。如果流量太小，则不能排除火花室（激发室）的空气和样品激发带来的多余产物和空气。在激发过程中，残余的氧和水分，可导致样品产生扩散放电，分析表面形成白斑，使结果偏离标准值。氩气流量太大，则会导致激发时产生的光谱飘逸不定，不能全部进入光室，部分元素的实验结果发生偏离。因此，氩气流量大小对实验结果有一定的影响。在铝及铝合金样品分析中，选择基体元素铝的光谱线 305.00nm，在其他条件不变的情况下，氩气流量由小到大调整，测量各个阶段的强度值，找出强度值比较稳定的区间即可。冲洗时间对分析过程也有一定影响。在密闭条件下，如果冲洗时间太短，激发室会残留少量的空气，导致实验结果偏离。若时间太久，则会浪费氩气。

在光电直读光谱法中，预燃是为了得到能够真实代表试样本身特性的稳定光谱。试样激发，从样品的表层开始，随激发时间的延长，越过表层激发到样品的内部，并且激发时间的长短不同，激发样品的深度也不同。通常样品的表层会有大小不同的氧化或污染。因此，表层的激发信号不应计入实际分析信号中。否则，会造成分析结果的偏离。另外，初始激发时空气可能还会有残存。因此，也会影响样品激发产生的光谱的真实性，从而使分析结果产生不同程度的偏离。

9.3.2　分析谱线

分析谱线又称"光谱谱线"。在原子光谱分析中,它是决定该类元素是否存在的必要条件。在激发时,每个元素都会产生许多谱线。由于诸多因素的影响,不是每一条元素谱线都适合作为分析线。并且每一条谱线的灵敏度也不一样。因此,在原子光谱分析中,谱线选择尤为重要。光电直读光谱法的分析谱线选择可采用:选择一块与待测材料技术条件中各元素含量范围最接近的标准物质,按仪器提供的分析波长,在其他分析条件不变的前提下,只改变分析波长,对所选标准物质进行激发,比较样品激发后仪器自动显示的负高压数值,选择负高压数值最高的分析波长作为样品测试时的分析波长。经实验确定的各元素分析谱线波长:Si 390.55nm,Mg 279.55nm,Mn 293.30nm,Cu 327.39nm(0~2),224.26nm(1.8~100),Fe 259.94nm,Zn 330.26nm,Ti 337.28nm,Pb 405.78nm,Ni 341.47nm,Sn 317.50nm。

内标谱线波长:Al 305.00nm。

9.3.3　工作曲线绘制

如果光电直读光谱仪的操作软件内有 Al-Si 铸铝样品工作曲线,则不需要做工作曲线。直接选择一个与分析样品同牌号的标准物质,作为控样进行校准。校准完毕后,可直接对样品进行分析。如果样品没有合适的工作曲线,可根据试样的种类及化学成分选择相应的标准样品。为了保证分析结果的可靠性和对产品质量的控制,应选用有证标准样品或行业级标准样品。当两者都没有时,也可由控制标样替代。控制标样应与分析试样的化学成分及冶金过程保持一致,须保证试样均匀、定值准确,并经化学分析方法验证。比如:GBW(E)020006 ~ GBW(E)020010 铸造铝合金光谱分析标准物质化学成分标准值见表9-3。该标准物质为国家二级有证标准物质。

表9-3　铸造铝合金光谱分析标准物质　　　　　　　　　　　(%)

元素＼编号	GBW(E)020006	GBW(E)020007	GBW(E)020008	GBW(E)020009	GBW(E)020010
Si	4.52	6.05	8.35	11.41	14.15
Mg	0.0053	0.124	0.532	1.02	1.80
Mn	0.106	0.306	0.525	0.942	1.04
Cu	0.226	0.574	0.99	3.41	4.85
Fe	0.164	0.163	0.432	1.08	1.25
Zn	0.133	0.210	0.022	0.454	0.960
Ti	0.278	0.076	0.116	0.170	0.044
Pb	0.014	0.018	0.014	0.023	0.033
Ni	1.58	0.116	0.468	0.936	1.28
Sn	0.0062	0.017	0.013	0.013	0.018

铸造铝合金样品各元素工作曲线制作具体流程如下:

(1)设置建立曲线的名称及曲线分析的元素。模型名称为铸造铝合金,分析基体为

Al，分析阶段为 2，见图 9-1。

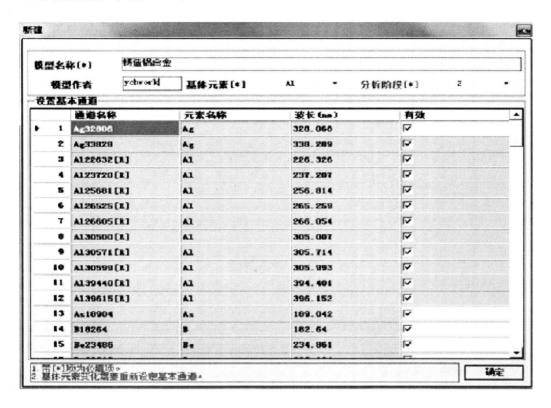

图 9-1　W2 型全谱直读光谱仪操作软件"新建"对话框

（2）对激发参数进行设置。分析条件：冲洗时间 10s；预燃时间 10s；曝光时间 6s；分组火花 1 阶段设置为 5（采集低含量元素的强度）；2 阶段设置为 3（采集高含量元素的强度），见图 9-2。

图 9-2　W2 型全谱直读光谱仪操作软件"光源激发参数"对话框（一）

（3）分析阶段设置。低含量使用1阶段采集；2阶段采集高含量的元素（Si3905谱线用于分析高含量硅），点击提交保存设置，见图9-3。

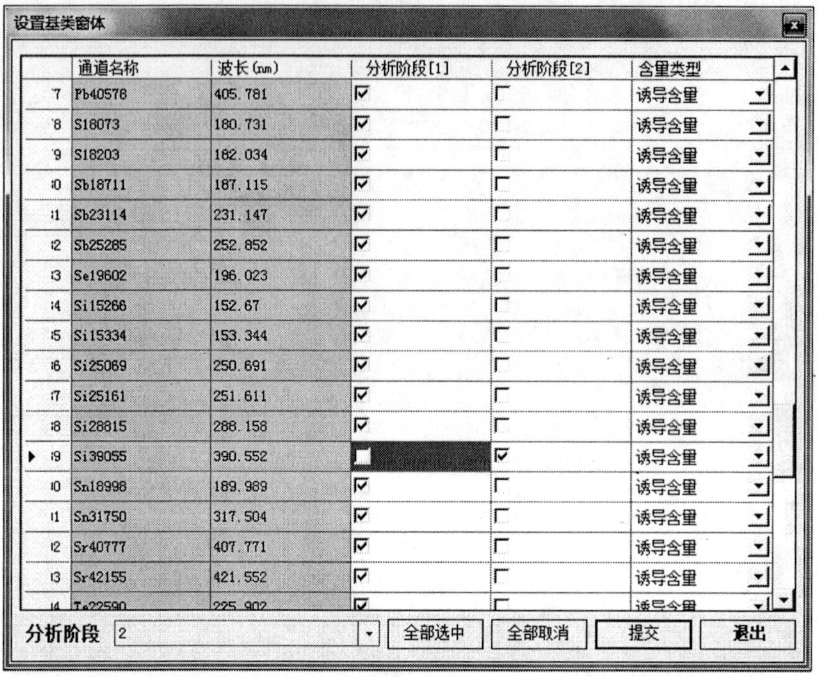

	通道名称	波长(nm)	分析阶段[1]	分析阶段[2]	含量类型
7	Pb40578	405.781	☑	☐	诱导含量
8	S18073	180.731	☑	☐	诱导含量
9	S18203	182.034	☑	☐	诱导含量
0	Sb18711	187.115	☑	☐	诱导含量
1	Sb23114	231.147	☑	☐	诱导含量
2	Sb25285	252.852	☑	☐	诱导含量
3	Se19602	196.023	☑	☐	诱导含量
4	Si15266	152.67	☑	☐	诱导含量
5	Si15334	153.344	☑	☐	诱导含量
6	Si25069	250.691	☑	☐	诱导含量
7	Si25161	251.611	☑	☐	诱导含量
8	Si28815	288.158	☑	☐	诱导含量
▶ 9	Si39055	390.552	☐	☑	诱导含量
0	Sn18998	189.989	☑	☐	诱导含量
1	Sn31750	317.504	☑	☐	诱导含量
2	Sr40777	407.771	☑	☐	诱导含量
3	Sr42155	421.552	☑	☐	诱导含量
4	Te22590	225.902	☑	☐	诱导含量

图9-3　W2型全谱直读光谱仪操作软件“光源激发参数”对话框（二）

（4）元素分析含量范围设置。此界面设置不同波长元素的分析范围，铸造铝合金曲线中，设置了Cu元素的高低含量所使用的分析线。其中低含量铜采用的分析线的波长为327.39nm，分析范围0～2%。高含量铜采用的分析线的波长为224.26nm，分析范围1.8%～100%，见图9-4。

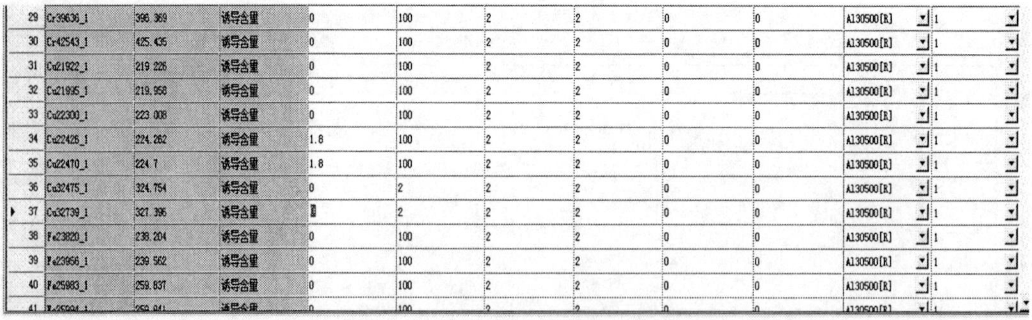

29	Cr39636_1	396.369	诱导含量	0	100	2	2	0	0	Al30500[R]	1
30	Cr42543_1	425.435	诱导含量	0	100	2	2	0	0	Al30500[R]	1
31	Cu21922_1	219.226	诱导含量	0	100	2	2	0	0	Al30500[R]	1
32	Cu21995_1	219.958	诱导含量	0	100	2	2	0	0	Al30500[R]	1
33	Cu22300_1	223.008	诱导含量	0	100	2	2	0	0	Al30500[R]	1
34	Cu22426_1	224.262	诱导含量	1.8	100	2	2	0	0	Al30500[R]	1
35	Cu22470_1	224.7	诱导含量	1.8	100	2	2	0	0	Al30500[R]	1
36	Cu32475_1	324.754	诱导含量	0	2	2	2	0	0	Al30500[R]	1
▶ 37	Cu32739_1	327.396	诱导含量	0	2	2	2	0	0	Al30500[R]	1
38	Fe23820_1	238.204	诱导含量	0	100	2	2	0	0	Al30500[R]	1
39	Fe23956_1	239.562	诱导含量	0	100	2	2	0	0	Al30500[R]	1
40	Fe25983_1	259.837	诱导含量	0	100	2	2	0	0	Al30500[R]	1

图9-4　W2型全谱直读光谱仪操作软件“光源激发参数”对话框（三）

（5）高低标样品的设置。选择用来校正曲线用的高低标的样品。此曲线采用两块样品校正工作曲线的偏移。样品为RACe-19（低标）和ZBY535（高标）。依次激发这两块样品，完成标准化样品的设置过程，见图9-5。

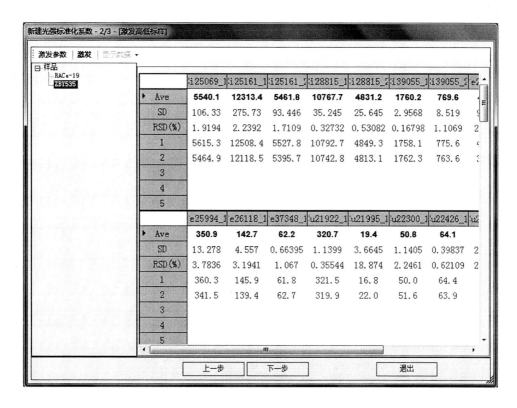

图 9-5 W2 型全谱直读光谱仪操作软件"激发高低标样"对话框（一）

（6）建立分析样品的设置。本窗口设置用来建立铝硅曲线所采用的标准样品的编号。然后，依次激发所有设置的样品，见图 9-6。

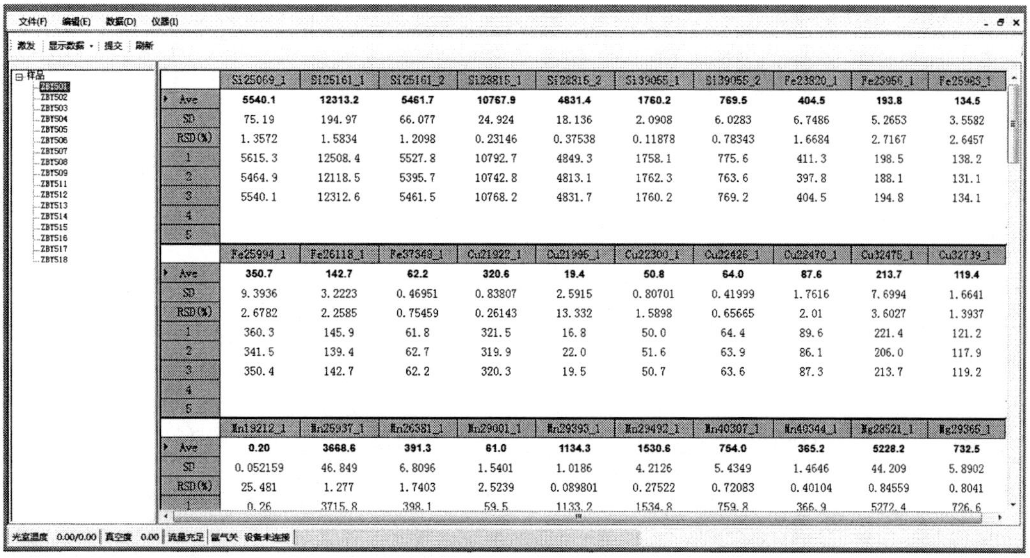

图 9-6 W2 型全谱直读光谱仪操作软件"激发高低标样"对话框（二）

　　（7）分析曲线的拟合过程。通过设置样品的"权重系数"，选择使用哪些样品参与工作曲线的建立。权重系数为1，表示该样品参与该元素的工作曲线拟合。反之，表示该样品不参与该元素的曲线拟合。Fe元素的工作曲线，采用二次方程拟合而成，相关系数为0.9991，见图9-7。

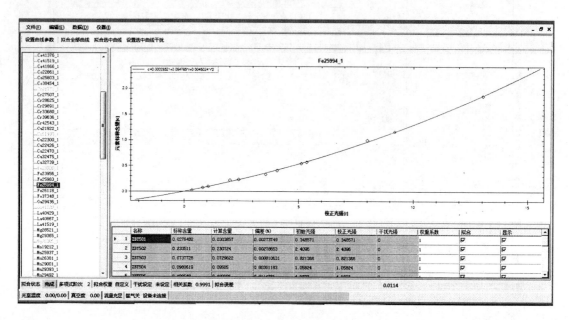

图9-7　Fe元素工作曲线

　　高Si元素的工作曲线采用二次方程拟合而成，拟合后曲线的相关系数为0.9992，见图9-8。

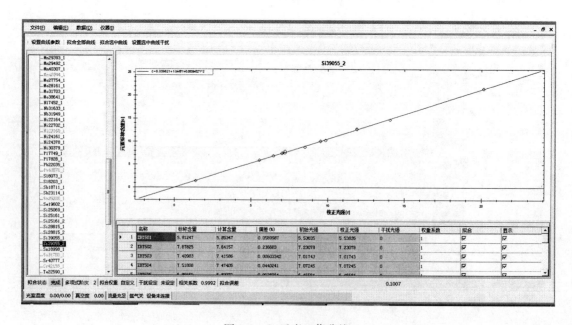

图9-8　Si元素工作曲线

每次测定试样前，要用校正样进行工作曲线的漂移校正，再用控制样予以确认。漂移校正，采用 GBW(E)020006、GBW(E)020007、GBW(E)020010 三块铸造铝合金标准物质作为曲线的高低标校正样品。控制试样应与分析试样的化学成分及冶金过程保持一致，可以从绘制工作曲线的标准样品中选取，也可以自制。但必须保证试样均匀、定值准确，必要时可用化学分析方法进行验证。上述工作完毕后，可用与分析样品同牌号的标准物质作为控样进行校准。校准完毕后，可直接对样品进行分析。

9.3.4 方法精密度

分析结果的重复性是指在重复性条件下分析结果的相对标准偏差（RSD）；分析结果的相对允许差是指实验室之间分析结果的相对误差。其相对标准偏差（RSD）和相对允许差必须满足 GB/T 7999—2015《铝及铝合金光电直读发射光谱分析方法》中的规定要求，见表 9-4。

表 9-4 铝及铝合金样品精密度

测定元素含量(质量分数)/%	相对标准偏差/%	相对允许差/%
≤0.0005	25	50
>0.0005~0.001	14	40
>0.001~0.01	9	25
>0.01~0.10	6	17
>0.10~0.50	5	14
>0.50~1.00	2.5	7
>1.0~8.0	2	6
>8.00	1.5	5

下面以一个铸铝样品分别在甲乙两家实验室实验结果（见表 9-5、表 9-6）为例，介绍其各元素分析数据相对标准偏差（RSD）与 GB/T 7999—2015《铝及铝合金光电直读发射光谱分析方法》的比较情况。

表 9-5 甲实验室铸铝样品各元素分析结果 （%）

项目 \ 元素	Si	Fe	Cu	Mg	Mn	Zn	Sn	Pb
1	9.047	0.983	2.079	0.038	0.442	0.687	0.130	0.287
2	9.150	0.963	2.087	0.038	0.425	0.692	0.128	0.281
3	9.117	0.959	2.133	0.038	0.426	0.685	0.127	0.284
4	9.130	0.958	2.117	0.038	0.428	0.687	0.129	0.282
5	9.147	0.961	2.161	0.038	0.426	0.682	0.128	0.281
6	9.196	0.965	2.085	0.038	0.430	0.701	0.132	0.282
7	9.192	0.934	2.130	0.038	0.421	0.682	0.126	0.278
8	9.123	0.956	2.118	0.038	0.428	0.693	0.130	0.282
9	9.093	0.953	2.122	0.038	0.424	0.687	0.130	0.282
10	9.159	0.935	2.128	0.038	0.420	0.688	0.130	0.283
11	9.075	0.971	2.127	0.038	0.436	0.669	0.132	0.284

元素 项目	Si	Fe	Cu	Mg	Mn	Zn	Sn	Pb
均值	9.130	0.958	2.117	0.038	0.428	0.687	0.129	0.282
标准偏差	0.049	0.015	0.026	0.000	0.007	0.008	0.002	0.002
RSD	0.53	1.6	1.2	0.99	1.546	1.2	1.4	0.83
含量范围	>8.00	0.50~1.00	1.0~8.0	0.01~0.10	0.10~0.50	0.50~1.00	0.10~0.50	0.10~0.50
RSD 要求	1.5	2.5	2	6	5	2.5	5	5
与 RSD 要求相比较	小于	小于	小于	小于	小于	小于	小于	小于

表9-6　乙实验室铸铝样品各元素分析结果　　　　　　　　（%）

元素 项目	Si	Fe	Cu	Mg	Mn	Zn	Sn	Pb
1	9.134	0.961	2.052	0.038	0.423	0.678	0.136	0.281
2	9.161	0.954	2.077	0.038	0.438	0.685	0.129	0.276
3	9.132	0.952	2.143	0.038	0.432	0.678	0.122	0.274
4	9.196	0.955	2.108	0.038	0.438	0.682	0.134	0.271
5	9.168	0.963	2.151	0.038	0.436	0.674	0.138	0.287
6	9.213	0.961	2.111	0.038	0.442	0.692	0.128	0.282
7	9.192	0.933	2.168	0.038	0.441	0.696	0.122	0.279
8	9.186	0.951	2.061	0.038	0.422	0.686	0.139	0.275
9	9.132	0.951	2.075	0.038	0.423	0.681	0.138	0.273
10	9.182	0.932	2.088	0.038	0.435	0.676	0.135	0.273
11	9.167	0.948	2.117	0.038	0.424	0.673	0.136	0.288
均值	9.169	0.951	2.105	0.038	0.432	0.682	0.132	0.278
标准偏差	0.028	0.010	0.038	0.000	0.008	0.007	0.006	0.006
RSD	0.30	1.1	1.8	1.0	1.8	1.1	4.7	2.1
含量范围	>8.00	0.50~1.00	1.0~8.0	0.01~0.10	0.10~0.50	0.50~1.00	0.10~0.50	0.10~0.50
RSD 要求	1.5	2.5	2	6	5	2.5	5	5
与 RSD 要求相比较	小于	小于	小于	小于	小于	小于	小于	小于

　　分析结果的相对允许差是指实验室之间分析结果的最大相对误差。它是衡量实验室的实验结果是否可疑的重要指标之一。表9-5、表9-6是甲乙两个实验室同一个铸铝样品的实验结果。两个实验结果的相对允许差对比结果见表9-7。

表9-7　甲乙实验室铸铝样品各元素分析结果的相对允许差　　　　　　　　（%）

元素 项目	Si	Fe	Cu	Mg	Mn	Zn	Sn	Pb
甲实验室	9.130	0.958	2.117	0.038	0.428	0.687	0.129	0.282
乙实验室	9.169	0.951	2.105	0.038	0.432	0.682	0.132	0.278
平均值	9.150	0.954	2.111	0.038	0.430	0.684	0.130	0.280

项目 \ 元素	Si	Fe	Cu	Mg	Mn	Zn	Sn	Pb
含量范围	>8.00	0.50 ~ 1.00	1.0 ~ 8.0	0.01 ~ 0.10	0.10 ~ 0.50	0.50 ~ 1.00	0.10 ~ 0.50	0.10 ~ 0.50
相对允许差要求	5	7	6	17	14	7	14	14
极差	0.039	0.007	0.012	0.000	0.004	0.005	0.007	0.004
相对误差计算值	0.43	0.73	0.57	0	0.93	0.73	5.384	1.43
相对误差与相对允许差要求相比较	小于	小于	小于	小于	小于	小于	小于	小于
备注	相对误差计算值 =（极差×100%）/平均值							

9.4 变形铝合金分析

按材料的热处理特性，变形铝合金可分为：可热处理强化铝合金、不可热处理强化铝合金。变形铝合金又可分为：工业纯铝、热处理不可强化的铝合金、热处理可强化的铝合金。其主要产品有：棒、板、管、带、线、箔、型材、锻件。铝及铝合金的牌号及状态，以往都是采用国内统一的表示方法，即汉语拼音加顺序号。自 1996 年起，这种表示方法已经停止使用。目前，采用国际四位数字体系的表示方法。其中：第一位代表合金的系列，如第一位数字为 1，则代表为纯铝系列。第一位数字为 2 ~ 8，则代表不同系列的铝合金。具体的合金组别，按下列主要合金元素划分：

1×××系为工业纯铝（Al），又称纯铝板。其代表牌号有 1050、1060 和 1100。

2×××系为铝铜合金铝板（Al-Cu），又称航空铝材板。其代表牌号有 2011、2014 和 2A01。

3×××系为铝锰合金铝板（Al-Mn），又可以称为防锈铝板。其代表牌号有 3003、3004 和 3A21。

4×××系为铝硅合金铝板（Al-Si），其代表牌号有 4A01。

5×××系为铝镁合金铝板（Al-Mg），其代表牌号有 5052、5005、5083 和 5A05。

6×××系为铝镁硅合金铝板（Al-Mg-Si），其代表牌号有 6061 和 6063。

7×××系为铝锌合金铝板［Al-Zn-Mg-(Cu)］，也属于航空系列铝板，其代表牌号有 7075。

8×××系为铝与其他元素，其代表牌号有 8011。

在光电直读光谱法中，变形铝合金样品的分析可以参照 GB/T 7999—2015《铝及铝合金光电直读发射光谱分析方法》。铸造铝合金样品主要分析元素有硅、铜、铁、锌、锰、镁、镍、铬、钛。个别样品需要分析钒、镓、锆、铅、铋、锡、硼、铍、钪、钠、锂等元素。如果样品材料用于食品包装或机械，还要分析铅、砷、镉、汞等有害元素。基体元素铝以余量形式表示（除 1×××系），可以用铝元素的分析谱线做内标元素。常用的三条谱线波长为 305.47nm、266.04nm、256.79nm。其他元素谱线选择见表 9-8。

表 9-8　变形铝合金样品各元素分析谱线波长

元素	波长/nm	测定范围(质量分数)/%	元素	波长/nm	测定范围(质量分数)/%
Si	251. 61	0. 00050 ~ 5. 00	Fe	259. 93	0. 0010 ~ 3. 00
	390. 55	0. 020 ~ 15. 00	Mn	259. 37	0. 00010 ~ 2. 00
Cu	324. 75	0. 00010 ~ 0. 50	Mg	279. 55	0. 00010 ~ 3. 00
	510. 55	0. 020 ~ 11. 00		382. 93	0. 0030 ~ 11. 00
Zn	330. 26	0. 00080 ~ 13. 00	Ni	341. 47	0. 00020 ~ 3. 00
Cr	267. 71	0. 00030 ~ 3. 00	Ti	337. 28	0. 00010 ~ 1. 00
Pb	405. 78	0. 00050 ~ 0. 10	Sn	317. 50	0. 00050 ~ 20. 00
	283. 30	0. 0050 ~ 1. 00	Zr	339. 19	0. 00005 ~ 0. 50
V	310. 23	0. 00050 ~ 1. 00	Cd	228. 80	0. 0010 ~ 0. 20
Sr	460. 73	0. 00010 ~ 0. 50	Be	313. 04	0. 00002 ~ 0. 50
Ga	417. 21	0. 0010 ~ 0. 10	As	193. 75	0. 0020 ~ 0. 050
Na	589. 00	0. 00010 ~ 0. 020			

9.4.1　分析条件

分析仪器：W2 型全谱直读光谱仪（无锡市金义博仪器科技有限公司）。

环境条件：温度 25℃，相对湿度 40% ~ 65%，电源有良好的接地，周围无强磁场，无大功率用电设备，无振动，室内无腐蚀性气体，避免强光，避免灰尘。

氩气纯度：≥99. 999% 。

真空系统：非真空充氩气模式。

电极：钨电极（6mm），顶角 90°；分析间隙 3. 4mm。

仪器实验条件：氩气流量 10L/min；冲洗时间 10s；预燃时间 8s；曝光时间 6s。

分析谱线波长：Si 251. 61nm、Fe 259. 93nm、Cu 324. 75nm、Mg 279. 55nm、Mn 259. 37nm、Zn 330. 26nm、Ti 337. 28nm、Cr 267. 71nm。

内标谱线波长：Al 305. 00nm。

9.4.2　工作曲线绘制

如果光电直读光谱仪的操作软件内有变形铝合金工作曲线，则不需要做工作曲线。直接选择一个与分析样品同牌号的标准物质作为控样进行校准。校准完毕后，可直接对样品进行分析。如果没有合适的工作曲线，可根据试样的种类及化学成分选择相应的标准样品。为了保证分析结果的可靠性和对产品质量的控制，应选用有证标准样品或行业级标准样品，当两者都没有时，也可由控制标样替代。控制标样应与分析试样的化学成分及冶金过程保持一致，须保证试样均匀、定值准确，并经化学分析方法验证。比如：GSB04-1991-2006 ~ GSB04-1995-2006 铝合金光谱分析标准物质，以此为套标绘制工作曲线，其各元素化学成分标准值见表 9-9。该标准物质为国家一级有证标准样品。变形铝合金样品工作曲线制作过程可参照铸铝样品制作流程。

表9-9 铝合金光谱分析标准样品各元素标准值 （%）

编号	Si	Fe	Cu	Mg	Mn	Zn	Ti	Cr
1 号	0.102	0.045	0.188	1.01	0.010	0.010	0.153	0.150
2 号	0.273	0.150	0.149	0.817	0.051	0.047	0.112	0.101
3 号	0.441	0.258	0.103	0.616	0.099	0.090	0.050	0.058
4 号	0.569	0.352	0.053	0.310	0.151	0.144	0.0098	0.010
5 号	0.751	0.459	0.016	0.219	0.207	0.201	0.0042	0.0047

　　测定试样前，要用校正样进行工作曲线的漂移校正，再用控制样予以确认。采用 GSB04-1991-2006、GSB04-1995-2006 两块铝合金标准样品作为曲线的高低标。控制试样应与分析试样的化学成分及冶金过程保持一致，可以在绘制工作曲线的标准样品中选用，也可以自制。必须保证试样均匀、定值准确，必要时经化学分析方法验证。上述工作完毕后，可用与分析样品同牌号的标准物质作为控样进行校准。校准完毕后，可直接对样品进行分析。

9.4.3 方法精密度

　　方法的精密度涉及分析结果的重复性和允许差。分析结果的重复性是指在重复性条件下，其相对标准偏差不超过表9-4的规定。分析结果的允许差是指实验室之间分析结果的相对误差应不大于表9-4所列的规定。

　　一个变形铝合金样品，分别在甲乙两家实验室实验结果见表9-10、表9-11。其各元素分析数据相对标准偏差与 GB/T 7999—2015《铝及铝合金光电直读发射光谱分析方法》的对比情况见表9-12。

表9-10　甲实验室变形铝合金样品各元素分析结果　　　　　　（%）

项目＼元素	Si	Fe	Cu	Mg	Mn	Zn	Ti	Cr
1 号	0.427	0.253	0.102	0.594	0.104	0.0984	0.0658	0.0647
2 号	0.414	0.258	0.108	0.588	0.104	0.0976	0.0649	0.0648
3 号	0.418	0.256	0.109	0.584	0.103	0.0974	0.0653	0.0647
4 号	0,417	0.246	0.111	0.592	0.104	0.0974	0.0657	0.0648
5 号	0.424	0.248	0.104	0.596	0.106	0.0980	0.0654	0.0649
6 号	0.423	0.249	0.105	0.588	0.112	0.0975	0.0656	0.0652
7 号	0.426	0.253	0.104	0.587	0.108	0.0979	0.0648	0.0653
8 号	0.429	0.252	0.103	0.589	0.106	0.0984	0.0647	0.0657
9 号	0.421	0.254	0.104	0.588	0.106	0.0982	0.0648	0.0654
10 号	0.423	0.250	0.106	0.586	0.107	0.0982	0.0649	0.0647
11 号	0.424	0.252	0.112	0.589	0.109	0.0983	0.0652	0.0648
均值	0.423	0.252	0.106	0.589	0.106	0.0979	0.0652	0.0650
标准偏差	0.004	0.004	0.003	0.004	0.003	0.0004	0.0004	0.0003
RSD	1.0	1.4	3.1	0.60	2.5	0.41	0.61	0.53

项目＼元素	Si	Fe	Cu	Mg	Mn	Zn	Ti	Cr
含量范围	0.10~0.50	0.10~0.50	0.10~0.50	0.50~1.00	0.10~0.50	0.01~0.10	0.01~0.10	0.01~0.10
RSD 要求	5	5	5	2.5	5	6	6	6
与 RSD 要求相比较	小于	小于	小于	小于	小于	小于	小于	小于

表 9-11　乙实验室变形铝合金样品各元素分析结果　　　　（％）

项目＼元素	Si	Fe	Cu	Mg	Mn	Zn	Ti	Cr
1 号	0.427	0.253	0.102	0.594	0.104	0.0984	0.0658	0.0647
2 号	0.424	0.248	0.103	0.598	0.102	0.0986	0.0659	0.0638
3 号	0.418	0.246	0.105	0.594	0.103	0.0984	0.0650	0.0640
4 号	0，427	0.246	0.101	0.592	0.102	0.0984	0.0651	0.0642
5 号	0.424	0.248	0.104	0.596	0.102	0.0980	0.0654	0.0639
6 号	0.420	0.249	0.105	0.598	0.102	0.0985	0.0656	0.0642
37 号	0.426	0.253	0.104	0.597	0.108	0.0989	0.0650	0.0643
8 号	0.429	0.252	0.103	0.599	0.106	0.0984	0.0650	0.0647
9 号	0.424	0.244	0.104	0.598	0.104	0.0980	0.0648	0.0644
10 号	0.423	0.250	0.102	0.596	0.104	0.0985	0.0649	0.0648
11 号	0.424	0.246	0.112	0.589	0.109	0.0981	0.0652	0.0649
均值	0.424	0.249	0.104	0.596	0.104	0.0984	0.0652	0.0644
标准偏差	0.003	0.003	0.003	0.003	0.002	0.0003	0.0004	0.0004
RSD	0.75	1.3	2.8	0.51	2.4	0.27	0.58	0.59
含量范围	0.10~0.50	0.10~0.50	0.10~0.50	0.50~1.00	0.10~0.50	0.01~0.10	0.01~0.10	0.01~0.10
RSD 要求	5	5	5	2.5	5	6	6	6
与 RSD 要求相比较	小于	小于	小于	小于	小于	小于	小于	小于

　　分析结果的相对允许差是指实验室之间分析结果的最大相对允许误差。它是衡量实验结果是否可疑的重要指标之一。表 9-10、表 9-11 是甲乙两个实验室的实验结果。相对允许差的对比结果见表 9-12。

表 9-12　甲乙实验室铸铝样品各元素分析结果的相对允许差　　　　（％）

项目＼元素	Si	Fe	Cu	Mg	Mn	Zn	Ti	Cr
甲实验室	0.423	0.252	0.106	0.589	0.106	0.0979	0.0652	0.0650
乙实验室	0.424	0.249	0.104	0.596	0.104	0.0984	0.0652	0.0644
平均值	0.424	0.250	0.105	0.592	0.105	0.0982	0.0652	0.0647
含量范围	0.10~0.50	0.10~0.50	0.10~0.50	0.50~1.00	0.10~0.50	0.01~0.10	0.01~0.10	0.01~0.10
相对允许差规定	14	14	14	7	14	17	17	17

续表 9-12

项目 \ 元素	Si	Fe	Cu	Mg	Mn	Zn	Ti	Cr
极差	0.001	0.003	0.002	0.007	0.002	0.0005	0.0000	0.0006
相对误差计算值	0.24	1.20	1.90	1.18	1.90	0.51	0	0.93
相对误差与相对允许差要求相比较	小于	小于	小于	小于	小于	小于	小于	小于
备注	相对误差计算值 =（极差×100%）/平均值							

9.5 纯铝分析

纯铝按纯度可分为高纯铝、工业高纯铝和工业纯铝三种。工业纯铝一般纯度为 99.0% ~ 99.9%。塑性变形加工工业纯铝牌号有：1080、1080A、1070、1070A（L1）、1370、1060（L2）、1050、1050A（L3）、1A50（LB2）、1350、1145、1035（L4）、1A30（L4-1）、1100（L5-1）、1200、1235 等。变形加工用工业纯铝的原料是铝锭，按 GB/T 1196—2017 应称为"重熔用铝锭"。它是用氧化铝-冰晶石，通过电解法生产出来的。按照国家标准规定的重熔用铝锭化学成分，可分为 8 个牌号：Al99.90、Al99.85、Al99.70、Al99.60、Al99.50、Al99.00、Al99.7E、Al99.6E。铁和硅是其主要杂质，并按牌号数字增加而递增。工业纯铝中常存在少量杂质，主要是 Fe 和 Si。实质上可以看作是铁、硅含量很低的铝-铁-硅系合金。除此之外，还有 Cu、Zn、Mg、Mn、Ni、Ti 等。杂质的含量、种类及性能，对铝的物理性质、化学性质、力学性能、加工工艺等性能均有影响。一般说来，随着杂质含量增高，纯铝的导电性、耐蚀性下降，强度有所升高而塑性降低。

工业纯铝具有铝的一般特点，密度小，导电、导热性能好，抗腐蚀性能好，塑性加工性能好，可加工成板、带、箔和挤压制品等，可进行气焊、氩弧焊、点焊。工业纯铝用途非常广泛，可作电工铝，如母线、电线、电缆、电子零件；可作换热器、冷却器、化工设备；烟、茶、糖等食品和药物的包装用品，啤酒桶等深冲制品；在建筑上作屋面板、天棚、间壁墙、吸音和绝热材料，以及家庭用具、炊具等。

在光电直读光谱法中，纯铝样品的分析可以参照 GB/T 7999—2015《铝及铝合金光电直读发射光谱分析方法》。纯铝样品主要元素有：硅、铜、铁、锌、锰、镁、铬、钛、钒、镓、镍。如果样品材料用于食品包装或机械，还要分析铅、砷、镉、汞等有害元素。基体元素铝以99.××%表示，它是通过100%减去杂质元素总和。因此，准确测定样品中各杂质元素含量尤为重要。在样品分析中，可用铝元素的分析谱线做内标元素。常用的三条谱线波长为305.47nm、266.04nm、256.79nm。其他元素谱线选择见表9-13。

9.5.1 分析条件

分析仪器：W2 型全谱直读光谱仪（无锡市金义博仪器科技有限公司）。

环境条件：温度 25℃，相对湿度 40% ~ 65%，电源有良好的接地，周围无强磁场，无大功率用电设备，无振动，室内无腐蚀性气体，避免强光，避免灰尘。

表 9-13　纯铝样品元素分析谱线波长

元素	波长/nm	测定范围(质量分数)/%	元素	波长/nm	测定范围(质量分数)/%
Si	251.61	0.00050 ~ 5.00	Fe	259.93	0.0010 ~ 3.00
Mn	259.37	0.00010 ~ 2.00	Zn	330.26	0.00080 ~ 13.00
Cu	324.75	0.00010 ~ 0.50	Mg	279.55	0.00010 ~ 3.00
V	310.23	0.00050 ~ 1.00	Ti	337.28	0.00010 ~ 1.00
Cr	267.71	0.00030 ~ 3.00	Ga	417.21	0.0010 ~ 0.10
Ni	341.47	0.00020 ~ 3.00	Cd	228.80	0.0010 ~ 0.20
Pb	405.78	0.00050 ~ 0.10	As	193.75	0.0020 ~ 0.050

氩气纯度：≥99.999%。

仪器系统：非真空充氩气模式。

电极：钨电极（6mm），顶角90°；分析间隙3.4mm。

仪器实验条件：氩气流量10L/min；冲洗时间10s；预燃时间8s；曝光时间6s。

谱线波长：Si 251.61nm、Cu 324.75nm、Fe 259.93nm、Zn 334.50nm、Mg 279.55nm、Mn 293.30nm、Cr 267.71nm、Ti 337.28nm、V 310.23nm、Ga 417.21nm、Ni 231.66nm。

内标谱线波长：Al 305.00nm。

9.5.2　标准样品及工作曲线制作

如果光电直读光谱仪的操作软件内有纯铝工作曲线，则不需要做工作曲线。直接选择一个与分析样品同牌号的标准物质作为控样进行校准。校准完毕后，可直接对样品进行分析。如果样品没有合适的工作曲线，可根据试样的种类及化学成分选择相应的标准样品。为了保证分析结果的可靠性和对产品质量的控制，应选用有证标准样品或行业级标准样品。比如 GSBA68050-89 ~ GSBA68056-89 纯铝光谱分析标准样品，以此为套标绘制工作曲线。其各元素化学成分标准值见表 9-14。该标准物质为国家一级有证标准样品。其中样品中铝元素含量，通过"差减法"计算获得，纯铝样品工作曲线制作过程可参照铸铝样品制作流程。

表 9-14　纯铝光谱分析标准样品各元素标准值　　　　　　　　（%）

编号＼元素	Si	Fe	Cu	Mn	Mg	Zn	Ti	Ni	Cr	Ga	V
GSBA68050-89	0.10	0.081	0.010	0.0036	0.0082	0.016	0.00049	0.00044	0.0045	0.021	0.00018
GSBA68051-89	0.064	0.019	0.0034	0.0002	0.0076	0.021	0.0021	0.014	0.016	0.0040	0.0094
GSBA68052-89	0.17	0.059	0.0084	0.0038	0.0047	0.012	0.0040	0.0056	0.0096	0.0082	0.0070
GSBA68053-89	0.27	0.22	0.0062	0.0057	0.0072	0.0086	0.0062	0.0025	0.0043	0.026	0.0033
GSBA68054-89	0.57	0.42	0.016	0.016	0.0088	0.0049	0.0076	0.0013	0.0027	0.042	0.0016
GSBA68055-89	0.82	0.74	0.032	0.022	0.013	0.0074	0.018		0.0021		0.0010
GSBA68056-89	1.29	1.20	0.058	0.041	0.024	0.0084	0.018				

测定试样前，要用校正样进行工作曲线的漂移校正，再用控制样予以确认。采用 GSBA68051-89、GSBA68054-89、GSBA68056-89 三块纯铝标准样品作为曲线的高低标。控制

试样应与分析试样的化学成分及冶金过程保持一致，可以从绘制工作曲线的标准样品中选用，也可以自制。必须保证试样均匀、定值准确，必要时可用化学分析方法验证。上述工作完毕后，可用与分析样品同牌号的标准物质作为控样进行校准。校准完毕后，可直接对样品进行分析。由于铝元素含量是通过"差减法"计算获得，其控样样品校正可采用"归一法"模式校正。

9.5.3 方法精密度

方法的精密度涉及分析结果的重复性和允许差。分析结果的重复性是指在重复性条件下，其相对标准偏差不超过表9-4的规定。分析结果的允许差是指实验室之间分析结果的相对误差应不大于表9-4所列的规定。

一个变形铝合金样品分别在甲乙两家实验室的实验结果见表9-15、表9-16。其各元素分析数据相对标准偏差与GB/T 7999—2015《铝及铝合金光电直读发射光谱分析方法》的对比情况见表9-17。

表 9-15　甲实验室纯铝样品各元素分析结果　（%）

项目 \ 元素	Cu	Mg	Mn	Fe	Si	Zn	Ti	Ni	Ga
1	0.095	0.084	0.047	0.364	0.286	0.085	0.047	0.023	0.022
2	0.098	0.087	0.048	0.362	0.283	0.091	0.049	0.024	0.022
3	0.097	0.086	0.047	0.365	0.278	0.093	0.049	0.024	0.020
4	0.097	0.086	0.045	0.364	0.283	0.088	0.048	0.025	0.022
5	0.097	0.086	0.046	0.365	0.287	0.087	0.049	0.025	0.021
6	0.097	0.086	0.046	0.363	0.280	0.090	0.048	0.024	0.021
7	0.097	0.086	0.048	0.359	0.284	0.086	0.049	0.024	0.022
8	0.096	0.086	0.045	0.356	0.280	0.097	0.048	0.024	0.020
9	0.098	0.084	0.047	0.356	0.282	0.092	0.048	0.024	0.020
10	0.097	0.086	0.047	0.358	0.281	0.088	0.049	0.024	0.022
11	0.097	0.087	0.046	0.359	0.280	0.089	0.049	0.024	0.022
均值	0.097	0.086	0.047	0.361	0.282	0.090	0.048	0.024	0.021
标准偏差	0.001	0.001	0.001	0.003	0.003	0.004	0.001	0.001	0.001
RSD	1.115	1.343	2.206	0.968	0.974	4.170	1.255	2.485	4.025
含量范围	0.01~0.10	0.01~0.10	0.01~0.10	0.10~0.50	0.10~0.50	0.01~0.10	0.01~0.10	0.01~0.10	0.01~0.10
RSD 要求	6	6	6	5	5	6	6	6	6
符合性	小于	小于	小于	小于	小于	小于	小于	小于	小于

表 9-16　乙实验室纯铝样品各元素分析结果　（%）

项目 \ 元素	Cu	Mg	Mn	Fe	Si	Zn	Ti	Ni	Ga
1	0.092	0.085	0.048	0.364	0.290	0.085	0.053	0.026	0.020
2	0.093	0.087	0.048	0.370	0.283	0.088	0.049	0.026	0.020
3	0.091	0.086	0.048	0.365	0.280	0.083	0.050	0.025	0.021

元素\项目	Cu	Mg	Mn	Fe	Si	Zn	Ti	Ni	Ga
4	0.090	0.086	0.048	0.364	0.290	0.088	0.050	0.025	0.020
5	0.095	0.086	0.047	0.365	0.297	0.087	0.049	0.025	0.021
6	0.094	0.086	0.048	0.360	0.287	0.083	0.052	0.026	0.021
7	0.094	0.086	0.048	0.349	0.284	0.086	0.053	0.025	0.022
8	0.095	0.086	0.047	0.351	0.280	0.085	0.051	0.026	0.021
9	0.095	0.086	0.047	0.346	0.293	0.086	0.052	0.026	0.021
10	0.094	0.087	0.047	0.343	0.282	0.088	0.053	0.024	0.022
11	0.094	0.087	0.048	0.359	0.280	0.087	0.052	0.025	0.022
均值	0.093	0.086	0.048	0.358	0.286	0.086	0.051	0.025	0.021
标准偏差	0.002	0.001	0.001	0.009	0.006	0.002	0.002	0.001	0.001
RSD	1.8	0.70	1.2	2.5	2.0	2.2	3.0	2.7	3.7
含量范围	0.01~0.10	0.01~0.10	0.01~0.10	0.10~0.50	0.10~0.50	0.01~0.10	0.01~0.10	0.01~0.10	0.01~0.10
RSD 要求	6	6	6	5	5	6	6	6	6
与 *RSD* 要求相比较	小于	小于	小于	小于	小于	小于	小于	小于	小于

表 9-17　甲乙实验室纯铝样品各元素分析结果　　　　　　　　（%）

元素\项目	Cu	Mg	Mn	Fe	Si	Zn	Ti	Ni	Ga
甲实验室	0.097	0.086	0.047	0.361	0.282	0.090	0.048	0.024	0.021
乙实验室	0.093	0.086	0.048	0.358	0.286	0.086	0.051	0.025	0.021
平均值	0.095	0.086	0.048	0.356	0.284	0.088	0.050	0.024	0.021
含量范围	0.01~0.10	0.01~0.10	0.01~0.10	0.10~0.50	0.10~0.50	0.01~0.10	0.01~0.10	0.01~0.10	0.01~0.10
相对允许差要求	17	17	17	14	14	17	17	17	17
极差	0.004	0.000	0.001	0.003	0.004	0.004	0.003	0.001	0.000
相对误差计算值	4.21	0	2.08	0.84	1.41	4.55	6.00	4.17	0
相对误差与相对允许差要求相比较	小于	小于	小于	小于	小于	小于	小于	小于	小于
备注	相对误差计算值 = (极差 × 100%) / 平均值								

　　分析结果的相对允许差是指实验室之间分析结果的最大相对允许误差。它是衡量一个实验室的实验结果是否可疑的重要指标之一。表 9-15、表 9-16 是甲乙两个实验室同一个纯铝样品的实验结果。两个实验结果的相对允许差对比结果见表 9-17。

10 其他金属材料分析

10.1 镍及镍合金材料分析

镍近似银白色，硬而有延展性，并具有铁磁性。它能够高度磨光和抗腐蚀。溶于硝酸后，呈绿色。主要用于合金（如镍钢和镍银）及催化剂（如兰尼镍，尤其氢化催化剂）。密度 8.902g/cm³，熔点 1453℃，沸点 2732℃。因为镍的抗腐蚀性佳，常被用在电镀上。在工业生产中，其主要材料是电解镍。它可制造不锈钢和各种合金钢，被广泛用于飞机、坦克、舰艇、雷达、导弹、宇宙飞船以及民用工业中的零部件制造、陶瓷颜料、永磁材料、电子遥控等领域。

镍合金是以镍为基体，加入其他元素组成的合金。镍具有良好的力学、物理和化学性能，添加适宜的元素可提高它的抗氧化性、耐蚀性、高温强度和改善某些物理性能。镍合金可作为电子管用材料、精密合金（磁性合金、精密电阻合金、电热合金等）、镍基高温合金以及镍基耐蚀合金和形状记忆合金等。在能源开发、化工、电子、航海、航空和航天等部门中，都有广泛用途。添加的合金元素有两大类：一类是能与镍形成固溶体的固溶强化元素，如铜、钴、铁、铬、钼、钨、锰等；另一类是与镍形成中间化合物强化相的元素，如铝、硅、铍、钛、锆、铪、钒、铌、钽等。此外，为了特定的目的和用途，有时还添加一些微量元素，如稀土元素、硼、镁、钙、锶、钡等。镍中添加固溶强化元素时，其强度、硬度、抗震性、耐蚀性、抗氧化性、高温强度和某些物理性能，如磁性、热电势、电阻系数等都明显提高，而线膨胀系数、对铜的热电势和电阻温度系数则大大降低。镍中添加能形成强化相的合金元素时，材料的性能，特别是高温力学性能、耐蚀性和某些物理性能，将会进一步提高。合金中添加微量元素，或为了消除有害杂质对合金性能的不良影响，或为了使合金获得一些特殊的物理性能，或为了强化合金晶界，从而保证合金制品具有更好的使用效果和更长的使用寿命。

镍合金按用途可分为：镍基高温合金、镍基耐蚀合金、镍基耐磨合金、镍基精密合金、镍基形状记忆合金。镍基高温合金主要合金元素有：铬、钨、钼、钴、铝、钛、硼、锆等。其中铬起抗氧化和抗腐蚀作用，其他元素起强化作用。在 650～1000℃ 高温下，有较高的强度和抗氧化、抗燃气腐蚀能力。在高温合金中，镍基高温合金是应用最广、高温强度最高的一类合金，用于制造航空发动机叶片和火箭发动机、核反应堆、能源转换设备用高温零部件。镍基耐蚀合金主要合金元素有：铜、铬、钼。它具有良好的综合性能，可耐各种酸腐蚀和应力腐蚀。最早应用的是镍铜合金，又称蒙乃尔合金。此外，还有镍铬合金、镍钼合金、镍铬钼合金等。用于制造各种耐腐蚀零部件。镍基耐磨合金主要合金元素是铬、钼、钨，还含有少量的铌、钽和铟。除具有耐磨性能外，其抗氧化、耐腐蚀、焊接性能也好。可制造耐磨零部件，也可作为包覆材料。通过堆焊和喷涂工艺，将其包覆在其他基体材料表面。镍基精密合金包括镍基软磁合金、镍基精密电阻合金和镍基电热合金等。最常用的软磁合金是含镍80%左右的玻莫合金，其最大磁导率和起始磁导率高，矫顽力低，是电子工业中重要的铁芯材料。镍基精密电阻合金的主要合金元素有：铬、铝、铜。这种合金具有较高的电阻率、较低的电阻率温度系数和良好的耐蚀性，用于制作电阻器。镍基电热合金是含铬 20% 的镍合金。它具有良好的抗氧化、抗腐蚀性能，可在 1000 ~ 1100℃ 温度下长期使用。镍基形状记忆合金是含钛 50% 的镍合金。其回复温度是 70℃，形状记忆效果好。少量改变镍钛成分比例，可使回复温度在 30 ~ 100℃ 范围内变化。多用于制造航天器上使用的自动张开结构件、宇航工业用的自激励紧固件、生物医学上使用的人造心脏马达等。

10.1.1　样品制备

熔融态样品可浇铸在 $\phi30mm$ 圆柱型模具中。浇铸完毕后，立即浇水冷却。然后，从模具中取出样品。在浇铸过程中，要保证样品的厚度不低于 10mm。块状样品可用砂轮切、线切割方法等切割方式，从抽样产品或原始样品中制取，其尺寸不小于 30mm × 30mm。

镍及镍合金规则样品的制样方式主要是机加工方式。常用的方法是磨削加工法和铣削加工法。两种方法对应的加工设备为光谱专用磨样机、铣床。由于该样品硬度较大，具有一定的耐磨性，砂轮片应该采用粗砂片（0.425mm）。铣床刀具应该采用硬质合金刀具。不规则样品可用冷压法或熔融浇铸法制样。采用冷压法制样，压力设置不小于 800kN；采用熔融浇铸法制样，最佳方式是在氩气气氛内进行。

10.1.2　分析条件

分析仪器：TY-9000 全谱型直读光谱仪（无锡市金义博仪器科技有限公司）。

环境条件：温度 25℃，相对湿度 40% ~ 65%，电源有良好的接地，周围无强磁场，无大功率用电设备，无振动，室内无腐蚀性气体，避免强光，避免灰尘。

氩气纯度：≥99.999%。

真空系统：连续抽真空，真空度 <3Pa。

电极：钨电极（6mm），顶角90°；分析间隙3.4mm。

仪器实验条件：氩气流量10L/min；冲洗时间10s；预燃时间8s；曝光时间6s。

谱线波长：Fe 259.9nm、Ti 337.3nm、As 235.0nm、Cu 324.7nm、Mg 279.6nm、Sb 231.1nm、Si 390.6nm、Bi 306.8nm、Mn 259.4nm、Pb 405.78nm。

内标谱线波长：Ni 341.5nm。

10.1.3　工作曲线绘制

如果光电直读光谱仪的操作软件内有镍合金工作曲线，则不需要做工作曲线。直接选择一个与分析样品同牌号的标准物质作为控样进行校准。校准完毕后，可直接对样品进行分析。如果样品没有合适的工作曲线分析，可根据试样的种类及化学成分选择相应的标准样品。为了保证分析结果的可靠性和对产品质量的控制，应选用有证标准样品或行业级标准样品，比如 NMn5 镍合金光谱标样（BYG571 ~ BYG577），各元素标准值见表 10-1。

表 10-1　NMn5 镍合金光谱标样（BYG571～BYG577）各元素标准值

编号	各元素化学成分/%									
	Fe	Ti	As	Cu	Mg	Sb	Si	Bi	Mn	Pb
BYG571	0.0902	0.0163	0.0142	0.671	0.0298	0.00108	0.461	0.00092	5.09	0.00239
BYG572	0.168	0.0361	0.0262	0.208	0.046	0.00282	0.131	0.0028	4.97	0.0046
BYG573	0.516	0.0717	0.0425	0.384	0.0977	0.00207	0.225	0.00172	5.09	0.00327
BYG574	0.292	0.133	0.085	0.11	0.173	0.0052	0.067	0.0045	4.87	0.00662
BYG575	0.837	0.269	0.144	0.0822	0.293	0.00855	0.055	0.007	5.08	0.0091
BYG576	0.537	0.0717	0.0485	0.386	0.0918	0.00236	0.245	0.00145	3.21	0.00268
BYG577	0.394	0.122	0.0878	0.118	0.0758	0.0056	0.125	0.00142	3.06	0.0060

在选定的工作条件下，每个标准物质的分析面经过磨削后激发 3 次，测定出各元素的强度值，取平均值，并保证相对标准偏差在规定范围内。以每个待测元素相对强度的平均值，对标准样品中该元素与内标元素的浓度比绘制工作曲线。根据需要进行基体校正和干扰元素校正。采用标准曲线法计算分析元素的含量。

工作曲线绘制完毕后，由于仪器状态的变化，各元素的工作曲线发生漂移，导致测定结果的偏离。为了保证报出准确实验结果，可用 BYG571、BYG574、BYG577 标准样品作为校正样对工作曲线进行漂移校正（这项工作需要仪器运行一段时间后进行，刚绘制的工作曲线不需要）。

10.1.4　样品分析

样品在分析前，可用控制样品对所绘制的工作曲线进行校准。内控标准物质（IRM）应与分析试样的化学成分及冶金过程保持一致，须保证试样均匀、定值准确，并经镍铬及镍铬铁合金化学分析方法验证（JB/T 6326 系列方法）。本实验的控制样品采用自制，选用的控制样品材料牌号和分析样品一样，其给元素含量值经过镍铬及镍铬铁合金化学分析方法验证（JB/T 6326 系列方法）进行定值。控制样品经过加工后，将分析面放置在仪器上，选择三个不同位置进行激发，得出三个测定值，取平均值。观察测定值和控样值是否吻合，无异常点击完成，即可完成工作曲线的校准工作，就可进行样品分析了。在样品分析过程中，每个样品至少应当激发 3 次。实验结果应当至少是 3 次测试的平均值。

10.2　锌及锌合金材料分析

锌是一种蓝白色金属，当温度达到 225℃ 后氧化激烈，燃烧时发出蓝绿色火焰。锌易溶于酸，也易从溶液中置换金、银、铜等。锌在自然界中多以硫化物状态存在。主要含锌矿物是闪锌矿，也有少量氧化矿，如菱锌矿和异极矿。世界上锌的全部消费中大约有一半用于镀锌，约 10% 用于黄铜和青铜，不到 10% 用于锌基合金，约 7.5% 用于化学制品，约 13% 用于制造干电池，以锌饼、锌板形式出现。

锌合金是以锌为基体，加入其他元素组成合金。锌合金熔点低，流动性好，易熔焊、钎焊，在大气中耐腐蚀，残废料便于回收和重熔。其蠕变强度低，易发生自然时效引起尺寸变化。熔融法制备，压铸或压力加工成材。按制造工艺，可分为铸造锌合金、变形锌合金。铸造锌合金流动性和耐腐蚀性较好，适用于压铸仪表、汽车零件外壳等。锌合金的主要添加元素有铝、铜、镁等。在锌合金中，铝可改善合金的铸造性能，增加合金的流动性、细化晶粒，引起固熔强化，提高力学性能，还可以降低锌铁的反应能力，减少对铁质材料的侵蚀。在锌合金中，铜可增加合金的硬度和强度，改善合金的抗磨损性能，减少晶间的腐蚀。在锌合金中，镁可减少晶间腐蚀，细化合金的组织，从而增加合金的强度，改善合金的抗磨损性能。当镁含量大于 0.08% 时，可导致材料热脆、韧性下降、流动性下降。在合金熔融状态下，有氧化损耗缺点。另外，锌合金还含有铁、铅、镉、锡等杂质元素。若锌合金中杂质元素铅、镉含量过高，工件刚压铸成型时表面质量一切正常，但在室温下存放一段时间后表面会出现鼓泡。杂质元素铁可与铝发生反应形成 Al_5Fe_2，导致形成金属间化合物，造成铝元素的损耗并形成浮渣。在压铸件中形成硬质点，影响后加工及抛光，同时增加合金的脆性。锌合金一般分为二元合金、三元合金和多元合金。二元锌基合金，一般指锌铝合金；三元锌基合金，一般指锌铝铜合金；多元锌基合金，一般指锌铝铜及其他微量金属。

在光电直读光谱法中，与锌及锌合金有关的国家或行业标准有三个，它们分别是：GB/T 26042—2010《锌及锌合金分析方法光电发射光谱法》、YS/T 631—2007《锌分析方法　光电发射光谱法》、SN/T 2785—2011《锌及锌合金光电发射光谱分析法》。GB/T 26042—2010 规定了光电直读分析方法测定锌及锌合金中铅、镉、铁、铜、锡、铝、镁的含量，各元素化学成分的测定范围见表 10-2；YS/T 631—2007 规定了光电直读分析方法测定锌中铅、镉、铁、铜、锡的含量，各元素化学成分的测定范围见表 10-3；SN/T 2785—2011 规定了光电直读分析方法测定锌及锌合金中中铅、镉、铁、铜、锡、铝、镁的含量，适用于 GB/T 470、GB/T 8738、ISO 301、ISO 752 产品标准中各牌号的锌及锌合金产品分析，也可用于其他锌及锌合金产品的分析，各元素的测定范围见表 10-4。

表 10-2　锌及锌合金中各元素化学成分的测定范围（GB/T 26042—2010）

元　素	测定范围/%	元　素	测定范围/%
Pb	0.0005 ~ 1.40	Sn	0.0002 ~ 0.0020
Cd	0.0005 ~ 0.020	Al	0.0002 ~ 28.00
Fe	0.0005 ~ 0.10	Mg	0.0005 ~ 0.10
Cu	0.00006 ~ 5.00		

表 10-3　锌各元素化学成分的测定范围（YS/T 631—2007）

元　素	测定范围/%	元　素	测定范围/%
Pb	0.0005 ~ 0.020	Cu	0.00006 ~ 0.0020
Cd	0.0005 ~ 0.020	Sn	0.0002 ~ 0.0020
Fe	0.0005 ~ 0.012		

表 10-4　锌及锌合金中各元素化学成分的测定范围（SN/T 2785—2011）

元　素	测定范围/%	元　素	测定范围/%
Pb	0.0005 ~ 1.4	Sn	0.0002 ~ 0.002
Cd	0.0005 ~ 0.02	Al	0.0002 ~ 28.0
Fe	0.0005 ~ 0.10	Mg	0.0005 ~ 0.10
Cu	0.00006 ~ 5.0		

10.2.1　样品制备

10.2.1.1　炉前试样的制备

在生产过程中，用高纯石墨工具或其他适宜的工具，接取有代表性的锌液，并迅速将其倒入熔铸模（图 10-1）中。空冷，脱模取出试样。熔铸模的材料可用不锈钢、纯铜或高纯石墨制作。

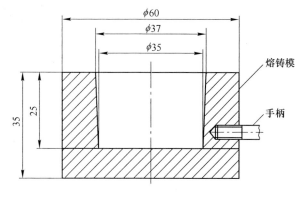

图 10-1　熔铸模示意图

10.2.1.2　试样的熔铸

钻屑试样应剪碎至 5mm 以下，混合均匀缩分至 200 ~ 400g。用磁铁除铁后，装入石墨坩埚（图 10-2）中，盖上石墨坩埚盖，移入已升温至 540 ~ 560℃ 的箱式电炉中，保温 10 ~ 15min（也可根据试样的成分特点，选择适宜的加热温度和保温时间），使试样完全熔化，并适当摇动（可用石英棒轻微搅动）。取出坩埚，迅速将熔液倒入熔铸模（图 10-1）中，空冷，脱模取出试样。其他形状的试样也可采用上述方法熔铸。

10.2.1.3　试样加工

样品的分析面应切去 1.0 ~ 1.5mm，加工成光洁、平整平面，且无气孔、无夹杂、无裂纹等缺陷。加工过程中不得使用润滑剂。切削速度以试样不氧化为宜。试样应当有一个新鲜的测试表面。有明显的脏污、陈旧、氧化、疏松、夹杂或其他外来物质，或被反复处理已经污染的表面，应当重新加工。分析面应当与标准物质有相同的表面粗糙度。

10.2.2　分析条件

分析仪器：TY-9000 全谱型直读光谱仪（无锡市金义博仪器科技有限公司）。

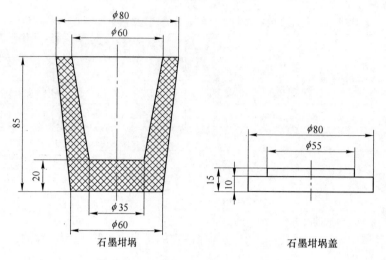

图 10-2　高纯石墨坩埚示意图

环境条件：温度 25℃，相对湿度 40% ~ 65%，电源有良好的接地，周围无强磁场，无大功率用电设备，无振动，室内无腐蚀性气体，避免强光，避免灰尘。

氩气纯度：≥99.999%。

真空系统：连续抽真空，真空度 <3Pa。

电极：钨电极（6mm），顶角 90°；分析间隙 3.4mm。

仪器实验条件：氩气流量 10L/min；冲洗时间 10s；预燃时间 8s；曝光时间 6s。

谱线波长：Al 396.1nm、Cd 228.3nm、Cu 324.7nm、Mg 285.2nm、Pb 405.7nm、Sn 317.5nm。

内标谱线波长：Zn 481.0nm。

10.2.3　工作曲线绘制

如果光电直读光谱仪的操作软件内有锌合金工作曲线，则不需要做工作曲线。直接选择一个与分析样品同牌号的标准物质作为控样进行校准。校准完毕后，可直接对样品进行分析。如果样品没有合适的工作曲线分析，可根据试样的种类及化学成分选择相应的标准样品。为了保证分析结果的可靠性和对产品质量的控制，应当选择有证标准物质（CRM）。比如：锌合金光谱分析标准物质（GBW02705 ~ GBW02709）为国家一级有证标准物质，各元素标准值见表 10-5。

表 10-5　锌合金光谱分析标准物质（GBW02705 ~ GBW02709）各元素标准值　　（%）

元素＼编号	GBW02705	GBW02706	GBW02707	GBW02708	GBW02709
Al	4.72	3.92	3.91	2.92	2.64
Cd	0.00081	0.0014	0.0031	0.0072	0.0138
Cu	0.165	0.256	0.412	0.773	1.37
Mg	0.0224	0.159	0.075	0.0368	0.0085
Pb	0.0026	0.0032	0.0057	0.0120	0.0235
Sn	0.00058	0.00104	0.0021	0.0040	0.0077

在选定的工作条件下，每个标准物质的分析面经过车削后激发3次，测定出各元素的强度值，取平均值，并保证相对标准偏差在规定范围内。以每个待测元素相对强度的平均值，对标准样品中该元素与内标元素的浓度比绘制工作曲线。根据需要进行基体校正和干扰元素校正。采用标准曲线法计算分析元素的含量。过了一段时间后，由于仪器状态的变化，各元素的工作曲线发生漂移，导致测定结果的偏离，为了保证报出准确实验结果，可用 GBW02705、GBW02706、GBW02709 等标准物质作为校正样对工作曲线进行漂移校正，即曲线两点标准化。

10.2.4　样品分析

在分析前，可用控制样品对所绘制的工作曲线进行校正。内控标准物质（IRM）应与分析试样的化学成分及冶金过程保持一致，须保证试样均匀、定值准确。测定试样前，要用校正样进行工作曲线的漂移校正，再用控制样予以确认。控制试样应与分析试样的化学成分及冶金过程保持一致，可以由绘制工作曲线的标准样品中选用，也可以自制。必须保证试样均匀、定值准确，必要时可用化学分析方法验证。本实验的控制样品采用自制，选用的控制样品材料牌号与分析样品一样。其各元素含量值都采用锌及锌合金化学分析方法（GB/T 12689 系列标准方法）进行分析定值，并保证样品各元素成分均匀、定值准确。

控制样品经过加工后，将分析面放置在仪器上，选择三个不同位置进行激发，取平均值。观察测定值和控样值是否吻合，无异常点击完成，即可完成工作曲线的校准工作，就可进行样品分析了。在样品分析过程中，每个样品至少应当激发3次。实验结果应当至少是 3 次测试的平均值。

10.2.5　重复性限（r）和再现性限（R）

重复性限（r）是指在重复性条件下，获得的两次独立测试结果的绝对差值；再现性限（R）是指在再现性条件下，获得的两次独立测试结果的绝对差值。分析结果的重复性限（r）和再现性限（R）应不超过 GB/T 26042—2010《锌及锌合金分析方法光电发射光谱法》的规定要求（表10-6）。

表 10-6　锌及锌合金样品的重复性限（r）和再现性限（R）

元素	含量(质量分数)/%	r/%	R/%	元素	含量(质量分数)/%	r/%	R/%
Pb	0.00094	0.00022	0.00025	Al	0.137	0.015	0.020
	0.0025	0.0004	0.0005		1.55	0.08	0.12
	0.0084	0.0010	0.0012		3.05	0.13	0.20
	0.014	0.0016	0.002		7.03	0.24	0.40
	0.030	0.003	0.004		11.61	0.40	0.55
	0.49	0.03	0.04		27.40	0.70	0.80
	1.25	0.05	0.07	Fe	0.00090	0.00020	0.00025
Al	0.00050	0.00015	0.00018		0.0017	0.0003	0.0004
	0.0010	0.0002	0.0003		0.0041	0.0004	0.0005
	0.014	0.002	0.003		0.012	0.002	0.003

元素	含量(质量分数)/%	r/%	R/%	元素	含量(质量分数)/%	r/%	R/%
Fe	0.050	0.005	0.006		0.0215	0.0018	0.0020
	0.036	0.04	0.06		0.063	0.004	0.005
Mg	0.00040	0.00015	0.00020	Cu	0.354	0.024	0.028
	0.0028	0.0003	0.0004		0.98	0.04	0.06
	0.0049	0.0005	0.0006		2.32	0.10	0.15
	0.00030	0.00010	0.00012		6.05	0.25	0.30
Cd	0.00060	0.00018	0.00022	Sn	0.00021	0.00012	0.00015
	0.0023	0.0003	0.0004		0.00078	0.00022	0.00025
	0.0103	0.0009	0.0011		0.0017	0.0003	0.0004
	0.0224	0.0018	0.0020		0.0047	0.0008	0.0010
	0.145	0.009	0.010		0.0111	0.0015	0.0020
Cu	0.00009	0.00004	0.00005		0.038	0.003	0.004
	0.00032	0.00008	0.00010	Mg	0.020	0.002	0.003
	0.0017	0.0002	0.0003		0.053	0.004	0.005
	0.0070	0.0007	0.0008		0.099	0.006	0.008

　　分析结果的重复性限（r）和再现性限（R）的计算，结合表 10-6 采用线性内插法求得。线性内插法公式见 8.5 节。下面以一个锌合金样品在 A、B 实验室的实验结果，计算重复性限（r）和再现性限（R），并判断其精密度（表 10-7）。

表 10-7　锌合金样品重复性限（r）和再现性限（R）的计算　　　　　（%）

项目 ＼ 元素	Al	Cd	Cu	Mg	Pb	Sn
A-1	3.62	0.0053	0.595	0.0603	0.0094	0.0032
A-2	3.70	0.0049	0.603	0.0599	0.0088	0.0036
A 平均值	3.66	0.0051	0.599	0.0601	0.0091	0.0034
A 极差	0.08	0.0004	0.008	0.0004	0.0006	0.0004
重复性限	0.15	0.0005	0.030	0.0005	0.0010	0.0006
与重复性限相比较	小于	小于	小于	小于	小于	小于
B-1	3.56	0.0056	0.593	0.0603	0.0096	0.0033
B-1	3.64	0.0052	0.599	0.0607	0.0092	0.0031
B 平均值	3.60	0.0054	0.596	0.0605	0.0094	0.0032
B 极差	0.08	0.0004	0.006	0.0004	0.0004	0.0002
重复性限	0.15	0.0005	0.030	0.0005	0.0010	0.0006
与重复性限相比较	小于	小于	小于	小于	小于	小于
A、B 平均值	3.63	0.0052	0.598	0.0603	0.0092	0.0033
A、B 极差	0.06	0.0003	0.003	0.0004	0.0003	0.0002
再现性限	0.23	0.0007	0.037	0.005	0.0013	0.0017
与再现性限相比较	小于	小于	小于	小于	小于	小于

10.3 镁及镁合金材料分析

镁是一种银白色金属，其密度为 $1.74g/cm^3$，熔点 648.9℃，沸点 1090℃，具有延展性，无磁性，且有良好的热消散性；另外，还具有较强还原性，能与热水反应放出氢气，燃烧时能产生眩目的白光。镁与氟化物、氢氟酸和铬酸不发生作用，也不受苛性碱侵蚀，但极易溶解于有机和无机酸中。镁能直接与氮、硫和卤素等化合。镁存在于菱镁矿、白云石、光卤石中。镁是在自然界中分布最广的十个元素之一。镁在工业生产中的主要作用是：

生产铝合金：2002 年全世界共用了 14.56 万吨镁，占 40%；我国 2003 年共用 2.1 万吨镁，占 41%。镁与原铝的消费比率约为 0.4%。

压铸镁合金铸件：2002 年原镁消费中，压铸占 35%。在镁压铸中，北美、拉美、西欧用量最多。镁合金压铸件在汽车上的使用量上升了 15% 左右。

炼钢脱硫：2002 年世界有 5.73 万吨镁用于炼钢脱硫，占总量的 15.70%。我国 2003 年钢铁脱硫用镁 8000t，占总消费量的 15.62%。使用镁粒脱硫效果比碳化钙好，虽然镁价格比碳化钙高，但用量为碳化钙的 1/6 ~ 1/7，镁脱硫比碳化钙经济。吨钢消耗镁粒 0.4 ~ 0.5kg，脱硫后硫含量为 0.001% ~ 0.005%。

金属还原剂：如稀土合金、钛等。

镁牺牲阳极保护阴极：防腐性能好，不需外加直流电源，安装后自动运行，不需维护，占地面积少，工程费用低，与外界环境不发生任何干扰。用于石油管道、天然气、煤气管道和储罐；港口、船舶、海底管线、钻井平台；机场、停车场、桥梁、发电厂、市政建设、水处理厂、石化工厂、冶炼厂、加油站的腐蚀防护以及热水器、换热器、蒸发器、锅炉等设备。

镁合金是在纯镁中加入 Al、Zn、Mn、Zr 及稀土等元素冶炼而成。镁合金可分为：变形镁合金和铸造镁合金。主要有：Mg-Mn 系、Mg-Al-Zn 系、Mg-Zn-Zr 系、Mg-RE-Zr 系等。变形镁合金牌号的表示方式是：MB + 顺序号。常见牌号如下：

MB1、MB8（Mg-Mn 系合金）：具有良好的耐蚀性和焊接性，使用温度不超过 150℃。主要用于制作飞机蒙皮、壁板及宇航结构件。

MB2、MB3、MB5、MB6、MB7（Mg-Al-Zn-Mn 系合金）：具有好的室温力学性能和焊接性。主要用于制造飞机舱门、壁板及导弹蒙皮。

MB15、MB21、MB25（Mg-Zn-Zr 系合金）：具有较高拉伸与压缩屈服强度、高温瞬时强度，良好的成型和焊接性能，塑性中等。主要用于制造飞机长桁、操作系统的摇臂、支座等。

Mg-Li 系合金是一种新型的镁合金，它密度小、强度高、塑性韧性好、焊接性好、缺口敏感性低，在航空航天工业中具有良好的应用前景。

铸造镁合金中合金元素含量高于变形镁合金，以保证液态合金具有较低的熔点、较高的流动性和较少的缩松缺陷等。如果需要通过热处理对镁合金进一步强化，那么所选择的合金元素还应该在镁基体中具有较高的固溶度，而且这一固溶度还会随着温度的改变而发生明显的变化，并在时效过程中能够形成强化效果显著的第二相。在室温时，铝在 α-Mg 中的固溶度大约只有 2%，升至共晶温度 436℃ 时则高达 12.1%。因此，压铸 AZ91HP 合金具备了一定的时效强化能力，其强度有可能通过固溶和时效的方法得到进一步的提高。

铸造镁合金牌号的表示方式是：ZM + 顺序号。常见牌号如下：

ZM5（Mg-Zn-Zr 系）：具有较高的强度，良好的塑性和铸造工艺性能，耐热性较差。主要用于制造 150℃以下工作的飞机、导弹、发动机中承受较高载荷的结构件或壳体。

ZM3、ZM4、ZM6（Mg-RE-Zr 系）：具有良好的铸造性能，常温强度和塑性较低，耐热性较高。主要用于制造 250℃以下工作的高气密零件。

在光电直读光谱法中，与镁及镁合金有关的国家或行业标准有三个，它们分别是：GB/T 13748.21—2009《镁及镁合金化学分析方法　第 21 部分：光电直读原子发射光谱分析方法测定元素含量》、YS/T 1036—2015《镁稀土合金光电直读发射光谱分析方法》、SN/T 2786—2011《镁及镁合金光电发射光谱分析法》。其中 GB/T 13748.21—2009 规定了镁及镁合金中合金元素及杂质元素的光电直读原子发射光谱分析方法，适用于分析棒状或块状试样中铁、硅、锰、锌、铝、铜、铈、铅、钛、镍、铍、锆、钇、钕、锶等 15 个元素的光电直读原子发射光谱测定，测定范围见表 10-8。YS/T 1036—2015 规定了光电直读光谱法测定镁稀土合金（WE54、WE43、GWK）中钆、钕、钇、锆等 4 个元素含量，其分析范围见表 10-9。SN/T 2786—2011 规定了镁及镁合金的光电发射光谱分析方法，适用于及镁合金金属模铸试样、铸件、板材、挤压件或其他变形形式或形状的试样，测定元素及范围见表 10-10。

表 10-8　镁及镁合金中合金元素及杂质元素测定范围（GB/T 13748.21—2009）

元　素	测定范围/%	元　素	测定范围/%
Fe	0.001 ~ 0.10	Ti	0.001 ~ 0.10
Si	0.001 ~ 1.5	Ni	0.0005 ~ 0.03
Mn	0.001 ~ 2.0	Be	0.0001 ~ 0.01
Zn	0.001 ~ 7.0	Zr	0.001 ~ 1.0
Al	0.003 ~ 10.0	Y	0.50 ~ 6.0
Cu	0.0005 ~ 4.0	Nd	0.50 ~ 4.0
Ce	0.10 ~ 4.0	Sr	0.01 ~ 0.05
Pb	0.001 ~ 0.05		

表 10-9　镁稀土合金中各元素测定范围（YS/T 1036—2015）

元　素	测定范围/%	元　素	测定范围/%
Gd	0.50 ~ 13.0	Y	1.0 ~ 7.0
Nd	1.0 ~ 4.0	Zr	0.05 ~ 0.60

表 10-10　镁及镁合金中合金元素及杂质元素测定范围（SN/T 2786—2011）

元　素	测定范围/%	元　素	测定范围/%
Al	0.001 ~ 12.0	Dy	0.01 ~ 1.0
B	0.0001 ~ 0.01	Gd	0.01 ~ 3.0
Ca	0.0005 ~ 0.05	La	0.01 ~ 1.5
Cr	0.0002 ~ 0.005	Li	0.001 ~ 0.05

元 素	测定范围/%	元 素	测定范围/%
Nd	0.01 ~ 3.0	Er	0.01 ~ 1.0
P	0.0002 ~ 0.01	Fe	0.001 ~ 0.06
Sm	0.01 ~ 1.0	Pb	0.005 ~ 0.1
Ag	0.001 ~ 0.2	Mn	0.001 ~ 2.0
Sr	0.01 ~ 4.0	Ni	0.0005 ~ 0.05
Ti	0.001 ~ 0.02	Pr	0.01 ~ 0.5
Yb	0.01 ~ 1.0	Si	0.002 ~ 5.0
Zr	0.001 ~ 1.0	Na	0.0005 ~ 0.01
Be	0.0001 ~ 0.01	Sn	0.002 ~ 0.05
Cd	0.0001 ~ 0.05	Y	0.02 ~ 7.0
Ce	0.01 ~ 3.0	Zn	0.001 ~ 10.0
Cu	0.001 ~ 0.05		

注：表中每个元素的测定范围可以根据仪器、测定元素波长的光谱特性以及可以得到的标准物质扩展。

10.3.1 样品的制备

熔融状态样品取样，用预热过的铸铁模或钢模浇铸成型，模型为圆柱型，并保证样品均匀，无飞边、夹渣、气孔及裂缝。铸锭、铸件、加工产品等固体样品，可用合适的切割机在具有代表性的部位取样，特别是镁合金样品应从不同的部位多取几个点，尽量避免偏析现象。

取样完毕后，可用车床或铣床加工样品的分析面，车削过程中不使用任何润滑剂，分析面不能有气孔、裂纹和夹渣，不能被其他物质污染。注意：样品分析面光洁度、样品的外观形状及尺寸应与标准样品或控制样品基本一致。

10.3.2 仪器工作条件

分析仪器：TY-9000 全谱型直读光谱仪（无锡市金义博仪器科技有限公司）。

环境条件：温度 25℃，相对湿度 40% ~ 65%，电源有良好的接地，周围无强磁场，无大功率用电设备，无振动，室内无腐蚀性气体，避免强光，避免灰尘。

氩气纯度：≥99.995%。

真空系统：连续抽真空，真空度 <3Pa。

电极：钨电极（6mm），顶角 90°；分析间隙 3.4mm。

仪器实验条件：氩气流量 10L/min；冲洗时间 10s；预燃时间 8s；曝光时间 6s。

谱线波长：Al 396.2nm、Zn 213.8nm 和 481.1nm、Mn 403.5nm、Si 251.6nm、Cu 324.8nm、Ni 314.5nm、Fe 318.0nm。

内标谱线波长：Mg 291.6nm。

10.3.3　工作曲线绘制

如果光电直读光谱仪的操作软件内有镁合金工作曲线，则不需要做工作曲线，直接选择一个与分析样品同牌号的标准物质作为控样进行校准。校准完毕后，可直接对样品进行分析。如果样品没有合适的工作曲线分析，可根据试样的种类及化学成分选择相应的标准样品。为了保证分析结果的可靠性和对产品质量的控制，应当选择有证标准物质（CRM）。比如：GBW02244～GBW02248 铸造镁合金光谱分析标准物质为国家一级标准物质，其各元素含量值见表 10-11。

表 10-11　铸造镁合金光谱分析标准物质（GBW02244～GBW02248）各元素标准值　（%）

元素 ＼ 编号	GBW02244	GBW02245	GBW02246	GBW02247	GBW02248
Al	8.93	7.51	6.87	9.94	2.80
Zn	0.938	1.73	3.32	0.071	1.16
Mn	0.393	0.618	0.109	0.055	0.0084
Si	0.353	0.027	0.125	0.047	0.152
Cu	0.0072	0.276	0.128	0.054	0.0009
Ni	0.026	0.018	0.0087	0.0035	0.0003
Fe	0.0020	0.0020	0.013	0.012	0.059

作为标准样品和标准化样品绘制工作曲线和进行质量控制。在上述选定的工作条件下，激发一系列标准样品，每个样品至少激发 3 次，以每个待测元素相对强度的平均值，对标准样品中该元素与内标元素的浓度比绘制工作曲线。根据需要进行基体校正和干扰元素校正。采用标准曲线法计算分析元素的含量。为了保证分析结果的可靠性，待测元素分析结果，应在校准曲线所用的一系列标准样品的含量范围内。由于仪器状态的变化，导致测定结果的偏离，为直接利用原始校准曲线，求出准确结果，用 GBW02244、GBW02245、GBW02246、GBW02247、GBW02248 标准物质对仪器进行两点标准化。

选择一个与分析样品有相似冶金加工过程和化学成分的定值铸造镁合金样品作为控制样品，用于对分析样品测定结果进行校准。控样校准完毕后，即可进行样品分析。

10.3.4　方法精密度

分析结果的重复性是指在重复性条件下，以相对标准偏差表示；分析结果的相对允许误差是指实验室之间分析结果的相对允许误差。GB/T 13748.21—2009《镁及镁合金化学分析方法　第 21 部分：光电直读原子发射光谱分析方法测定元素含量》中的精密度要求见表 10-12。

表 10-12　镁及镁合金样品精密度　　　　　　　（%）

元素的测定范围	相对标准偏差	相对误差
≤0.001	26	50
>0.001～0.005	20	37
>0.005～0.01	13	25

元素的测定范围	相对标准偏差	相对误差
>0.01 ~ 0.05	11	22
>0.05 ~ 0.10	6.5	15
>0.10 ~ 0.50	5	13
>0.50 ~ 1.0	4	10
>1.0 ~ 5.0	3	9
>5.0 ~ 10.0	1.6	7

下面以一个铸造镁合金样品分别在甲乙两家实验室实验结果分析并判断其精密度，见表 10-13、表 10-14。

表 10-13　甲实验室铸造镁合金样品各元素分析结果　　　　（%）

项目＼元素	Al	Zn	Mn	Si	Cu	Ni	Fe
1	7.213	1.444	0.237	0.141	0.0932	0.0113	0.0176
2	7.221	1.440	0.230	0.135	0.0922	0.0108	0.0179
3	7.223	1.436	0.234	0.132	0.0924	0.0109	0.0183
4	7.216	1.448	0.232	0.137	0.0926	0.0111	0.0172
5	7.228	1.435	0.239	0.138	0.0927	0.0112	0.0174
6	7.229	1.439	0.241	0.140	0.0928	0.0105	0.0178
7	7.210	1.442	0.236	0.134	0.0926	0.0113	0.0182
8	7.214	1.446	0.238	0.138	0.0928	0.0111	0.0181
9	7.217	1.443	0.231	0.137	0.0923	0.0114	0.0181
10	7.217	1.442	0.234	0.139	0.0922	0.011!	0.0180
11	7.220	1.440	0.235	0.140	0.0926	0.0109	0.0178
均值	7.219	1.441	0.235	0.137	0.0926	0.0111	0.0179
标准偏差	0.006	0.004	0.003	0.003	0.0003	0.0003	0.0003
RSD	0.083	0.27	1.5	2.0	0.32	2.4	1.9
含量范围	5.0 ~ 10.0	1.0 ~ 5.0	0.10 ~ 0.50	0.10 ~ 0.50	0.05 ~ 0.10	0.01 ~ 0.05	0.01 ~ 0.05
RSD 要求	1.6	3	5	5	6.5	11	11
与 RSD 相比较	小于	小于	小于	小于	小于	小于	小于

表 10-14　乙实验室铸造镁合金样品各元素分析结果　　　　（%）

项目＼元素	Al	Zn	Mn	Si	Cu	Ni	Fe
1	7.223	1.440	0.239	0.131	0.0923	0.0108	0.0178
2	7.229	1.440	0.240	0.136	0.0922	0.0109	0.0182
3	7.231	1.432	0.244	0.134	0.0920	0.0111	0.0181
4	7.226	1.438	0.242	0.137	0.0922	0.0114	0.0176
5	7.228	1.431	0.239	0.128	0.0921	0.0111	0.0179

元素＼项目	Al	Zn	Mn	Si	Cu	Ni	Fe
6	7.229	1.429	0.241	0.130	0.0928	0.0109	0.0183
7	7.230	1.432	0.246	0.137	0.0926	0.0113	0.0172
8	7.234	1.436	0.238	0.128	0.0928	0.0108	0.0176
9	7.227	1.433	0.241	0.127	0.0923	0.0109	0.0175
10	7.220	1.440	0.244	0.131	0.0922	0.0111	0.0175
11	7.232	1.438	0.245	0.130	0.0925	0.0112	0.0176
均值	7.228	1.435	0.242	0.132	0.0924	0.0110	0.0178
标准偏差	0.004	0.004	0.003	0.004	0.0003	0.0002	0.0003
RSD	0.055	0.28	1.1	2.8	0.30	1.8	1.9
含量范围	5.0~10.0	1.0~5.0	0.10~0.50	0.10~0.50	0.05~0.10	0.01~0.05	0.01~0.05
RSD 要求	1.6	3	5	5	6.5	11	11
与 RSD 相比较	小于	小于	小于	小于	小于	小于	小于

　　分析结果的相对允许误差是指实验室之间分析结果的相对允许误差。它是衡量一个实验室的实验结果是否可疑的重要指标之一。表 10-13、表 10-14 是甲乙两个实验室同一个铸造镁合金样品的实验结果。其分析结果见表 10-15。

表 10-15　甲、乙实验室铸造镁合金样品各元素分析结果的相对允许差　　　　（%）

元素＼项目	Al	Zn	Mn	Si	Cu	Ni	Fe
甲实验室	7.219	1.441	0.235	0.137	0.0926	0.0111	0.0179
乙实验室	7.228	1.435	0.242	0.132	0.0924	0.0110	0.0178
平均值	7.224	1.438	0.238	0.134	0.0925	0.0110	0.0178
含量范围	5.0~10.0	1.0~5.0	0.10~0.50	0.10~0.50	0.05~0.10	0.01~0.05	0.01~0.05
相对允许差要求	7	9	10	10	13	15	15
极差	0.009	0.006	0.007	0.005	0.0002	0.0001	0.0001
相对误差计算值	0.12	0.42	2.94	3.73	0.22	0.91	0.56
与相对允许差要求相比较	小于	小于	小于	小于	小于	小于	小于
备注	相对误差计算值 =（极差 ×100%）/平均值						

10.4　铅及铅合金材料分析

　　铅是一种带蓝色的银白色重金属。在空气中，表面很快被一层暗灰色的氧化物覆盖。其特点为：有毒性、密度高、硬度低、延展性好、导电性低、抗腐蚀性高。可用于建筑、铅酸蓄电池、弹头、炮弹、焊接物料、钓鱼用具、渔业用具、防辐射物料、奖杯和部分合金，例如电子焊接用的铅锡合金。铅是一种金属元素，可用作耐硫酸腐蚀、防电离辐射、蓄电池等材料。其合金可作铅字、轴承、电缆包皮等，还可做体育运动器材，如铅球。铅主要与锌、银和铜等金属一起冶炼和提取。最主要的铅矿石是方铅矿（PbS），其铅含量达 86.6%。其他常见的含铅的矿物有白铅矿（$PbCO_3$）和铅矾（$PbSO_4$）。根据 GB/T 469—2005《铅锭》可知，其主要牌号有：99.994、99.990、99.985、99.970、99.940 等。

铅合金是在纯铅中同时加入一种或多种合金元素组成的合金。按照性能和用途，铅合金可分为：耐蚀合金、电池合金、焊料合金、印刷合金、轴承合金和模具合金等。铅合金主要用于化工防蚀、射线防护，制作电池板和电缆套。铅合金表面在腐蚀过程中产生氧化物、硫化物或其他复盐化合物覆膜，有阻止氧化、硫化、溶解或挥发等作用。所以，在空气、硫酸、淡水和海水中都有很好的耐蚀性。铅合金如含有不固溶于铅或形成第二相的铋、镁、锌等杂质，则耐蚀性会降低。加入碲、硒可消除杂质铋对耐蚀性的有害影响。在含铋的铅合金中，加入锑和碲可细化晶粒组织，增加强度，抑制铋的有害作用，改善耐蚀性。铅合金熔点低（在 327℃以下），流动性好，凝固收缩率小，熔损少，重熔时成分变化小，可铸造形状复杂、轮廓清晰的器件，广泛应用于铸造铅字和制作模型等。铅锡锑合金用于印刷工业上，已有五百多年的历史。制作模型和铸字用的铅合金，所含的锑起提高硬度和强度、降低凝固收缩率的作用；所含的锡起提高流动性和轮廓清晰度的作用。铅合金的变形抗力小，铸锭不需加热即可用轧制、挤压等工艺制成板材、带材、管材、棒材和线材，且不需中间退火处理。铅合金的抗拉强度为 30~70MPa，比大多数其他金属合金低得多。锑是用于强化基体的重要元素之一，仅部分固溶于铅，既可用于固溶强化，又能用于时效强化；但如果含量过高，会使铅合金的韧性和耐蚀性变坏。从综合性能考虑，铅合金用于制作化工设备、管道等耐蚀构件时，以含锑 6% 左右为宜；用于制作连接构件时，以含锑 8%~10% 为好。铅锑合金加入少量的铜、砷、银、钙、碲等，可增加强度，称为硬铅。

由于铅合金的剪切、蠕变强度低，在一定的载荷和滚动切变作用下，铅合金易于变形并减薄成为箔状；铅合金的自润性、磨合性和减振性好，噪声小，因而也是良好的轴承合金。铅基轴承合金和锡基轴承合金统称为巴氏合金，可制作高载荷的机车轴承。含砷高达 2.5%~3% 的铅合金，适于制作高载荷、高转速、抗温升的重型机器轴承。

在光电直读光谱法中，与铅及铅合金有关的国家标准有 GB/T 4103.16—2009《铅及铅合金化学分析方法　第 16 部分：铜、银、铋、砷、锑、锡、锌量的测定　光电直读发射光谱法》，该标准规定了光电直读光谱法测定铅及铅合金中铜、银、铋、砷、锑、锡、锌含量，其测定范围见表 10-16。

表 10-16　铅及铅合金各元素测定范围

元　素	测定范围/%	元　素	测定范围/%
Cu	0.0003~0.0060	Sb	0.0004~0.0065
Ag	0.0001~0.0040	Sn	0.0003~0.0060
Bi	0.0007~0.010	Zn	0.0003~0.0050
As	0.0002~0.0060		

10.4.1　样品的制备

熔融状态样品取样，用预热过的铸铁模或钢模浇铸成型，模型为圆柱型，并保证样品均匀，无飞边、夹渣、气孔及裂缝。取样完毕后，只要打磨掉表面氧化皮，即可放在样品台上激发。固体样品可用合适的工具在具有代表性的部位取样，尽量避免偏析现象。固体样品可用小车床车去表面氧化皮即可放在样品台上激发，在车削加工时，应防止试样过热氧化。

10.4.2　仪器工作条件

分析仪器：TY-9610 通道型光电直读光谱仪（无锡市金义博仪器科技有限公司）。

环境条件：温度 25℃，相对湿度 40% ~ 65%，电源有良好的接地，周围无强磁场，无大功率用电设备，无振动，室内无腐蚀性气体，避免强光，避免灰尘。

氩气纯度：≥99.995%。

真空系统：连续抽真空，真空度 <3Pa。

电极：钨电极（6mm），顶角 90°；分析间隙 3.4mm。

仪器实验条件：氩气流量 5L/min；冲洗时间 4s；预燃时间 8s；曝光时间 6s。

谱线波长：Cu 324.8nm、Ag 338.3nm、Bi 306.8nm、As 235.0nm、Sb 231.1nm、Sn 317.5nm、Zn 213.9nm。

内标谱线波长：Cu、Ag、Bi、Sn、Zn 内标线为 Pb 322.1nm；As、Sb 内标线为 Bg 191.9nm。

光电直读光谱仪检测限应满足表 10-17 要求。

表 10-17　火花直读仪器检测限

分析元素	测定下限	检出限	分析元素	测定下限	检出限
Cu	$\leq 3 \times 10^{-6}$	$\leq 0.9 \times 10^{-6}$	Sb	$\leq 4 \times 10^{-6}$	$\leq 1.2 \times 10^{-6}$
Ag	$\leq 1 \times 10^{-6}$	$\leq 0.3 \times 10^{-6}$	Sn	$\leq 3 \times 10^{-6}$	$\leq 0.9 \times 10^{-6}$
Bi	$\leq 7 \times 10^{-6}$	$\leq 2.1 \times 10^{-6}$	Zn	$\leq 3 \times 10^{-6}$	$\leq 0.9 \times 10^{-6}$
As	$\leq 2 \times 10^{-6}$	$\leq 0.6 \times 10^{-6}$			

10.4.3　工作曲线绘制

如果光电直读光谱仪的操作软件内有纯铅工作曲线，则不需要做工作曲线。直接选择一个与分析样品同牌号的标准物质作为控样进行校准。校准完毕后，可直接对样品进行分析。如果样品没有合适的工作曲线分析，可根据试样的种类及化学成分选择相应的标准样品。为了保证分析结果的可靠性和对产品质量的控制，应当选择有证标准物质（CRM）。绘制工作曲线时，标准样品与试样同样加工后，在选定的分析条件下激发一系列标准样品，对每个标准样品进行三次以上激发，以每个待测元素相对强度的平均值，对标准样品中该元素与内标元素的浓度比绘制工作曲线。根据需要进行基体校正和干扰元素校正。采用标准曲线法计算分析元素的含量。为了保证分析结果的可靠性，待测元素分析结果，应在校准曲线所用的一系列标准样品的含量范围内。绘制工作曲线的标准样品要满足表 10-18 中的要求，本实验选用的标准物质为有证标准样品 55999 ~ 56003BYG-03-8 铅光谱标准样品，该标准样品各元素标准值见表 10-19。样品中铅含量值是通过"差减法"计算获得的。

表 10-18 铅标准样品要求

各元素化学成分（质量分数）/%							
标准值	Cu	Ag	Bi	As	Sb	Sn	Zn
低点，不大于	0.0003	0.0001	0.0007	0.0002	0.0004	0.0003	0.0003
高点，不小于	0.0060	0.0040	0.010	0.0060	0.0065	0.0060	0.0050

表 10-19 BYG-03-8 铅光谱标准样品（55999~56003）各元素标准值 （%）

编号 \ 元素	As	Sn	Zn	Sb	Ag	Cu
55999	0.0061	0.0062	0.0051	0.0066	0.0042	0.0060
56000	0.0024	0.0021	0.0020	0.0029	0.0016	0.0030
56001	0.0010	0.00090	0.0011	0.0010	0.00069	0.0015
56002	0.00049	0.00035	0.00054	0.00064	0.00033	0.00056
56003	0.00024	0.00025	0.00033	0.00035	0.00011	0.00029

由于仪器状态的变化，导致测定结果的偏离，为直接利用原始校准曲线，求出准确结果，用 55999、56003 铅光谱标准样品对仪器进行两点标准化。选择一个与分析样品有相似冶金加工过程和化学成分的定值纯铅样品作为控制样品，用于对分析样品测定结果进行校准。由于样品中铅含量值是通过"差减法"计算获得的，其控制样品校准可采用"归一法"模式。

10.4.4 方法精密度

重复性限（r）是指在重复性条件下，获得的两次独立测试结果的绝对差值；再现性限（R）是指在再现性条件下，获得的两次独立测试结果的绝对差值。分析结果的重复性限（r）和再现性限（R）应不超过 GB/T 4103.16—2009《铅及铅合金化学分析方法 第16 部分：铜、银、铋、砷、锑、锡、锌量的测定 光电直读发射光谱法》的规定要求（表 10-20）。

采用线性内插法求得重复性限（r）。在重复性条件下，获得的两次独立测试结果的测定值的绝对差值不超过重复性限（r），超过重复性限（r）的情况不超过 5%。

采用线性内插法求得再现性限（R）。在再现性条件下，获得的两次独立测试结果的测定值的绝对差值不超过再现性限（R），超过再现性限（R）的情况不超过 5%。

表 10-20 重复性限（r）和再现性限（R）

$w(Cu)/\%$	0.00028	0.0016	0.0031	0.0064
$r/\%$	0.00015	0.0003	0.0004	0.0006
$R/\%$	0.00018	0.0003	0.0005	0.0007
$w(Ag)/\%$	0.00026	0.00061	0.0016	0.0043
$r/\%$	0.00012	0.00015	0.0003	0.0005
$R/\%$	0.00015	0.00020	0.0003	0.0006
$w(Bi)/\%$	0.0010	0.0026	0.0052	0.0104

$r/\%$	0.0002	0.0004	0.0006	0.0010
$R/\%$	0.0003	0.0005	0.0007	0.0012
$w(As)/\%$	0.00034	0.0013	0.0019	0.0056
$r/\%$	0.00015	0.0002	0.0003	0.0006
$R/\%$	0.00018	0.0003	0.0004	0.0007
$w(Sb)/\%$	0.00039	0.0014	0.0029	0.0071
$r/\%$	0.00010	0.0002	0.0004	0.0008
$R/\%$	0.00015	0.0003	0.0005	0.0009
$w(Sn)/\%$	0.00031	0.0014	0.0055	—
$r/\%$	0.00015	0.0003	0.0006	—
$R/\%$	0.00018	0.0004	0.0007	—
$w(Zn)/\%$	0.00025	0.0014	0.0024	0.0046
$r/\%$	0.00015	0.0002	0.0003	0.0004
$R/\%$	0.00018	0.0003	0.0004	0.0005

注：重复性限（r）为 $2.8S_r$，S_r 为重复性标准差。再现性限（R）为 $2.8S_R$，S_R 为再现性标准差。

分析结果的重复性限（r）和再现性限（R）的计算采用线性内插法求得。线性内插法公式见 8.5 节。下面以一个纯铅样品在 A、B 实验室的实验结果，计算重复性限（r）和再现性限（R），并判断其精密度，见表 10-21。

表 10-21　纯铅样品重复性限（r）和再现性限（R）的计算　　　　　（%）

项目　　　元素	As	Sn	Zn	Sb	Ag	Cu
A-1	0.00210	0.00191	0.00178	0.00234	0.00143	0.00230
A-2	0.00200	0.00201	0.00184	0.00226	0.00135	0.00224
A 平均值	0.00205	0.00196	0.00181	0.00230	0.00139	0.00227
A 极差	0.00010	0.00010	0.00006	0.00008	0.00008	0.00006
重复性限	0.00031	0.00034	0.00027	0.00032	0.00027	0.00034
与重复性限相比较	小于	小于	小于	小于	小于	小于
B-1	0.00194	0.00205	0.00181	0.00240	0.00129	0.00218
B-1	0.00208	0.00193	0.00191	0.00230	0.00137	0.00226
B 平均值	0.00201	0.00199	0.00186	0.00235	0.00133	0.00222
B 极差	0.00014	0.00012	0.00010	0.00010	0.00008	0.00008
重复性限	0.00031	0.00034	0.00027	0.00032	0.00027	0.00034
与重复性限相比较	小于	小于	小于	小于	小于	小于
A、B 平均值	0.00203	0.00198	0.00184	0.00232	0.00136	0.00224
A、B 极差	0.00004	0.00003	0.00005	0.00005	0.00006	0.00005
再现性限	0.00041	0.00044	0.00037	0.00042	0.00028	0.00039
与再现性限相比较	小于	小于	小于	小于	小于	小于

10.5　钛及钛合金材料分析

钛是 20 世纪 50 年代发展起来的一种重要的结构金属。钛合金强度高、耐蚀性好、耐热性高。20 世纪 50～60 年代，主要是发展航空发动机用的高温钛合金和机体用的结构钛合金。具有密度小（$4.51g/cm^3$）、导热系数小、无磁性、无毒、抗阻尼性能强、耐热性佳、耐低温、吸气性能高、耐蚀性佳等特点。杂质元素主要有氧、氮、碳、氢、铁和硅。前四种属间隙型元素，后两种属置换型元素，可以固溶在 α 相或 β 相中，也可以化合物形式存在。钛的硬度，对间隙型杂质元素很敏感。杂质含量越多，钛的硬度就越高。氢对纯钛及钛合金性能的影响就是引起氢脆。工业纯钛退火得到单相 α 组织，属 α 型钛合金。工业纯钛根据杂质含量不同分为 TA0、TA1、TA2、TA3、TA4，其中 TA 为 α 型钛合金的代号，数字表示合金的序号。随着序号增大，钛的纯度降低，抗拉强度提高，塑性下降。工业纯钛可制成板、管、棒、线、带材等半成品。工业纯钛可作为重要的耐蚀结构材料，用于化工设备、滨海发电装置、海水淡化装置和舰艇零部件等。

钛合金是以钛为基础加入其他元素组成的合金。钛有两种同质异晶体：882℃ 以下为密排六方结构 α 钛，882℃ 以上为体心立方的 β 钛。

合金元素，根据它们对相变温度的影响可分为稳定 α 相、稳定 β 相。稳定 α 相可提高相转变温度的元素为 α 稳定元素，有铝、碳、氧和氮等元素。其中铝是钛合金主要合金元素，它对提高合金的常温和高温强度、降低密度、增加弹性模量有明显效果。稳定 β 相可降低相变温度的元素为 β 稳定元素，又可分同晶型和共析型两种，同晶型的元素有钼、铌、钒等；共析型的元素有铬、锰、铜、铁、硅等。对相变温度影响不大的元素为中性元素，有锆、锡等。

氧、氮、碳和氢是钛合金的主要杂质。氧和氮在 α 相中有较大的溶解度，对钛合金有显著强化效果，但却使塑性下降。通常规定钛中氧和氮的含量分别在 0.15%～0.2% 和 0.04%～0.05% 以下。氢在 α 相中溶解度很小，钛合金中溶解过多的氢会产生氢化物，使合金变脆。通常钛合金中氢含量控制在 0.015% 以下。氢在钛中的溶解是可逆的，可以用真空退火除去。

钛合金的牌号，是按组织类型进行分类：α 型钛合金（用 TA 表示）是指全 α、近 α 和 α+化合物合金，合金中添加的合金元素以铝、锡、锆为主，如 TA4（Ti-3Al）、TA7（Ti-5Al-2.5Sn）、TA8（Ti-5Al-2.5Sn-3Cu-1.5Zr）。在近 α 型钛合金中，还添加少量 β 稳定化元素，如钼、钒、钽、铌、钨、铜、硅等。β 型钛合金（用 TB 表示）是指热力学稳定型 β 合金、亚稳定 β 型合金和近 β 型合金，如 TB2（Ti-5Mo-5V-3Cr-3Al）。α+β 型钛合金（用 TC 表示）是以 Ti-Al 为基再加适量 β 稳定元素，如 TC1（Ti-2Al-1.5Mn）、TC3（Ti-4Al-4V）、TC4（Ti-6Al-4V）、TC6（Ti-6Al-1.5Cr-2.5Mo-0.5Fe-0.3Si）。钒和钼元素在 β 稳定元素中应用最多，固溶强化 β 相，并显著降低相变点、增加淬透性，从而增强热处理强化效果。含钒或钼的钛合金不发生共析反应，在高温下组织稳定性好；但单独加钒，合金耐热性不高，其蠕变抗力只能维持到 400℃，为了提高蠕变抗力，加钼的效果比钒好，但密度大；钼还可改善合金的耐蚀性，尤其是提高合金在氯化物溶液中抗缝隙腐蚀能力。锰和铬元素在钛合金中强化效果大，稳定 β 相能力强，密度比钼、钨等小，故应用较多，是高强亚稳定 β 型钛合金的主要添加剂。但它们与钛形成慢共析反应，在高温长期工作时，组织不稳定，蠕变抗力低；当同时添加 β 同晶型元素，特别是铝时，有抑制共析反应的作用。硅元素可将钛合金材料的共析转变温度变高（860℃）。另外，硅还可改善合金的耐热性能。因此在耐热合金中常添加适量硅，加入硅量以不超过 α 相最大固溶度为宜，一般为 0.25% 左右。由于硅与钛的原子尺寸差别较大，在固溶体中容易在位错处偏聚，阻止位错运动，从而提高耐热性。稀土元素可提高钛合金的耐热性和热稳定性。稀土元素的内氧化作用，形成了细小稳定的 RE_xO_y 颗粒，产生弥散强化。由于内氧化降低了基体中的氧浓度，并促使合金中的锡转移到稀土氧化物中，这有利于抑止脆性 α 相析出。另外，稀土还有强烈抑制 β 晶粒长大和细化晶粒的作用，因而可改善合金的综合性能。

目前，光电直读光谱法测定钛及钛合金样品的国家标准还没有。如果要分析该样品，可参照日本国标准 JIS H1630—1995《Method for atomic emission spectrometric analysis of titanium》（钛的原子发射光谱分析方法）。

10.5.1　样品制备

钛及钛合金的块状样品分析面机械加工应该采用磨削方式，不宜采用切削方式。这是由于钛合金的切削加工性比较差。主要原因是该材料导热性差，致使切削温度很高，降低了刀具耐用度。在 600℃ 以上温度时，表面形成氧化硬层，对刀具有强烈的磨损作用。塑性低、硬度高，使剪切角增大，切屑与前刀面接触长度很小，前刀面上应力很大，刀刃易发生破损。在磨削过程中，钛合金样品的磨削加工最常见的问题是黏屑造成砂轮堵塞以及样品表面烧伤。其原因是钛合金的导热性差，使磨削区产生高温，从而使钛合金与磨料发生黏结、扩散以及强烈的化学反应。黏屑和砂轮堵塞导致磨削比显著下降，扩散和化学反应的结果，使样品分析面被烧伤，导致样品疲劳强度降低，这在磨削钛合金铸件样品时更为明显。

为解决上述问题，采取的措施是：选用绿碳化硅 TL 砂轮材料，硬度稍低的 ZR1 砂轮，较粗的砂轮粒度（0.250mm）；稍小的进给量，在磨削加工过程中用乳化液充分冷却。

小件样品，如果塑性较好，可采用冷压法。其具体过程为：将样品放入 UHPS 超高压压样机（瑞绅葆分析技术（上海）有限公司）的铝杯中，盖上盖子并上好扶臂，调整好压力和时间（压力选择 2000kN，时间设置 2min）后，按"运行"按钮，2min 后取出样品块，分析面平整并露出金属光泽。塑性较差的样品，可以采用浇铸熔融法。其具体过程为：大约 10g 样品（金属小块、丝、切屑、钻屑、粉末）放入电弧熔融炉的坩埚内，将温度设置为 1700℃，在氩气气氛内熔化，并保温 5~7min，采用离心方式搅拌，冷却后倾斜坩埚，可以轻易将样品倒出。

10.5.2　分析条件

分析仪器：TY-9000 全谱型直读光谱仪（无锡市金义博仪器科技有限公司）。

环境条件：温度 25℃，相对湿度 40%~65%，电源有良好的接地，周围无强磁场，无大功率用电设备，无振动，室内无腐蚀性气体，避免强光，避免灰尘。

氩气纯度：≥99.999%。

真空系统：连续抽真空，真空度 <3Pa。

电极：钨电极（6mm），顶角90°；分析间隙3.4mm。

仪器实验条件：氩气流量10L/min；冲洗时间10s；预燃时间8s；曝光时间6s。

谱线波长：Al 396.2nm、Mo 281.6nm、Sn 317.50nm、Zr 339.5nm。

内标谱线波长：Ti 337.28nm。

10.5.3 工作曲线绘制

如果光电直读光谱仪的操作软件内有钛合金工作曲线，则不需要做工作曲线，直接选择一个与分析样品同牌号的标准物质作为控样进行校准。校准完毕后，可直接对样品进行分析。如果样品没有合适的工作曲线分析，可根据试样的种类及化学成分选择相应的标准样品。为了保证分析结果的可靠性和对产品质量的控制，应当选择有证标准物质（CRM）。比如：GBW(E)010069～GBW(E)010073 铸造钛合金光谱分析标准物质为国家二级有证标准物质（CRM），各元素标准值见表10-22。

表 10-22 铸造钛合金光谱分析标准物质各元素标准值 （%）

元素 \ 编号	GBW(E)010069	GBW(E)010070	GBW(E)010071	GBW(E)010072	GBW(E)010073
Al	4.51	5.31	6.05	6.94	7.78
Mo	2.69	2.40	2.00	1.76	1.42
Sn	1.36	1.71	2.04	2.32	2.72
Zr	5.35	4.59	3.93	3.32	2.83

仪器在选定的工作条件下，每个标准物质的分析面经过磨削后，在仪器上激发3次，测定出各元素的强度值，取平均值。以每个待测元素相对强度的平均值，对标准样品中该元素与内标元素的浓度比绘制工作曲线。根据需要进行基体校正和干扰元素校正。采用标准曲线法计算分析元素的含量。过了一段时间后，由于仪器状态的变化，各元素的工作曲线发生漂移，导致测定结果的偏离，为了保证报出准确实验结果，可用 GBW(E)010069、GBW(E)010073 等标准物质作为校正样对工作曲线进行漂移校正，即曲线两点标准化。

10.5.4 样品分析

样品在分析前，可用控制样品对所绘制的工作曲线进行校正。内控标准物质（IRM）应与分析试样的化学成分及冶金过程保持一致，须保证试样均匀、定值准确。测定试样前，要用校正样进行工作曲线的漂移校正，再用控制样予以确认。控制试样应与分析试样的化学成分及冶金过程保持一致，可以由绘制工作曲线的标准样品中选用，也可以自制。必须保证试样均匀、定值准确，必要时可用化学分析方法进行验证。本实验的控制样品采用自制，选用的控制样品材料牌号和分析样品是一样的，其各元素含量值都采用钛及钛合金化学分析方法（GB/T 4698 系列标准方法）进行分析定值，并保证样品各元素成分均匀、定值准确。

控制样品经过加工后，将分析面放置在仪器上，选择三个不同位置进行激发，取平均值，观察测定值和控样值是否吻合，无异常点击完成，即可完成工作曲线的校正工作，就可进行样品分析了。在样品分析过程中，每个样品至少应当激发 3 次。实验结果应当至少是 3 次测试的平均值。

10.6　钴及钴合金材料分析

钴是银白色的金属。钴在常温下不和水作用，在潮湿的空气中也很稳定。在空气中，加热至 300℃以上时氧化生成 CoO；在白热时燃烧成 Co_3O_4。金属钴主要用于制取合金。钴的物理、化学性质决定了它是生产耐热合金、硬质合金、防腐合金、磁性合金和各种钴盐的重要原料。钴基合金或含钴合金钢用作燃汽轮机的叶片、叶轮、导管、喷气发动机、火箭发动机、导弹的部件和化工设备中各种高负荷的耐热部件以及原子能工业的重要金属材料。钴作为粉末冶金中的黏结剂能保证硬质合金有一定的韧性。磁性合金是现代化电子和机电工业中不可缺少的材料，用来制造声、光、电和磁等器材的各种元件。钴也是永久磁性合金的重要组成部分。在化学工业中，钴除用于高温合金和防腐合金外，还用于有色玻璃、颜料、珐琅及催化剂、干燥剂等。据英国《金属导报》报道，近期来自硬质金属部门和超合金方面对钴的需求较为强劲。另外，钴在电池部门消费量增长率最高。国内有关报道讲，钴在蓄电池行业、金刚石工具行业和催化剂行业的应用也将进一步扩大，从而对金属钴的需求呈上升趋势。

金属钴主要用于制取合金。钴基合金是以钴作为主要成分，含有相当数量的镍、铬、钨和少量的钼、铌、钽、钛、镧等合金元素，偶尔也含有铁的一类合金。根据合金中成分不同，它们可以制成焊丝，粉末用于硬面堆焊、热喷涂、喷焊等工艺，也可以制成铸锻件和粉末冶金件。另外含有一定量钴的刀具钢可以显著地提高钢的耐磨性和切削性能。含钴 50% 以上的司太立特硬质合金即使加热到 1000℃也不会失去其原有的硬度，如今这种硬质合金已成为含金切削工具最重要的材料。钴基合金与其他高温合金不同，钴基高温合金不是由与基体牢固结合的有序沉淀相来强化，而是由已被固溶强化的奥氏体 fcc 基体和基体中分布少量碳化物组成。铸造钴基高温合金却是在很大程度上依靠碳化物强化。一般钴基高温合金缺少共格的强化相，虽然中温强度低（只有镍基合金的 50% ~ 75%），但在高于 980℃时具有较高的强度、良好的抗热疲劳、抗热腐蚀和耐磨蚀性能，且有较好的焊接性。适于制作航空喷气发动机、工业燃气轮机、舰船燃气轮机的导向叶片和喷嘴导叶以及柴油机喷嘴等。常见的牌号有 GH5188（GH188）、GH159、GH605、K640、DZ40M 等。非磁性的钴合金具有很高的强度和优异的抗腐蚀性，并已经证明具有医学植入的兼容性。

钴基合金属于高温合金，其耐高温的特性直接提高了加工难度。在加工时的重切削力和产生的高温共同作用下，使刀具产生碎片或变形，进而导致刀具断裂。此外，大多数此类合金都会迅速产生加工硬化现象。工件在加工时产生的硬化表面会导致刀具切削刃在切深处产生缺口，并使工件产生不良应力，破坏加工零件的几何精度。钛合金和其他高温合金一样，都有硬化期，合金的硬度在热处理后急剧上升，使晶相排列发生变化，强度提高，研磨性提高，因而加工难度也就增大，因此钴基合金样品应该在合金硬度较小的阶段加工，即样品经过固溶退火后，其分析面才能进行车削加工。固溶退火亦即碳化物固溶退火，一种将成品件加热至 1100℃以上而脱除碳化物沉淀的工艺，此后将其迅速降温，通常是用水淬火，所含碳化物返回不锈钢固体溶液中。除此之外，刀具材料的强度要好，并使用锋利的锐角切刃的刀具。常见的刀具有：金刚石刀具、CBN 刀具、陶瓷刀具、涂层硬质合金刀具等。

10.6.1 样品制备

熔融态样品可浇铸在 $\phi30mm$ 的圆柱型模具中。浇铸完毕后，立即浇水冷却。然后，从模具中取出样品。在浇铸过程中要保证样品的厚度不低于 10mm。块状样品可用线切割方法等切割方式从抽样产品或原始样品中制取的，其尺寸不小于 30mm×30mm。

钴及钴合金规则样品的制样方式主要是机加工方式。常用的方法是磨削加工法和铣削加工法。两种方法对应的加工设备是光谱专用磨样机、铣床。由于该样品硬度较大，具有一定的耐磨性和耐热性，样品必须经过固溶退火后才能制样。即把样品加热到 1100℃ 以上，保温 20min。然后，将样品放在水中急冷。在加工过程中，砂轮片应该采用粗砂片；铣床刀具应该采用陶瓷刀具或涂层硬质合金刀具。不规则样品可以在氩气气氛内采用熔融浇铸法制样，浇铸完毕后，用水冷激。

10.6.2 分析条件

分析仪器：TY-9000 全谱型直读光谱仪（无锡市金义博仪器科技有限公司）。

环境条件：温度 25℃，相对湿度 40%～65%，电源有良好的接地，周围无强磁场，无大功率用电设备，无振动，室内无腐蚀性气体，避免强光，避免灰尘。

氩气纯度：≥99.999%。

真空系统：连续抽真空，真空度 <3Pa。

电极：钨电极（6mm），顶角 90°；分析间隙 3.4mm。

仪器实验条件：氩气流量 10L/min；冲洗时间 10s；预燃时间 8s；曝光时间 6s。

谱线波长：As 235.0nm、Sb 206.8nm、Bi 306.8nm、Pb 405.78nm、Zn 330.26nm、Sn 317.50nm、Cd 228.8nm、Cu 324.8nm、Al 309.2nm、Ni 341.47nm、Mn 259.37nm、Fe 259.93nm、Mg 279.55nm、Si 390.55nm。

内标谱线波长：Co 228.6nm。

10.6.3 工作曲线绘制

如果光电直读光谱仪的操作软件内有纯钴样品工作曲线，则不需要做工作曲线。直接选择一个与分析样品同牌号的标准物质作为控样进行校准。校准完毕后，可直接对样品进行分析。如果样品没有合适的工作曲线分析，可根据试样的种类及化学成分选择相应的标准样品。为了保证分析结果的可靠性和对产品质量的控制，应当选择有证标准物质（CRM）。绘制工作曲线时，标准样品与试样同样加工后，在选定的分析条件下，激发一系列标准样品，对每个标准样品进行三次以上激发，以每个待测元素相对强度的平均值，对标准样品中该元素与内标元素的浓度比绘制工作曲线。根据需要进行基体校正和干扰元素校正。采用标准曲线法计算分析元素的含量。为了保证分析结果的可靠性，待测元素分析结果，应在校准曲线所用的一系列标准样品的含量范围内。绘制工作曲线的标准样品要满足表 10-23 中的要求，本实验选用的标准物质为有证标准样品：YSS005-1998-1～6 纯钴标准样品。该标准样品各元素标准值见表 10-23。样品中钴含量值通过"差减法"计算获得。

表 10-23　　纯钴标准样品各元素含量值　　　　　　　（%）

项目 ＼ 元素	As	Sb	Bi	Pb	Zn	Sn	Cd
1	0.00009	0.00013	0.00012	0.00037	0.00027	0.00012	0.0001
2	0.00026	0.00034	0.00031	0.00075	0.00077	0.00028	0.00029
3	0.00066	0.00069	0.00053	0.0019	0.0017	0.00047	0.00059
4	0.0015	0.0014	0.0013	0.0033	0.0033	0.0012	0.0014
5	0.0031	0.0025	0.0033	0.0064	0.0071	0.0023	0.0040
6	0.0078						

项目 ＼ 元素	Cu	Al	Ni	Mn	Fe	Mg	Si
1	0.00034	0.00040	0.0016	0.00026	0.0013	0.00026	0.00060
2	0.0010	0.0010	0.0045	0.00089	0.0025	0.00086	0.0012
3	0.0020	0.0020	0.0011	0.0019	0.0071	0.0018	0.0025
4	0.0047	0.0038	0.025	0.0034	0.017	0.0032	0.0038
5	0.0091	0.0070	0.065	0.0077	0.034	0.0068	0.0089
6	0.024		0.124	0.013	0.075	0.015	

　　由于仪器状态的变化导致测定结果的偏离，为直接利用原始校准曲线，求出准确结果，用 1、5、6 号纯钴标准样品对仪器进行两点标准化。选择一个与分析样品有相似冶金加工过程和化学成分的定值铸造镁合金样品作为控制样品，用于对分析样品测定结果进行校准。由于样品中钴含量值是通过"差减法"计算获得的，其控制样品校准可采用"归一法"模式。

10.7　锡及锡合金材料分析

　　锡（Sn）是银白色金属，相对原子质量 118.7，密度 7.3g/cm³，熔点 232℃。锡的化学稳定性高，在大气中耐氧化不易变色，与硫化物不起反应，几乎不与硫酸、盐酸、硝酸及一些有机酸的稀溶液反应。即使在盐酸和硫酸中，也需加热才能缓慢反应。25℃ 时，Sn^{2+}/Sn 的标准电势为 $-0.138V$，在电化序中比铁正，故锡镀层对钢铁来说通常是阴极性镀层。但在密封条件下，在某些有机酸介质中，锡的电势比铁负，成为阳极性镀层，具有电化学保护作用。锡具有抗腐蚀、耐变色、无毒、易钎焊、柔软、熔点低和延展性好等优点，所以，电镀锡的应用非常广泛。因此，基于优良的延展性、抗蚀性，无孔锡镀层的主要用途是作为钢板的防护镀层。金属锡柔软，富有延展性，故轴承镀锡可起密合和减摩作用；汽车活塞环和气缸壁镀锡可防止滞死和拉伤。密封条件下，在某些有机酸介质中，锡的电势比铁负，成为阳极性镀层，具有电化学保护作用。同时由于锡离子及其化合物对人体无毒，锡镀层广泛用于食品加工和储运容器的表面防护。

　　锡合金是以锡为基体加入其他合金元素组成的有色合金。主要合金元素有：铅、锑、铜等。锡合金熔点低，强度和硬度均低，它有较高的导热性和较低的线膨胀系数，耐大气腐蚀，有优良的减摩性能，易于与钢、铜、铝及其合金等材料焊合，是很好的焊料，也是很好的轴承材料。锡能与元素周期表中第Ⅰ族的锂、钠、钾、铜、银、金，与第Ⅱ族的铍、镁、钙、锶、钡、锌、镉、汞，与第Ⅲ族的铝、镓、铟、铊、镱、镧、铀，与第Ⅳ族的硅、锗、铅、钛、锆、铪，与第Ⅴ族的磷、砷、锑、铋、钒、铌，与第Ⅵ族的硒、碲、铬，与第Ⅶ族的锰及第Ⅷ族的铁、钴、镍、铑、钯、铂等形成二元和多元合金以及金属间化合物。锡的二元合金主要有：Sn-Pb、Sn-Sb、Sn-Bi、Sn-Fe、Sn-Cd、Sn-Al 等。锡合金具有良好的抗蚀性能，作为涂层材料得到广泛应用。Sn-Pb 系（62% Sn）、Cu-Sn 合金系用于光亮抗蚀硬涂层。Sn-Ni 系（65% Sn）用作装饰性抗蚀涂层。Sn-Zn 系合金（75% Sn）用于电子元件和电视机、收音机等。Sn-Cd 系合金涂层具有抗海水腐蚀性能，用于造船工业。Sn-Pb 合金是应用广泛的焊料。锡与锑、银、铟、镓等金属组成的合金焊料具有强度高、无毒、抗蚀的特点，有专门用途。锡与铋、铅、镉、铟组成低熔点合金，除用作电气设备、蒸汽设备和防火装置的保险材料外，还大量用作中低温焊料。锡基轴承合金以Sn-Sb-Cu 和 Sn-Pb-Sb 系为主，加入铜和锑可以提高合金的强度和硬度。常用的锡合金按用途分为：

（1）锡基轴承合金：与铅基轴承合金统称为巴氏合金。含锑3% ~ 15%，铜3% ~ 10%，有的合金品种还含有 10% 的铅。锑、铜用以提高合金的强度和硬度。其摩擦系数小，有良好的韧性、导热性和耐蚀性，主要用以制造滑动轴承。

（2）锡铅焊料：以锡铅合金为主，有的锡焊料还含少量的锑。含铅38.1% 的锡合金俗称焊锡，熔点约183℃。用于电器仪表工业中元件的焊接，以及汽车散热器、热交换器、食品和饮料容器的密封等。

（3）锡合金涂层：利用锡合金的抗蚀性能，将其涂敷于各种电气元件表面，既具有保护性，又具有装饰性。常用的有锡铅系、锡镍系涂层等。

（4）锡合金（包括铅锡合金、无铅锡合金）：可以用来生产制作各种精美合金饰品、合金工艺品，如戒指、项链、手镯、耳环、胸针、纽扣、领带夹、帽饰、工艺摆饰、合金相框、宗教徽志、微型塑像、纪念品等。

在光电直读光谱法中，与锡及锡合金有关的国家或行业标准有两个，分别是：GB/T 10574.14—2017《锡铅焊料化学分析方法　第 14 部分：锡、铅、锑、铋、银、铜、锌、镉和砷量的测定　光电发射光谱法（常规法）》、SN/T 4116—2015《锡铅焊料中锡、铅、锑、铋、银、铜、锌、镉和砷的测定　光电直读发射光谱法》。其中，GB/T 10574.14—2017 规定了光电直读光谱法测定锡铅焊料中锡、铅、锑、铋、银、铜、锌、镉、砷含量，其测定范围见表 10-24。SN/T 4116—2015 规定了光电直读光谱法测定锡铅焊料中锡、铅、锑、铋、银、铜、锌、镉、砷含量，其测定范围见表 10-25。

表 10-24　锡铅焊料中各元素测定范围（GB/T 10574.14—2017）

元　素	测定范围/%	元　素	测定范围/%
Sn	28.50 ~ 57.00	Pb	32.50 ~ 59.00
Sb	0.0030 ~ 2.80	Bi	0.0030 ~ 0.30
Ag	0.0002 ~ 0.055	Cu	0.0008 ~ 0.15
Zn	0.0002 ~ 0.045	Cd	0.0002 ~ 0.020
As	0.0003 ~ 0.030		

表 10-25　　锡铅焊料中各元素测定范围（SN/T 4116—2015）

元　素	测定范围/%	元　素	测定范围/%
Sn	29.5 ~ 57.0	Pb	32.5 ~ 59.0
Sb	0.0010 ~ 3.00	Bi	0.0010 ~ 0.30
Ag	0.0002 ~ 0.055	Cu	0.0006 ~ 0.15
Zn	0.0002 ~ 0.045	Cd	0.0003 ~ 0.020
As	0.0003 ~ 0.030		

　　上述两个标准方法，对锡铅焊料样品中锡、铅、锑、铋、银、铜、锌、镉、砷等元素含量进行分析。在 GB/T 8012—2013《铸造锡铅焊料》产品标准中，铸造锡铅焊料的牌号有 37 个。在所有牌号中锡元素是主量元素。在光电直读光谱法中，工作曲线采用以基体元素作为内标元素的内标法绘制。锡作为基体元素，通过差减法获得其含量。因此，要想准确得知样品中的锡含量，样品中的其他元素含量的准确测定尤为重要。《铸造锡铅焊料》产品标准中，样品中锑、铋、银、铜、锌、镉、砷等元素含量都需要测定，而铅元素含量不需要测定，以余量形式表示。因此，在光电直读光谱法中，准确测定样品中各元素含量才能保证锡含量的准确性。

　　下面以光电直读光谱法测定锡铅焊料样品中各元素含量进行举例说明。

10.7.1　样品制备

　　锡铅焊料样品的特点：其一是硬度低，较软，用手挤压，其外观都会发生改变；其二是熔点低，熔点约 183℃，就是用燃烧的烟头都可以使其融化。它的制样方法要有浇铸熔融法和冷压法。具体流程如下：

　　（1）浇铸熔融法：称取约 150g 样品，装入石墨坩埚中，盖上坩埚盖，移入已开至设定温度的箱式电炉中（对于常用焊料，炉温可以设定在 420℃±20℃），保温 10 ~ 15min后，从炉中取出坩埚，并轻轻摇动，迅速将其倒入熔铸模中，凝固后脱模（可参照锌及锌合金样品制样方法）。

　　（2）冷压法：将样品放入 UHPS 超高压压样机（瑞绅葆分析技术（上海）有限公司）的铝杯中，盖上盖子并上好扶臂，调整好压力和时间（压力选择 300kN，时间设置 2min）后，按"运行"按钮，2min 后取出样品块，分析面平整并露出金属光泽。

10.7.2　分析条件

　　分析仪器：TY-9000 全谱型直读光谱仪（无锡市金义博仪器科技有限公司）。

　　环境条件：温度 25℃，相对湿度 40% ~ 65%，电源有良好的接地，周围无强磁场，无大功率用电设备，无振动，室内无腐蚀性气体，避免强光，避免灰尘。

　　氩气纯度：≥99.999%。

　　真空系统：连续抽真空，真空度 <3Pa。

　　电极：钨电极（6mm），顶角 90°；分析间隙 3.4mm。

　　仪器实验条件：氩气流量 10L/min；冲洗时间 10s；预燃时间 8s；曝光时间 6s。

　　谱线波长：Pb 405.8nm、Sb 217.6nm、Ag 328.1nm、Bi 306.8nm、Cu 324.8nm、

Zn 334.5nm、As 189.0nm、Cd 226.5nm。

　　内标谱线波长：Sn 278.5nm。

10.7.3　工作曲线绘制

　　如果光电直读光谱仪的操作软件内有锡铅焊料样品工作曲线，则不需要做工作曲线，直接选择一个与分析样品同牌号的标准物质作为控样进行校准。校准完毕后，可直接对样品进行分析。如果样品没有合适的工作曲线分析，可根据试样的种类及化学成分选择相应的标准样品。为了保证分析结果的可靠性和对产品质量的控制，应当选择有证标准物质（CRM）。绘制工作曲线时，标准样品与试样同样加工后，在选定的分析条件下，激发一系列标准样品，对每个标准样品进行三次以上激发以每个待测元素相对强度的平均值，对标准样品中该元素与内标元素的浓度比绘制工作曲线。根据需要进行基体校正和干扰元素校正。采用标准曲线法计算分析元素的含量。为了保证分析结果的可靠性，待测元素分析结果，应在校准曲线所用的一系列标准样品的含量范围内。本实验选用的标准物质为自制标准样品，其含量值采用锡化学分析方法（GB/T 3260 系列）进行定值分析。该标准样品各元素含量值见表10-26。

表 10-26　锡铅焊料标准样品各元素含量值　　　　　　　　　　　　（%）

元素 编号	Pb	Sb	Ag	Bi	Cu	Zn	As	Cd
Z-1	55.25	1.08	0.0479	0.038	0.0008	0.0006	0.0010	0.0008
Z-2	50.21	0.240	0.0258	0.069	0.0028	0.0028	0.0025	0.0018
Z-3	45.36	2.76	0.0114	0.094	0.0052	0.0056	0.0046	0.0031
Z-4	39.23	0.562	0.0068	0.122	0.0113	0.0138	0.0085	0.0068
Z-5	34.46	1.95	0.0026	0.208	0.0486	0.0249	0.0135	0.0118
Z-6	29.32	0.053	0.0009	0.289	0.125	0.0432	0.0282	0.0203

　　工作曲线绘制完毕后，可用和分析样品同牌号的标准物质作为控样进行校准，校准完毕后，可直接对样品进行分析。控制样品是与分析样品有相似的冶金加工过程和化学成分，用于对分析样品测定结果进行。应定期用标准化样品对仪器进行校准，校准的时间间隔取决于仪器的稳定性。控样校准完毕后，可直接对样品进行分析。

10.7.4　方法精密度

　　重复性限（r）是指在重复性条件下，获得的两次独立测试结果的绝对差值；再现性限（R）是指在再现性条件下，获得的两次独立测试结果的绝对差值。分析结果的重复性限（r）和再现性限（R）应不超过 GB/T 10574.14—2017《锡铅焊料化学分析方法　第14 部分：锡、铅、锑、铋、银、铜、锌、镉和砷量的测定　光电发射光谱法（常规法）》的规定要求（表10-27）。

　　采用线性内插法求得重复性限（r）。在重复性条件下，获得的两次独立测试结果的测定值的绝对差值不超过重复性限（r），超过重复性限（r）的情况不超过 5%。

　　采用线性内插法求得再现性限（R）。在再现性条件下，获得的两次独立测试结果的测定值的绝对差值不超过再现性限（R），超过再现性限（R）的情况不超过 5%。

表 10-27 锡铅焊料样品重复性限（r）和再现性限（R）

元素	质量分数/%	r/%	R/%	元素	质量分数/%	r/%	R/%
Sn	28.81	0.25	0.28	Cd	0.012	0.002	0.003
	41.60	0.31	0.36		0.021	0.003	0.005
	49.63	0.36	0.39	Pb	32.95	0.27	0.30
	60.00	0.37	0.42		39.90	0.30	0.34
	66.79	0.40	0.45		47.21	0.32	0.37
Sb	0.0036	0.0004	0.0005		57.67	0.36	0.40
	0.015	0.002	0.005		58.71	0.40	0.45
	0.093	0.004	0.010	Ag	0.0002	0.0001	0.0002
	0.53	0.02	0.05		0.0004	0.0002	0.0003
	1.66	0.04	0.07		0.0038	0.0004	0.0009
	2.80	0.06	0.10		0.0098	0.0009	0.0020
Bi	0.0027	0.0003	0.0005		0.028	0.002	0.005
	0.0082	0.0005	0.0010		0.098	0.003	0.005
	0.030	0.003	0.005	Cu	0.0008	0.0002	0.0004
	0.15	0.01	0.02		0.0021	0.0003	0.0007
	0.27	0.02	0.03		0.020	0.002	0.004
Zn	0.0002	0.0001	0.0002		0.074	0.003	0.005
	0.0005	0.0002	0.0004		0.14	0.01	0.02
	0.0009	0.0003	0.0006	As	0.0003	0.0002	0.0003
	0.0041	0.0005	0.0010		0.0005	0.0003	0.0005
	0.042	0.005	0.009		0.0018	0.0005	0.0007
Cd	0.0002	0.0001	0.0003		0.013	0.002	0.004
	0.0050	0.0005	0.0008		0.027	0.003	0.005

分析结果的重复性限（r）和再现性限（R）的计算，结合表 10-27，采用线性内插法求得。线性内插法公式见 8.5 节。下面以一个锡铅焊料样品在 A、B 实验室的实验结果，计算重复性限（r）和再现性限（R），并判断其精密度，见表 10-28。

表 10-28 锡铅焊料样品重复性限（r）和再现性限（R）的计算   （%）

项目 \ 元素	Sn	Pb	Sb	Ag	Bi	Cu	Zn	As	Cd
A-1	56.48	42.18	1.116	0.0162	0.140	0.0325	0.0148	0.0093	0.0077
A-2	56.26	42.42	1.100	0.0156	0.134	0.0321	0.0156	0.0101	0.0071
A 平均值	56.37	42.30	1.108	0.0159	0.137	0.0323	0.0152	0.0097	0.0074
A 极差	0.22	0.24	0.016	0.0006	0.006	0.0004	0.0008	0.0008	0.0006
重复性限	0.37	0.31	0.03	0.0013	0.010	0.0022	0.0018	0.0016	0.0010
与重复性限相比较	小于	小于	小于	小于	小于	小于	小于	小于	小于
B-1	56.22	42.45	1.106	0.0152	0.146	0.0329	0.0144	0.009	0.0075

续表 10-28

项目＼元素	Sn	Pb	Sb	Ag	Bi	Cu	Zn	As	Cd
B-2	56.31	42.36	1.112	0.0158	0.138	0.0331	0.0152	0.0096	0.0071
B 平均值	56.26	42.40	1.109	0.0155	0.142	0.0330	0.0148	0.0093	0.0073
B 极差	0.09	0.09	0.006	0.0006	0.008	0.0002	0.0008	0.0006	0.0004
重复性限	0.37	0.31	0.03	0.0013	0.010	0.0022	0.0018	0.0016	0.0010
与重复性限相比较	小于	小于	小于	小于	小于	小于	小于	小于	小于
A、B 平均值	56.32	42.35	1.108	0.0157	0.140	0.0326	0.0150	0.0095	0.0074
A、B 极差	0.11	0.10	0.001	0.0004	0.005	0.0007	0.0004	0.0004	0.0001
再现性限	0.41	0.35	0.06	0.0029	0.019	0.0032	0.0018	0.0030	0.0016
与再现性限相比较	小于	小于	小于	小于	小于	小于	小于	小于	小于

11　热处理工件分析

在工业生产中，机床、汽车、摩托车、火车、飞机、轮船等车辆或设备所需金属，大量零部件需要通过热处理工艺改善其性能。据初步统计，在机床制造中，60% ~70% 的金属零部件要经过热处理；在汽车、拖拉机制造中，需要热处理的零部件多达 70% ~80%；而工模具及滚动轴承，则要 100% 进行热处理。通过热处理，改变了金属的组织结构，从而改变其性能（包括物理、化学和力学性能）。比如增加或者降低金属材料的硬度、强度、弹性、韧性、塑性等，满足零部件的强度及韧性等要求。总之，凡重要的零部件都必须进行适当的热处理才能使用。

在实际应用中，为了提高强度、耐磨性及增强疲劳性能，零部件常常进行正火、淬火、调质、表面渗碳渗氮等处理，以获得良好的综合性能。但其硬度（或表面硬度）相对较高，不易进行再加工。而在光电直读光谱法样品制备过程中，常常需要对样品进行压平、磨削等加工。若样件硬度较大，塑性低，势必造成直读光谱加工制样困难。而退火处理能很好地解决上述问题。退火是一种软化处理，目的是使合金在成分及组织上趋于均匀和稳定，消除加工硬化，恢复合金的塑性，改善切削加工性能。因此，为保证样品制备过程的正常进行，有必要对经过正火或淬火等强化处理的样件，进行退火处理。

11.1　热处理及机械元件

金属热处理是指在一定的介质中，将金属工件加热到适宜的温度，并在此温度中保持一定时间后，在不同的介质中，又以不同速度冷却，通过改变金属材料表面或内部的显微组织结构，以控制其性能的一种工艺。热处理工艺一般包括加热、保温、冷却三个过程。有时只有加热和冷却两个过程。其流程见图 11-1。这些过程互相衔接，不可间断。热处理的本质，就是利用元素的同素异构性质，以改变原子的空间结构，从而改变材料的力学、化学性能，满足不同使用场合的需要。比如：金刚石、石墨是碳的同素异构体。金属热处理是机械制造中的重要工艺之一，与其他加工工艺相比，热处理一般不改变工件的形状和整体的化学成分，而是通过改变工件内部的显微组织，或改变工件表面的化学成分，赋予或改善工件的使用性能。其特点是改善工件的内在质量，而这一般不是肉眼所能看到的。

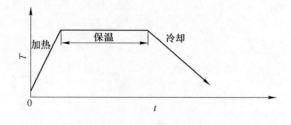

图 11-1　金属热处理流程

金属热处理工艺大体可分为：整体热处理、表面热处理和化学热处理三大类。根据加热介质、加热温度和冷却方法的不同，每一大类又可区分为若干不同的热处理工艺。比如整体热处理主要有：正火、退火、淬火和回火等四种基本工艺。表面热处理常见的有：火焰加热、感应加热等两种基本工艺。化学热处理主要有：渗碳、氮化。同一种金属采用不同的热处理工艺，可获得不同的组织，从而具有不同的性能。钢铁是工业上应用最广的金属，而且钢铁显微组织也最为复杂。因此，钢铁热处理工艺种类繁多。

在工业制造业中，机械零部件是最常用的机械元件。它是构成机械的基本元件，是组成机械和机器的不可分拆的单个制件。机械零件，既是研究和设计各种设备中机械基础件的一门学科，也是零件和部件的泛称。机械零件按功能可分为：连接件、传动件、支承件、润滑件、密封件和弹簧。利用不同方式，连接件是把两个或两个以上机械零件连成一体的零部件。其连接方式主要有：螺纹连接、楔连接、销连接、键连接、花键连接、过盈配合连接、弹性环连接、铆接、焊接和胶接。传动件是指，在机械做功过程中，将功率从一方传递到另一方的零部件。其传动方式可分为：带传动、摩擦轮传动、键传动、谐波传动、齿轮传动、绳传动和螺旋传动，常见的零（部）件有：传动轴、联轴器、离合器和制动器等。支承件是指，在机械运动中，起固定或支承作用的零（部）件，如轴承、箱体和机座等。润滑件是指，在机械运动中，起润滑作用的零部件。其功能是减小机械运动中摩擦力，比如轴瓦。密封件是指，在机械系统中，起密封作用的零部件，比如密封圈。弹簧是一种利用弹性工作的机械零件。在外力作用下，用弹性材料制成的零件发生形变，除去外力后又恢复原状。弹簧一般用弹簧钢制成。弹簧的种类复杂多样，按形状可分为：螺旋弹簧、涡卷弹簧、板弹簧、异型弹簧等。为使金属工件具有所需要的力学性能、物理性能和化学性能，除合理选用材料和各种成型工艺外，热处理工艺往往是必不可少的。

机械零部件所用材料，由金属材料、非金属材料、复合材料组成。金属材料有：黑色金属、有色金属。黑色金属，主要以铁基为主，常见材料有：铸铁、碳素钢、中低合金钢、不锈钢、粉末冶金。有色金属，主要是以铝和铜及其合金为主，有时根据需要还会使用锌、镁、镍、铅、锡及其合金。非金属材料，主要是橡胶、塑料和其他非金属材料。复合材料主要由金属-金属、金属-非金属、非金属-非金属组成。在上述金属材料中，钢铁是机械零部件应用最广的材料。特别在零部件加工中，尤为突出。由于铁、碳以及合金元素之间的互相影响，其显微组织复杂，种类繁多，而且每种热处理对其影响各异。所以，钢铁的热处理是金属热处理的主要类别。另外，铝、铜、镁、钛等及其合金，也都可以通过热处理，改变其力学、物理和化学性能，以获得不同的使用性能。

11.2　钢铁工件分析

在机械零部件加工中，所用金属材料以钢铁为主。为了使金属零部件具有所需要的力学性能、物理性能和化学性能，除合理选用材料和各种成型工艺外，热处理工艺往往是必不可少的。钢铁材料热处理常见的工艺方法有：退火、正火、淬火、回火及表面热处理等五种。由于铁的同素异构转变，从而使钢在加热和冷却过程中，发生了组织与结构变化。这就是热处理使钢性能发生变化的主要原因。热处理对金属材料影响最大的就是力学性能。而力学性能是指，在不同环境（温度、介质、湿度）下，材料承受各种外加载荷（拉伸、压缩、弯曲、扭转、冲击和交变应力等）时，所表现出的力学特征。金属的力学性能，由脆性、强度、塑性、硬度、韧性、疲劳强度、弹性、延展性、刚性和屈服点组成。对于硬度较低、塑性较好的钢铁金属零部件，可直接加工。例如切割、压平或磨削等，在光电直读光谱仪上，制成的样品可直接进行分析。如果金属零部件较脆或硬度较高，例如高碳钢或者经过淬火等热处理形成马氏体等高的强度和硬度组织，不易加工，可通过退火使之软化，方便进行加工制样。另外，在通常情况下，钢材都是以退火热处理状态供货。所用的光谱标准样品的热处理状态也是退火态。如果样品的热处理状态与光谱标准样品不一样，会影响分析结果的准确度。因此，为了保证结果准确度、样品易于加工、成分无偏析，对脆性及高硬度金属零部件样品，进行退火处理是必须的。

退火，就是将钢加热到适当温度，保持一定时间。然后，缓慢冷却（一般随炉冷却）的热处理工艺。退火的主要目的：首先是消除内应力，降低钢的硬度和提高塑性，以利于切削加工及冷变形加工。其次是细化晶粒和均匀钢的组织及成分，改善钢的性能或为以后的热处理作组织上的准备。最后是消除钢中的残余内应力，以防止变形并开裂。退火工艺主要包括完全退火、球化退火、等温退火、再结晶退火、石墨退火、扩散退火、去应力退火、不完全退火。

完全退火，是将钢加热到完全奥氏体（A_{c3} 亚共析钢）温度以上 30~50℃，随之缓慢冷却。以获得接近平衡状态组织的工艺方法。比如中碳钢及低、中碳合金结构钢的锻件、铸件、热轧型材等。

球化退火，是将工件加热到钢开始形成奥氏体（A_{c1} 共析钢或过共析钢）温度以上 20~40℃，保温一定的时间。以不大于 50℃/h 的冷却速度，随炉冷却。在冷却过程中，珠光体中的片层状渗碳体变为球状，从而降低了硬度。主要用以降低工具钢和轴承钢锻压后的偏高硬度。比如碳素工具钢、合金工具钢、轴承钢等。

等温退火，一般先以较快速度冷却到奥氏体最不稳定的温度，保温适当时间。奥氏体转变为托氏体或索氏体，硬度即可降低。主要用以降低某些镍、铬含量较高的合金结构钢的高硬度，以进行切削加工。

再结晶退火，是指加热温度一般为钢开始形成奥氏体温度以下 50~150℃，开始缓慢降温。在冷拔、冷轧过程中，可用以消除金属线材、薄板的硬化效应，使金属软化。

石墨退火，是将铸件加热到 950℃ 左右，保温一定时间后适当冷却，使渗碳体分解形成团絮状石墨。主要用以使含有大量渗碳体的铸铁，变成塑性良好的可锻铸铁。

扩散退火，在不发生熔化的前提下，将铸件加热到尽可能高的温度，并长时间保温。待合金中各种元素扩散趋于均匀分布后缓冷。主要用以使合金铸件化学成分均匀化，提高其使用性能。

去应力退火，是将钢加热到略低于 A_1 的温度，保温一定时间后缓慢冷却的工艺方法。可消除塑性变形、焊接、切削加工、铸造等形成的残余内应力。

不完全退火，是指加热温度在 A_{c1}~A_{c3} 之间，其冷却速度达 500~600℃/h 以上时的退火过程。一般来说，碳钢冷却速度达 100~200℃/h，合金钢为 50~100℃/h，高合金钢为 20~60℃/h。

在光电直读光谱法中，对样品退火的目的有两点，第一，降低金属的硬度，提高塑性，以利于对样品的切削加工及冷变形加工；第二，细化晶粒，使组织及成分均匀，防止样品化学成分发生偏析。为方便和简化操作，对样品退火主要采用完全退火方式。所用的退火设备是高温电炉（马弗炉），或者高频熔样机。如果是普通样件，样品退火可以在空气气氛中进行；如果是薄片状的样品，为了杜绝样品表面被氧化，可以在氩气气氛下进行。具体步骤为：先将高温电炉（马弗炉）温度升温程序设置在 800 ~ 850℃ 之间，保温时间 30min。然后，将切割好的样品，放入高温电炉（马弗炉）箱体内。关好门后，点击运行即可。保温完毕后，待样品冷却至常温后，取出。用砂纸抛光，无水乙醇擦去灰尘，阴干，即可上机分析。样品的退火是否彻底，可以用硬度试验来检测。

在光电直读光谱法中，分析样件的热处理状态和制样方式，对样品激发有一定影响。经过淬火的样件，其硬度较大，塑性较差。在制备样品过程中，无论是采用磨削或者铣削，都会产生大量的热；在切削运动过程中，除了耗费砂轮和刀具外，也会产生大量的热。在空气中，其表面也会吸附氧生成氧化物。高铝或高硅合金钢样件也同样如此。另外，铸铁零件的热处理状态为球墨化态，也会导致部分元素成分发生偏析，甚至样件本身含有非金属夹杂物、气泡和裂纹等。在放电过程中，均会放出氧，并与样品中与氧亲和力较大的元素进行选择氧化。在样品表面生成新的氧化物。由于氧化物的存在，在激发放电过程会释放出氧，产生"扩散放电"（白点），影响其结果准确度。碳素钢、中低合金钢、不锈钢等钢铁零部件，经过退火处理后，可选择合适的工作曲线和标准控样进行分析。铸铁零部件样品，由于石墨化，需要对样品进行白口化处理。样品白口化后，可以选择相应的工作曲线及标准控样进行分析。另外，白口铸铁经过长时间退火处理，可以获得可锻铸铁，也可提高塑性，适用于冷压法。注意小件样退火后，由于高温的作用，材料中碳有脱碳现象，碳的结果会偏低。因此，经过完全退火后的小件样品，不适合碳含量的分析。如果需要分析碳含量，可以采用其他方法。而大件样经过完全退火后，将其表面脱碳层经切削或磨削加工后，可直接上机分析，不影响碳含量分析。

在样品分析中，有时会遇到一些板箔材样品。由于壁厚太薄，在激发过程中，容易被击穿，无法上机分析。将样品叠加后，由于其硬度较高、塑性差、弹性好，采用冷压法压制后，样品中间依然不能黏合成型，比如不锈钢箔。该类样品可以在氩气气氛下完全退火后，等其硬度变小，塑性较好时，将样品折叠后，采用冷压法将其冷压成型，最后上机分析。

铁基机械工件，常用材料一般是：碳素钢、低合金钢、铸铁和不锈钢。样品经过完全退火后，选择适当方法制样。制样完毕后，根据材料特点，分别选择现有三个国家标准方法之一，对样品进行分析。即 GB/T 4336—2016《碳素钢和中低合金钢 多元素含量的测定 火花放电原子发射光谱法》、GB/T 24234—2009《铸铁 多元素含量的测定 火花放电原子发射光谱法（常规法）》、GB/T 11170—2008《不锈钢 多元素含量的测定 火花放电原子发射光谱法（常规法）》。

11.3 铝及铝合金工件分析

铝及铝合金热处理技术，就是选用某一热处理规范，控制加热速度，升到某一相应温度下，保温一定时间，以一定的速度冷却，改变其合金的组织。其主要目的：提高合金的力学性能、增强耐腐蚀性能、改善加工性能、获得尺寸的稳定性。铝及铝合金的热处理分类见图 11-2。其基本热处理形式是退火及固溶时效。其中退火属软化处理，目的是获得稳定的组织或优良的工艺塑性；固溶时效（淬火时效）为强化处理，借助时效硬化以提高合金的强度性能。

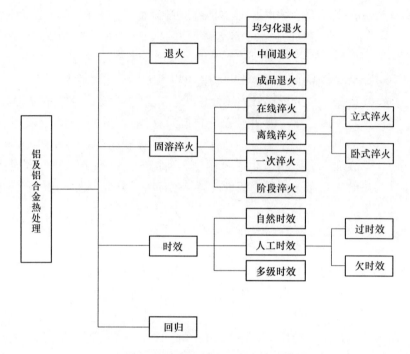

图 11-2　铝及铝合金热处理分类

在光电直读光谱法样品的制备过程中，硬度和塑性，依然是铝及铝合金样品关注的重要因素。为了使样品硬度适中，具备良好塑性，样品的退火依然是优先选择。

铝及铝合金产品，加热到一定温度并保温到一定时间后，以一定的冷却速度冷却到室温，通过原子扩散、迁移，使之组织更加均匀、稳定，内应力消除，可大大提高材料的塑性，降低硬度。退火可分为：均匀化退火、中间退火、完全退火。

均匀化退火，是指在高温下长期保温，然后以一定速度（高、中、低、慢）冷却，使铸锭化学成分、组织与性能均匀化。可提高材料塑性20%左右，降低挤压力20%左右，提高挤压速度15%左右。同时，使材料表面处理质量提高。中间退火，又称局部退火或工序间退火，是为了提高材料的塑性，消除材料内部加工应力，在较低的温度下保温较短的时间，以利于继续加工或获得某种性能的组合。完全退火，又称成品退火，是在较高温度下，保温一定时间，以获得完全再结晶状态下的软化组织，具有最好的塑性和较低的强度。

铝及铝合金样品，在制备过程中，首先要关注样品的热处理状态及相应硬度，见表11-1。如果样品硬度适中、塑性好，则不需要再进行退火处理。

如果需要制样，从表11-1可知：F、O态样品完全可以直接制样。H、W、T态样品，根据硬度和塑性，决定是否需完全退火后再制样。比如，牌号为3003的铝百叶，样品经过热处理硬化后，不易弯折，塑性较差，其壁厚只有0.1mm。如果直接上机分析，样品容易被击穿。采用折叠方法冷压，由于塑性较差，不易弯折，也同样无法成型。因此，就要对该样品进行退火处理。由于铝及铝合金相对钢铁而言硬度较低、塑性较好。因此，只需要进行中间退火即可。样品退火所需要的温度较低，在 320～350℃ 之间，可以在电热鼓风干燥箱（额定温度 400℃）中进行。其退火的步骤：采用合适的方法将样品涂层去除。然后，以电热烘箱加热到 320℃，把样品放在里面加热 30min。然后，自然冷却到室温。样品已经变软，可采用冷压法制样。

表 11-1 铝及铝合金产品基础状态代号

代号	名 称	说明与应用
F	自由加工状态	适用于在成型过程中，对于加工硬化和热处理条件无特殊要求的产品，该状态产品的力学性能不作规定
O	退火状态	适用于经完全退火获得最低强度的加工产品。O1 是指均匀化退火；O2 是指产品不完全（局部）退火；O3 是指产品完全退火
H	加工硬化状态	适用于通过加工硬化提高强度的产品，产品在加工硬化后可经过（也可不经过）使强度有所降低的附加热处理 H 代号后面必须有两位或三位阿拉伯数字
W	固溶热处理状态	一种不稳定状态，仅适用于经固溶热处理后，室温下自然时效的合金，该状态代号仅表示产品处于自然时效阶段
T	热处理状态（不同于 F、O、H 状态）	适用于热处理后，经过（或不经过）加工硬化达到稳定状态的产品。T 代号后面必须有一位或多位阿拉伯数字
备注		H（加工硬化）状态的细分：H1 是指单纯加工硬化状态。适用于未经附加热处理，只经加工硬化即获得所需强度的状态。H2 是指加工硬化及不完退火的状态。H3 是指加工硬化及稳定化处理的状态。适用于加工硬化后经低温热处理或由于加工过程中的受热作用致使其力学性能达到稳定的产品。H3 状态仅适用于在室温下逐渐时效软化（除非经稳定化处理）的合金。H4 是指加工硬化及涂漆处理的状态。适用于加工硬化后，经涂漆处理导致了不完全退火的产品。H 后面的第二位数字表示产品的加工硬化程度。数字 8 表示硬状态

铝及铝合金机械工件，常用材料一般是铸造铝合金和变形铝合金。如果样品需要退火，经过完全退火后，选择适当方法制样。根据材料特点，选择现有国家标准方法 GB/T 7999—2015《铝及铝合金光电直读发射光谱分析方法》对样品进行分析。

11.4 铜及铜合金工件分析

铜及铜合金的铸造与加工产品，一般分为：铸件、板、带、棒、管、线、型材等。除铸件采用铸造工艺外，根据加工产品采用的生产工艺，又可分为两类：一类是不可热处理强化的铜及铜合金，采用热、冷加工及退火处理等工艺。另一类是可热处理强化的铜合金，采用热、冷加工和固溶处理、沉淀硬化、淬火及回火等强化热处理工艺。铜及铜合金，在生产过程中，一般采用的热处理工艺有：均匀化、退火、消除应力、固溶热处理、沉淀（时效）硬化以及淬火硬化和回火处理。根据铜及铜合金铸造、热冷加工及各种热处理工艺。根据以上工艺，本标准将铜及铜合金状态先设置几个基础状态（用英文字母表示）。然后，在各基础状态上进行二次分类，成为二级状态，又在二级状态之后加上 2～3 位数字，使其细分为三级状态，即最终的产品状态。

在工业生产中，根据材料性能需要，有些铜合金无法通过热处理进行强化，如黄铜、锡青铜、铝含量小于 9% 的铝青铜、锰青铜、铬青铜、白铜及锰白铜等，它们只能加工硬化。加工硬化可以提高铜和铜合金的强度和硬度，但也降低了材料的塑性和韧性。

铜和加工铜合金的退火方式有：再结晶退火、去应力退火。再结晶退火，是指在材料冷轧或冷拔的过程中，一道与一道之间须进行再结晶退火，恢复其塑性，以便于冷加工，此类再结晶退火为中间（再结晶）退火。这是由于材料中的冷加工（冷轧、冷冲或冷拔）后的型材（线材、棒材、板材），再作进一步冷变形时将成为困难。所以，为了改善材料的组织，且使材料均匀化，以满足使用条件的要求，成品最终要进行一次再结晶退火，即为最终再结晶退火。去应力退火的作用，是去除铸件、焊接件及冷成型件的内应力，以防止零件变形与开裂，也能提高抗蚀性（因零件存在拉应力时，在腐蚀介质中，极易产生应力腐蚀）。去应力退火也能提高冷成型黄铜、锌白铜、磷青铜的弹性和强度。有些铜合金，通过冷塑性变形加低温退火，以提高其弹性极限，制作弹性元件。冷塑性变形度越大，低温退火后的弹性极限提高越多。

由于铜合金强度相对较高，因此对于需要软化处理的铜合金，可选择进行再结晶退火。典型铜合金的再结晶退火温度参照表 11-2。保温时间可在 30 ~ 50min 之间选择。所用退火设备为高温电炉（马弗炉），或者高频熔样机。

表 11-2　典型铜合金的再结晶退火温度

合　金　牌　号	再结晶退火开始温度/℃	再结晶退火温度/℃
工业纯铜	180 ~ 230	500 ~ 700
H96	300	450 ~ 600
H90、H85、H70	330 ~ 370	650 ~ 700
H68	300 ~ 370	550 ~ 650
H63（除薄带）	350 ~ 370	600 ~ 700
H59	350 ~ 370	650 ~ 700
HAl77-2、HAl77-2A、HAl59-3-2、HNi65-5、HFe59-1-1、HMn58-2	—	600 ~ 700
HSn90-1		650 ~ 700
HSn70-1		560 ~ 580
HSn62-1、HSn60-1		550 ~ 650
HPb74-3、HPb60-1	400	600 ~ 650
HPb64-2、HPb63-3		620 ~ 670
HPb59-1	360	600 ~ 650
QSn6.5-0.4、QSn4-0.25	350 ~ 360	600 ~ 650
QSn4-3、QSn4-4-2.5	400	600
QAl5		600 ~ 700
QAl7、QAl9-2		650 ~ 750
QAl9-4、QAl10-4-4、QMn7-3、QMn5		700 ~ 750
QBe2、QBe1.7		550
QSi3-1	350	600 ~ 680

合 金 牌 号	再结晶退火开始温度/℃	再结晶退火温度/℃
BFe30-1-4	450	780～810
B19	420	600～780
BZn15-20	—	700～750
B5、BFe5-1	350	650

　　铜及铜合金机械工件，常用材料一般是：紫铜、黄铜、青铜、白铜。样品经过再结晶退火后，选择适当方法制样。根据材料特点，分别选择现有 3 个铜类的行业标准方法之一，对样品进行分析。即 YS/T 482—2005《铜及铜合金分析方法　光电发射光谱法》、SN/T 2083—2008《黄铜分析方法　火花原子发射光谱法》、SN/T 2260—2010《阴极铜化学成分的测定　光电发射光谱法》。

12 特殊样品分析

在光电直读光谱法分析中，其样品无论外观形状有多么奇形异状，尺寸大小相差悬殊，大部分情况下，都是成型的、单一介质的、不具有流动性的固体金属样品。在工业生产中，固体金属样品有不成型的，比如：屑状样品、粉末样品。也有不是单一介质的，比如：镀锌板（是二元介质）。也有流动性的，比如：粉末样品等等。由于这些样品与普通样品相比，具有一个或多个独一无二的特征的特点，因此把上述产品称之为特殊样品。在一般情况下，特殊样品不能直接采用光电直读光谱法分析。但是，对上述样品，可以通过合适的制样方法进行处理，或改变仪器的工作参数。实践证明，它们是可以用光电直读光谱法进行分析。

12.1 屑状样品分析

在工业生产中，屑状样品是金属材料机械加工的废弃物，即样品材料经过车、铣、镗、钻等过程后的产物。常见的屑状样品，从外观形状可分为：带状切屑、节状切屑、粒状切屑、崩碎切屑。它们的外观、形成过程及条件见表 12-1。

表 12-1 屑状样品类型及形成条件

名 称	带状切屑	节状切屑	粒状切屑	崩碎切屑
简 图				
外 观	带状，底面光滑，背面呈毛茸状	节状，底面光滑有裂纹，背面呈锯齿状	粒状	不规则块状颗粒
形成过程	剪切滑移尚未达到断裂程度	局部剪切应力达到断裂强度	剪切应力完全达到断裂强度	被挤裂，未经塑性变形
形成条件	加工塑性材料，切削速度较高，进给量较大，刀具前角较大	加工中等硬度材料，切削速度较低，进给量较小，刀具前角较小	工件材料硬度较高，切削速度较低	加工硬脆材料，刀具前角较小

上述屑状样品，无论哪一种都无法找到一个完整平面，属于无规则形状样品。它们与平面接触方式可能是线接触，也可能是点接触。并且，有些样品还具有流动性，比如粒状切屑。因此，在一般情况下，由于样品不能完全覆盖仪器的激发孔，无法用光电直读光谱法直接检测。在通常情况下，如果要想检测其化学成分含量，只能将该样品溶解制备成溶液后，采用原子吸收分光光度法、电感耦合等离子体原子发射光谱法、其他湿法化学分析

法等进行检测。

屑状样品形成条件与塑性、硬度等力学性能有关。带状切屑和节状切屑的外观，呈带状或线状。其材料特点：硬度适中，有一定的塑性。即材料易变形，其延展性较好。在外力作用下，其外观形状可发生改变，不易发生断裂。钢铁金属材料能否用于塑性加工，与材料中的碳元素含量有关。适合塑性加工的钢铁材料，碳含量一般不大于0.6%。常见的材料有：低碳钢、中碳钢、合金结构钢、不锈钢等。有色金属材料塑性好、硬度低或延展性较好，主要有：纯金属、变形合金等。常见的纯金属有：铜、铝、铅、锡、金、银等。变形合金有：变形铜合金、变形铝合金、变形镁合金等。粒状切屑和崩碎切屑的外观，呈规则或不规则颗粒状。材料特点：硬度高、脆性大、塑性较差。即在外力作用下，样品容易断裂成颗粒状物质。延展性较差，适合铸造加工。常见的材料有：生铁、铸铁、钨、经过热处理的金属零部件等。

样品经过车（铣）削加工后形成的切屑，外观形状为带状或者节状，可以断定该材料具有较好的延展性，适用塑性加工。该样品也可采用冷压法或电弧熔融法制样。常用的黑色金属钻屑有：碳素钢、合金钢、不锈钢、轴承钢。有色金属钻屑有：铜及铜合金屑、铝及铝合金屑等。

采用冷压法制样，对于硬度较大的样品，压片机的压力设置应该不低于400kN。对于硬度较小的有色金属，压力设置应该不低于200kN。下面采用冷压法，对屑状样品制样过程操作进行举例说明：用无水乙醇或丙酮浸泡屑状样品，除油。然后，放在定性滤纸上晾干。晾干后，将切屑样品放入UHPS超高压压样机（瑞绅葆分析技术（上海）有限公司）（其中铝合金屑状样品的压力设置为400kN，低合金钢屑状样品的压力设置为800kN，时间设置都为1min）中的铝杯内，并上好盖子。按"启动"电钮，压样机运行1min。然后，取出样品，放在仪器上测定。切屑样品的压片实物见图12-1。

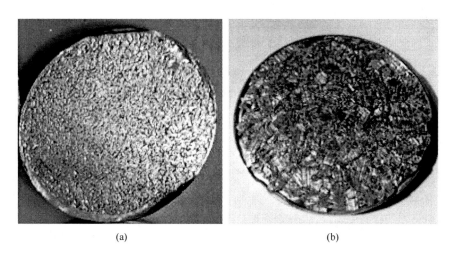

(a) (b)

图12-1 切屑样品压片实物

（a）铝合金样品；（b）低合金钢样品

屑状样品的工作曲线制作所用标准物质（样品），可以采用切削方式将光谱标准物质（样品）切削成屑状样品。然后，再采用冷压法获得样片，制作样品中各元素的工作曲线。在仪器工作条件方面，光电直读光谱仪的工作参数，可参照相同牌号样品制作工作曲线的参数。也可以用冷压法，将标准物质（样品）的切屑压制成片，以作为控样，将仪器自带内置曲线进行校准，即控样分析法。可以采用连续激发方式，即在样品分析面的一个点上连续激发6次。选择最后3次为分析值。注意：激发检测过程中，条件必须保持一致性。

粒状切屑和崩碎切屑的外观，呈规则或不规则的颗粒状。其特点是硬度较大、脆性大、塑性较差。在外力作用下，易破碎，难以改变其外观形状。因此，不能采用压力加工方式制样。可在粉碎机中，粉碎到200目（74μm）以下。样品混匀后，经冷压法压制成型。然后，经过烧结处理，用砂轮磨去表面层，即可进行分析。

除此之外，屑状样品也可以采用电弧熔融法制样。电弧熔融法制样过程是：将10～20g样品，用无水乙醇或者丙酮浸泡除油、除尘。然后，于定性滤纸上晾干。放入坩埚内，根据材料的熔点，对电弧熔融机的熔融温度进行设置（如铝的熔点为667℃，那么电弧熔融机上熔融温度可设置为667℃）。将坩埚放入电弧熔融机内，盖好盖子。接通氩气，在氩气气氛中，对样品进行熔融、混匀。然后，将样品坩埚取出倒入特制模具中，用水急冷成型。选择合适的切削方式，对样品分析面进行加工处理，完毕后即可上机操作。采用此法制备的样品，其仪器的各项参数及分析步骤不发生任何变化，即选择同类型标准物质（样品）制作工作曲线，或用控样校准法分析样品。不管采用哪一种方式分析样品，其标准物质（样品）与样品的分析过程都要保持一致。该方法不适合超低碳，以及铅、锡、砷、汞等易挥发元素的分析。

12.2　金属粉末样品分析

金属粉末是指尺寸小于1mm的金属颗粒离散体，包括单一金属粉末、合金粉末以及具有金属性质的某些难熔化合物粉末。目前，常用的金属粉末有：铁、铜、镍、钴、钨、钼、铬、钛等；合金粉末有：镍青铜合金、钛合金、高温合金、低合金钢、不锈钢等。它们是粉末冶金的主要原材料。除此之外，也可以直接应用在其他方面。该样品为微小颗粒性样品，并且具有流动性，其外观微小（小至74μm以下），属于无规则形状样品。在通常情况下，这类样品无法用光电直读光谱法直接检测。金属粉末样品成型，可以参照粉末冶金工艺完成。粉末冶金工艺是用制取金属粉末或用金属粉末（或金属粉末与非金属粉末形成的混合物）作为原料，经过压力成型、烧结，以获得金属材料、复合材料以及各种类型制品。其主要工序：首先，制取粉末。其次，是将粉末原料通过挤压的方式形成所需形状的坯料。最后，在低于主要组元熔点的温度下，将坯料进行烧结。以获得最终性能的金属制品。即粉末材料经过混合、成型和烧结等三道工序后，可获得所需性能和形状的金属制品。金属粉末样品的制样，可以采用这种方法制样，该法叫冷压-热成型制样法。

冷压-热成型制样法制样特点，就是粉末冶金中的粉末成型。就是将粉末压制成所需形状的坯块，经过一定的温度和时间烧结而成。成型的目的是制得一定形状和尺寸的压坯，并使其具有一定的密度和强度。粉末冶金工艺的成型方法分为加压成型、无压成型。光电直读光谱金属粉末制样，采用冷压成型。即通过一定的压力，在常温下，将金属粉末样品压制成分析所需要的形状。在光电直读光谱法中，此项技术的重要参数是压力。压力参数的选择与金属粉末的硬度有关。硬度越大，所需要的压力就越大。一般来说，黑色金属粉末选择压力 800kN；有色金属粉末，比如铜粉、铝粉、锌粉，选择压力 400kN。即可将其压制成分析所需要的块状样品。下面以铁粉样品为例举例说明。

（1）将 20g 铁粉放置在 GT200 振动球磨仪（北京格瑞德曼仪器设备有限公司）研磨容器（碳化钨材料）内。启动开关，运行 1min 停止后，取出铁粉（此时铁粉粒径大约在 74μm 以下）。该过程的运行原理是，在水平方向上，研磨器或适配器进行圆弧式径向摆动，在高频摆动作用下，研磨罐内的粉末颗粒做"∞"型运动，从而使粉末样品达到混匀的效果。GT200 振动球磨仪外观及其配件见图 12-2。注意：如果铁粉粒径不大于 74μm，可以不经过球磨仪处理，直接压坯。

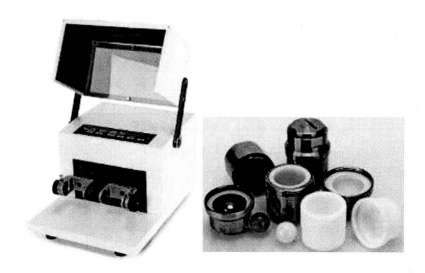

图 12-2　GT200 振动球磨仪外观及其配件

（2）将铁粉样品放入样品槽中，将 UHPS 超高压压样机（瑞绅葆分析技术（上海）有限公司）压力设置为 800kN、时间为 1min，并上好盖子。按"启动"电钮，压片机运行 1min 停止后，取出样品坯。该过程是在耐高压特制模具中，通过缓加压装置控制压力。对一些低压不能或难直接压制及需要添加黏结剂成型样品，实现了直接压制成型制样，见图 12-3。

图 12-3　铁粉样品坯实物

（3）制备好的样品坯放入氩气气氛的马弗炉（也可以采用其他类似的加热设备）中，关好炉门，接通氩气。将马弗炉的温度，设置为其材料熔点的三分之二（如铁的熔点为1538℃，其最佳烧结温度设置为960℃），烧结时间设置为15min。烧结完毕，冷却后，从炉内取出样块。经过合适的切削加工，除去表面后，即可在光电直读光谱仪上进行分析。在压制成块过程中，注意：颗粒间空隙越小越好。因此，其压力设置不应该低于上述设置。因为它是对样品块表面进行分析，因此烧结过程中不必完全像粉末冶金件一样完全烧结，只需要将样品烧结3min以上即可。烧结时间太长，可能导致样品颗粒空隙变大，影响分析结果；温度也不宜太高，否则部分元素含量会损失导致结果偏低。

金属粉末样品的工作曲线制作所用标准物质（样品），可以选择有各元素含量标准值的金属粉末标准物质（样品）。还可以先将光谱标准物质（样品）切削成屑状样品，然后在GT200振动球磨仪（北京格瑞德曼仪器设备有限公司）内将其颗粒粉碎至74μm以下。按照冷压－热成型制样法，将上述标准物质（样品）制备成标准样片，以作为制作样品中各元素工作曲线的标准样品。在仪器工作条件方面，光电直读光谱仪的工作参数，可参照相同牌号样品制作工作曲线的参数。如果金属粉末样品是纯金属，为了避免电极污染样品，不宜采用大直径的激发电极，可采用0.5mm针式电极；如果是合金粉末，可采用6mm激发电极。可采用连续激发方式。即在样品分析面的一个点上连续激发6次，选择最后3次为分析值。

金属粉末样品同样也可以采用电弧熔融法制样。电弧熔融法制样过程如下：

称取10～20g金属粉末样品，用无水乙醇或者丙酮浸泡除油、除尘。然后，于定性滤纸上晾干。放入坩埚内，根据材料的熔点，对电弧熔融机的熔融温度进行设置（比如铜的熔点为1083.4℃，电弧熔融机上熔融温度可设置为1083.4℃）。将坩埚放入电弧熔融机内，盖好盖子。接通氩气，在氩气气氛内对样品进行熔融、混匀。然后，将样品坩埚取出倒入特制模具中，用水急冷成型。选择合适的切削方式对样品分析面进行加工。完毕后即可上机操作。采用此法制备的样品，其仪器的各项参数及分析步骤不发生任何变化。即选择同类型标准物质（样品）制作工作曲线，或用控样校准法分析样品。

最后注意：不管采用哪一种方式分析样品，光电直读光谱法所有分析过程中，条件必须保持一致性。

12.3　复合材料分析

复合材料是由两种或两种以上化学、物理性质不同的材料组分，以所设计的形式、比例、分布组合而成，各组分之间有明显的界面存在。复合材料由基材和覆盖层组成。基体材料分为金属和非金属两大类。金属基材常用的有：钢、铝、镁、铜、钛及其合金。非金属基材主要有：合成树脂、橡胶、陶瓷、石墨、碳等。增强材料主要有：玻璃纤维、碳纤维、硼纤维、芳纶纤维、碳化硅纤维、石棉纤维、晶须、金属、丝和硬质细粒等。复合材料基材为纯金属及其合金的材料成为"金属基复合材料"，根据基材成分可分为铝基复合材料，钛基复合材料、镁基复合材料、高温合金复合材料、金属间化合物复合材料。光电直读光谱法只对金属样品进行分析。因此，本书只对金属基复合材料进行讨论。常见的金属复合材料有：钛－钢复合板、镀锌板、彩钢板、铝塑板等。它们的覆盖层材料有纯金属、合金、非金属。它是经电镀、热镀、轧制、焊接、涂装、化学氧化或热喷涂等众多工艺方法对表面进行处理后形成的覆盖层。

纯金属覆盖层样品，大多数都是由电镀或热镀工艺形成。电镀工艺只能将纯金属电镀到各种基材上，其基材覆盖层厚度较薄，大约只有几个微米。经电镀形成的覆盖层，其纯金属含量都在99.0%以上。除此之外，纯金属也可采用热镀工艺，将纯金属覆盖在基材上。在基材上，通过热镀工艺，纯金属形成的覆盖层，与电镀工艺相比，其厚度较厚，可达到1mm左右。在大多数情况下，不会对纯金属镀层材料成分进行分析。只对基材成分进行检测。覆盖层为合金的样品，通过热镀、轧制、焊接形成。比如：锌-5%铝-稀土合金镀层钢板。在纯锌中，加入5%的铝和微量稀土元素镧和铈。其防腐性能比普通的纯锌要高出3倍。该材料采用电镀工艺显然是不行的，只能采用热镀工艺来完成。该类样品的基材和覆盖层的化学成分都需要分析。覆盖层为非金属的样品是通过涂装、化学氧化或热喷涂等众多工艺方法表面处理后形成。常见彩钢板、铝合金门窗材料、铝塑管等。一般情况下，非金属材料只做性能检测，不做化学成分检测。由于光电直读光谱仪是化学成分检测仪器，故不能采用此法对非金属涂层材料进行分析。因此，该类样品只对基材进行分析。

金属基复合材料的基材是不同基体的纯金属及其合金，样品的覆盖层材料不同，其制样方法也有所不同。要想准确测定基材中的化学成分，就必须将覆盖物除去后才能进行正常分析。但是，单面覆盖物的样品，如果基材有足够大的面积和厚度，可以将基材表面采用合适的方法处理后，即可上机分析。反之，就必须将覆盖物除去后，采用合适的制样方法制样。双面覆盖物的样品，就必须将覆盖物除去才能分析。除去这些覆盖层的方法主要有机械法和化学法。机械法就是采用磨或刮等机械方式，除去镀层材料。比如喷涂彩钢板，样品经切割成合适大小后，在砂轮上，将涂层打磨掉。样品涂层经过机械法处理掉后，根据其厚度大小，按照上述步骤进行制样。化学法可分为无机法和有机法两种。无机法是采用一种或几种无机酸或碱来溶解镀层材料。该法主要用于金属镀层材料的去除。比如镀锌钢板上有覆盖材料锌。如果要想测定钢材的成分，就需要将其覆盖物锌去掉后，才能进行正常分析。此时可采用溶解镀锌钢板中锌的盐酸缓蚀溶液，将锌层除去。盐酸缓蚀溶液是将3.5g六次甲基四胺（乌洛托品，化学纯）溶解于500mL盐酸（$\rho = 1.19g/mL$）中，用蒸馏水稀释至1000mL。该溶液只对锌层材料溶解，不溶解钢板。然后，根据板材厚度大小，按照上述制样步骤进行制样。有机法是采用一种或几种有机试剂，对涂膜溶解或溶胀，以除去有机涂层。其工作原理是：上述有机溶剂渗入高聚物涂层的高分子链段间隙后，引起高聚物涂层溶胀，使涂膜的体积不断增大，涂膜高分子的体积增大所产生的内应力，减弱和最后破坏了涂膜对底材的附着力。涂膜从点状溶胀后发展为成片溶胀、使涂膜皱起，彻底破坏了涂膜对底材的附着力，最终将涂膜清除。根据涂膜物质不同，该法可以分为两类：一类是以酮类、苯类和酯类等有机溶剂和挥发阻缓剂石蜡配制而成。主要用于清除醇酸和硝基漆等涂层。这类清除剂主要由一些挥发性大的有机溶剂组成，比如苯、二甲苯等。另一类主要用于清除环氧沥青、聚氨酯、环氧聚酰胺或氨基醇酸树脂等固化型涂层。这类清除剂可采用二氯甲烷或氯仿。由于上述有机试剂对人体有害，在操作时，需要在通风柜中进行。

上述基材样品的覆盖层，经过化学法处理掉后，上面还有许多锈迹，如果面积和厚度足够大，须在砂轮上或砂纸将其覆盖层打磨掉并露出金属光泽。然后，用无水乙醇将表面的尘埃物除去，晾干后，即可在对应的工作曲线上，根据牌号选择相应的控样进行分析。比如镀锌钢板的基材 Q235 碳素钢化学成分的测定。具体步骤如下：先将厚度 1.50mm 镀锌钢板样品切割成 30mm 样块。再将样块放入盐酸缓蚀溶液浸泡。待剧烈反应完毕后，用镊子取出，用自来水冲洗。然后，用干毛巾将上面水渍和附着物擦去。用粗砂纸将样块正反两面上的锈迹打磨干净，并露出金属光泽。然后，用无水乙醇将表面擦洗干净，晾干即可上机分析。否则，就要采用合适的制样方法进行制样，制备好的样块采用相应的方法进行分析。

　　合金覆盖层的化学成分分析，目前大多都是将覆盖层用酸、碱溶解后，采用化学分析法或电感耦合等离子体发射光谱法进行测定。比如：锌-5% 铝-稀土合金镀层钢板，样品用氢氧化钠溶液（100g/L）溶解，采用化学分析法或电感耦合等离子体发射光谱法测定铝和/或部分稀土元素含量。如果采用光电直读光谱法，由于镀层很薄，采用常用仪器工作条件，镀层容易被击穿。且不能采用叠加法和压样法进行加厚处理。样品是否被击穿，与预燃时间条件设置有关。如果预燃时间设置短，样品则不易击穿。在此，可以通过改变预燃时间来解决极限击穿厚度问题。与电镀锌相比，热镀锌的镀层厚度在 1mm 左右。如果对预燃时间的设置进行优化处理，镀层可以承受 6 次连续激发。在同种条件下，对样品连续激发六次，选择第 3～4 次数据作为报告值，这样就可以对镀层材料中的各元素进行分析了。由于预燃时间发生改变，仪器软件中的内置曲线就不能采用了。可以在新的仪器工作条件下，选择合适的标准物质（样品）对工作曲线进行制作。经过制作后的工作曲线，同样也是可以采用控样校准法分析样品的。注意：标准物质（样品）也是连续激发六次，选择 3～4 次数据作为报告值。对于其他合金材料的覆盖层，也可以采用此法进行分析。注意其激发电极应选择 1～2mm 规格。

12.4　小件样品分析

　　光电直读光谱法是对固体金属样品的表面进行分析，属于面分析。即在分析过程中，样品需要提供一个接近光滑、平整的平面。众所周知，工业生产中，固体样品外观包罗万象，它们与平面的接触方式，从几何学角度来讲有三种方式：面接触、线接触、点接触。比如：板材样品与平面的接触方式就属于面接触；管材样品侧面与平面接触方式是线接触；球形样品与平面接触方式是点接触。

　　在光电直读光谱法中，在大多数面接触样品都可以覆盖激发孔。但是，少部分面接触、线接触、点接触样品不能完全覆盖激发孔。对于这些不能完全覆盖激发孔的样品，需要采用合适的制样方法，以增大其分析平面的面积。增大平面面积的办法有很多，可以采用机械加工的方式解决。也可以借助光谱夹具，在密闭空间形成相对面来解决。无论采用哪种方式，都必须满足光电直读光谱法样品的三点要求。在光电直读光谱法分析中，可满足样品要求的主要制样方法有机械加工法、夹具夹持法、冷压－热成型法、浇铸熔融法。在样品制备过程中，样品的制备可以采用一种制样方法来获得分析面，也可以采用两种或两种以上的方法来获得。

　　在日常样品检测中，小规格样品主要指外径或宽度 <10mm 或者壁厚 <1.0mm 的样品。常见的样品有钢球、丝线材、箔材、管材、标准件等。

12.4.1　钢球样品

钢球俗称钢珠或滚珠。它是钢球、钢段、异形研磨体的泛称。从外形可分为正圆形球（普遍狭义称谓）、胶囊球、椭圆球、阴阳球、空心球、多面球和多缺球（表面体上有窝坑）等。在工业生产和生活中，钢球常用的形状有正圆形球。根据用途可分为耐磨钢球、轴承钢球、日用钢球。耐磨钢球是一种球磨机粉碎介质，用于粉碎磨机中的物料。主要作用是研磨物料，让物料颗粒更加细微。使用的金属材料为高铬合金铸铁、球墨铸铁和碳素钢。主要适用于矿山、电厂、水泥厂、钢铁厂、硅砂厂和煤化工等领域。轴承钢球是重要的运动件，它是工业生产中的重要基础零部件，其使用量较大。轴承钢球的主要材料为轴承钢 GCr15 和 GCr15SiMn。日用钢球主要应用于装饰品和健身用品。其材料主要是不锈钢和碳素钢。目前，执行的产品标准有 YB/T 091—2005《锻（轧）钢球》、QB/T 1894—1993《自行车钢球》、JB/T 5301—2007《滚动轴承　碳钢球》、DB 34/T 2273—2014《φ160mm～φ200mm 锻造钢球》和 GB/T 308.1—2013《滚动轴承　球　第 1 部分：钢球》。钢球样品外径尺寸范围为 0.3～200mm。

钢球样品呈圆球形，与平面接触是点接触。很显然，不符合光电直读光谱法样品要求。因此，对这类样品制样，首先要解决的是如何获得分析平面问题。获得分析平面的方法，可以用浇铸法、切割法、冷压法、夹具夹持法。采用什么方法制样，与样品的材料特点以及直径大小有关。目前，钢球的材料主要有铸铁、轴承钢、不锈钢和碳素钢。

铸铁钢球的材料，主要采用铬合金铸铁和球墨铸铁。该材料的特点是碳含量高、硬度大及延展性差。在外力作用下，其外观易发生破碎或断裂，不适用压延加工。冷压法是在不分离金属材料整体形状情况下，通过外力改变其形状。因此，该材料的钢球不适合采用冷压法制样。另外，这类材料的样品还存在样品白口化处理问题。因此，该类样品适合的制样方法是浇铸熔融法。

轴承钢球所用金属材料的牌号主要有 GCr15 和 GCr15SiMn。该材料牌号的钢球经过热处理后，与铸铁钢球一样，其样品硬度大及延展性很差。在外力作用下，其外观也要发生破碎或断裂，也不适用冷压法。但是，该类钢球不存在白口化处理问题。这类样品可以直接采用磨样法解决分析平面问题。也可以采用线切割机床于球中间对切。于光谱磨样机上，将样品切割面进行磨制。然后，用无水乙醇擦洗其表面，晾干后上机分析。若切出的平面不能覆盖激发孔，还可以借助立式光谱夹具，形成相对密闭空间来解决激发孔覆盖问题。但是，样品外径小于 3mm 的光谱夹具也无能为力。外径小于 3mm 钢球样品，在不做碳含量分析的情况下，也可以考虑将样品完全退火，再采用冷压法来增大其分析面。样品经过完全退火后，内应力消失，样品硬度变小，塑性变好，可以压力加工。此时，样品材料金相组织晶粒比较细小，各元素成分分布比较均匀，无偏析。此时，可以采用冷压法解决分析平面问题。但是，样品经过完全退火后，材料含碳层发生部分脱落，导致碳含量偏低。样品经该法制样后，对样品的碳含量不能准确分析，但是不影响其他元素的检测。因此，样品经该法制样后，不能用于碳含量的分析。如果需要检测碳含量，可采用其他方法检测。

钢球样品冷压法制样过程：将样品放入温度为 800℃的马弗炉中保温 30min。随炉缓慢冷却至室温。样品经过完全退火后，用砂纸和锉刀，交替将样品上的氧化物去除。用无水乙醇溶液浸泡几分钟，再用水冲洗后，放在定性滤纸上，晾干。把样品放入 UHPS 超高压压样机（瑞绅葆分析技术（上海）有限公司）样品槽内，将压力设置为 800kN，时间设置为 1min，盖上盖子。无异常后，按压片机的"启动"键，运行 1min。然后，停机，打开盖子，钢球样品呈扁圆状（见图 12-4）。

从设备样品槽中，取出钢球样品压片，看其形状大小是否可以覆盖光电直读光谱仪的激发孔。若完全覆盖激发孔，则样品制备完毕。若不能完全覆盖激发孔，则可在样品上，镶嵌一块 30mm×30mm×0.2mm 的铝片。具体操作过程为：将样品放置在 UHPS 超高压压样机的样品槽中心位置，在上面放置一块 30mm×30mm×0.2mm 的铝片（材料采用 1 系列铝合金牌号，热处理状态为 O 态）。放上盖子无异常后，按压样机的"启动"键，设备运行 1min。停止后，打开盖子，样品制备完毕。注意镶嵌铝片的目的，是增加其样品的表面积，以便完全覆盖激发孔。见图 12-5。铝片材料采用 1 系列铝合金牌号，热处理状态为 O 态。这是因为这种材料硬度较小、比较柔软，可容易将样品镶嵌到里面，不易脱落。另外，也可以在电弧熔融炉中，氩气气氛下，该类样品采用浇铸熔融法制样。

碳素钢球所用材料一般为 45 号钢。不锈钢球所用材料一般为 06Cr19Ni10（SUS304）或 022Cr17Ni12Mo2（SUS316L）。碳素钢和不锈钢这两种材料，都有较好的延展性，且硬度适中，适合塑性加工。因此，该类钢球可以采用冷压法制样。另外，也可以采用切割法制样。直径大于 10mm 的样品，可以通过线切割机，在样品中间进行切割。以切割面作为分析面。样品如果直接采用冷压法，其操作过程：将 7 个钢球样品放入 UHPS 超高压压样机（瑞绅葆分析技术（上海）有限公司）样品槽内，按照六角形位置摆放，并将设备的压力设置为 800kN，时间设置为 1min。盖上盖子无异常后，按压片机"启动"键。设备运行 1min。停止后，打开盖子，样品压制完毕。取出钢球样品，看样品的外观形状是否能覆盖光电直读光谱仪的激发孔。若能完全覆盖激发孔，则样品制备完毕。若不能完全覆盖激发孔，将其按照六角形摆好。在样品上，放置一块 30mm 铝片。盖上盖子无异常后，按压片机的"启动"键，设备运行 1min。停止后，打开盖子，样品制备完毕（图 12-6）。注意加铝片的目的，是增加样品的表面积，以便能完全覆盖激发孔。

图 12-4　小规格钢球样品　　　　图 12-5　小规格钢球样品　　　　图 12-6　钢球样品
　　　　压片实物（一）　　　　　　　压片实物（二）　　　　　　　压片实物

直径为 3~10mm 的样品，可以通过光谱夹具解决。所采用的光谱夹具是立式夹具。立式光谱夹具的工作原理，是将线材样品（圆柱型外观）立起，将样品的截面作为分析面。因此，要想解决外径小于10mm的钢球样品分析问题，只需要将球形样品，变成圆柱型样品，即可解决这个问题。即用316L不锈钢管及弹簧，将钢球样品固定在钢管端，即完成了钢球样品由圆球型向圆柱型的转变。比如分析$\phi5.5mm$的钢球，选择内径为6.0mm不锈钢自制配件。将钢球样品从攻丝口放入。然后，放入弹簧，上紧螺栓。将弹簧压紧，将钢球样品完全固定在钢管的紧口处。在砂轮上，将钢球轻轻地磨出一个平面。经无水乙醇处理晾干后，放入立式光谱夹具中，用夹爪将其固定。然后，用V形挡板固定定位盘的位置，将夹具放在该位置，压好试样架，即可上机分析。夹具材料中钢球管的材料，选择316L不锈钢管材。这是因为，在光电直读光谱法激发过程中，会产生大量热。一般材料受热后，紧扣处容易变软，在弹簧外力作用下，容易将钢球样品从紧扣处弹出。因此，对于固定钢球样品的材料必须具有一定的耐热性。316L不锈钢是常用的优质耐热钢之一，并且很容易找到，因此选择它，见图12-7。

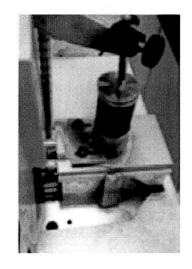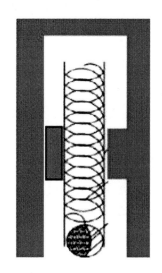

图12-7　钢球光谱夹具操作流程

12.4.2　丝线材

细丝样品属于棒材样品。棒材的特点是其截面面积比较集中，在一定尺寸内，可完全覆盖激发孔的位置。因此，在光电直读光谱法中，棒材样品可采用截面为分析面。对于$\phi2.5mm$以下线（丝）材样品来说，由于截面面积太小，与激发台接触方式是点接触。因此，不能选择截面作为分析面。但可以采用侧面作为分析面。样品分析问题，可以借助卧式光谱棒材夹具法或冷压法来解决。但是，对于直径尺寸小于0.5mm丝材样品，卧式光谱棒材夹具法也是无能为力的。采用卧式光谱棒材夹具法的步骤：首先，将样品用榔头敲直，再用砂纸将样品表面氧化物和污迹擦洗掉，并露出金属光泽。然后，用无水乙醇擦洗干净，晾干。然后，用钳子剪成40mm样品节。将样品节放在激发台上，并将侧面正对好电极。然后，将卧式光谱夹具压好后即可上机分析。如果采用冷压法来制样，由于样品截面面积太小，在此只能采用横压法进行制样。其具体过程：首先，用砂纸将丝材上的涂层或者氧化层砂掉，以露出金属光泽。然后，用无水乙醇擦洗干净。最后，将丝材用钳子剪成小于35mm长的样品若干。横放入UHPS超高压压样机（瑞绅葆分析技术（上海）有限公司）铝杯中。盖上盖子并上好扶臂，调整好压力和时间（有色金属选择400kN，钢丝选择2000kN，时间设置2min）。然后，按"运行"按钮2min。待停机后，再取出样品块。分析面平整并露出金属光泽。对于制备好的钢丝样品，在分析前，可用一块强力磁铁放在铝盖上，将分析面在NB-800型光谱磨样机上磨光磨平后，用无水乙醇擦洗干净，晾干，即可上机分析。样品压片实物见图12-8。

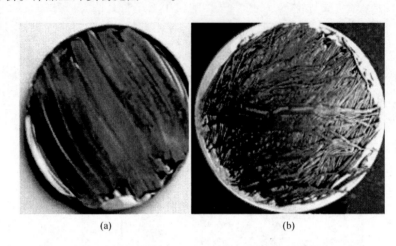

(a)　　　　　　　　　　　　　　　　(b)

图12-8　铝丝（a）、钢丝（b）样品压片实物

上述样品通过外力改变了样品的外观形状，既把不规则样品改变成规则样品，同样也增加了分析面积。样品只是外观形状的改变，其内部结构和各元素的化学成分没有发生变化。因此，可以采用仪器软件的内置曲线，采用控样校准法对样品中的各元素进行分析。样品的激发方式依然采用连续激发方式，即连续激发6次，选择4~6次数据进行分析。另外，该类样品也可以在电弧熔融炉中，氩气气氛下采用浇铸熔融法制样。

12.4.3　箔材

金属箔材就是指厚度在0.20mm以下的金属带或片材。但是，不同国家对不同品种箔材的厚度极限有不同的规定。如中国规定铝箔的最大厚度为0.20mm；铜、镍、铅、锌、钢等箔材的最大厚度为0.05mm。美国规定铝箔的最大厚度为0.051mm；钢及精密合金箔的最大厚度为0.127mm；钼及钼合金箔的最大厚度为0.13mm。一般来说，大多纯金属都可以制造成金属箔材。常见的纯金属有：金、银、铜、铁、锡、锌、铅、镍、铝、钨、钼、钽、铌、钛和镍等。

在工业生产和生活中，铝箔使用量最大，品种最多。其次是铜箔。根据标准GB/T 3880.1—2012《一般工业用铝及铝合金板、带材　第1部分：一般要求》规定：厚度0.2mm以下称为铝箔。铝箔按厚度可分为无零箔材（厚度为0.1~0.2mm）、单零箔材（厚度为0.01~0.1mm）和双零箔材（厚度小于0.01mm）。在工业生产中，铝箔生产量最大。常用厚度为0.005~0.008mm，属于双零箔材。

铜箔相关标准有GB/T 5230—1995《电解铜箔》，厚度在0.0050~0.2000mm之间，化学成分要求Cu含量大于或等于99.80%。SJ/T 11483—2014《锂离子电池用电解铜箔》，厚度在 0.008～0.020mm 之间，其牌号为 LBEC-01、LBEC-02、LBEC-03 和 LBEC-04。YS/T 1039—2015《挠性印制线路板用压延铜箔》，厚度在 0.005～0.070mm 之间，材料牌号为紫铜 TU1、TU2、T1、T2。另外，与电子行业有关的铜箔新标准 SJ/T 11551—2015《高密度互连印制电路用涂树脂铜箔》，于 2016 年 4 月 1 日开始执行。

其他的有色金属箔材有：锆及锆合金箔、钛及钛合金箔、钽及钽合金箔、铌箔、钼箔、银及银合金箔、金及金合金箔、铂及铂合金箔、钯及钯合金箔、镍箔、锡及锡合金箔、铅及铅合金箔、锌箔和钽箔等。

金属箔材样品属于板材类，其特点是外形扁平，宽厚比大，单位体积的表面积也很大，具有一定平整度和光洁度。在光电直读光谱法分析中，由于金属板材样品的表面积较大，样品经过合适的金属切割机切割，用无水乙醇擦洗表面后，可完全覆盖激发孔，不会产生漏气现象。可以不考虑激发孔覆盖问题。但是，如果板材厚度太薄（比如箔材），在分析激发过程中，就容易被击穿会导致分析中断。因此，在光电直读光谱法中，板材样品的厚度，是决定分析是否正常进行的关键指标。也就是说，在正常情况下，板材样品要有一定的厚度，才能进行分析。按照光电直读光谱法的要求，样品的厚度至少要保证，连续激发 10 次不能被击穿。因此，在分析前，必须按照光电直读光谱仪额定的工作条件，测定出样品可以承受 10 次连续激发的厚度是多少。不同的金属材料可承受的厚度是不一样的。它与金属材料的熔点有关。样品材料熔点越高，能承受厚度就越薄。反之就越厚。在工业生产和生活中，常见的箔材有：铝箔、铜箔。铜熔点约为 1100℃、铝熔点约为 650℃。因此，它们的厚度要求肯定是不一样的。在激发过程中，箔材样品要想不被击穿，其厚度必须保证可连续激发 10 次。如果箔材样品的厚度不能满足这个要求，就要对样品进行加厚。箔材样品具有良好的延展性，可采用冷压法对样品进行加厚。其操作过程为：将厚度 0.02mm 铝箔样品，用无水乙醇，将样品正反两面擦洗干净并晾干。然后，将铝箔样品折叠成长宽 30mm 左右块状样品。放入 UHPS 超高压压样机（瑞绅葆分析技术（上海）有限公司）样品槽中铝杯内。盖上盖子并上好扶臂，调整好压力和时间（压力设置为 800kN，时间设置 1min）。按"运行"按钮，压片机运行 1min。停止后，取出样品压片（见图 12-9）。铝箔样品经过外力后，由于铝材的良好延展性，每张箔材都全部粘连在一起，形成一个整体样块，并且中间无空气滞留。作为不锈钢箔材（SUH304），样品经过淬火和低温回火后，有一定的硬度和柔软性。在外力作用下，折叠后层层不粘连。无法形成一个整体样品，并且样品内有空气滞留。激发后，样品容易击穿，无法进行分析。这类样品，首先要进行完全退火。以消除内应力。只有这样，折叠压片后，才层层粘连，形成一个整体块状样品，并消除空气滞留。在退火时，要注意，该类样品由于太薄，在退火过程中，在空气中，容易自燃。经退火并冷却后，其表面会有一层氧化物，难以除去。由于高温，空气中的氧易与样品中的碳发生反应，产生二氧化碳，导致碳含量的检测结果偏低。因此，该样品退火的气氛不应该在空气中。应该在氩气气氛内或真空状态下退火。

图 12-9　铝箔压片压片实物

12. 4. 4　管材

管材是指外观是一种两端开口并具有中空断面，而且长度与断面周长之比较大的材料。当长度与断面周长之比较小时，可称为管件。管件是管材制造的，管材和管件常常用于管道系统。管材的最小口径可低至 0.3mm，最大口径在 500mm 以上。

在黑色金属中，常见的管材有：钢管、铸铁管。按材质不同，钢管可分为碳素钢管、合金钢管。合金钢管又分为：中低合金钢管、不锈钢管。按照制造工艺的不同，钢管又分为：无缝钢管、焊接钢管。铸铁管是用铸铁浇铸成型的金属管材。其用途可用于给水、排水和煤气输送管线。它包括铸铁直管和管件。按铸造方法不同，铸铁管可分为：连续铸铁管、离心铸铁管。其中，离心铸铁管又分为：砂型和金属型两种。按材质不同，铸铁管可分为：灰口铸铁管、球墨铸铁管、高硅铸铁管。所用材料有灰铸铁和球墨铸铁。

在有色金属中，常见的管材有：铜及铜合金管、铝及铝合金管、铅及铅合金管、钛及钛合金管。铜及铜合金管是采用铜及铜合金材料，通过挤压或者拉拔方式加工而成的金属管材。按照化学成分，铜及铜合金管可分为：紫铜管、黄铜管、青铜管、白铜管。紫铜管就是纯铜管，是紫铜棒通过压制或拉制紫铜管而制成的无缝管。黄铜管是黄铜棒通过压制或拉制黄铜管而制成的无缝管，具备坚固和耐腐蚀的特性。用于自来水管道、供热、制冷管道的安装。铝及铝合金管是铝及铝合金材料，采用不同的挤压加工方式加工，沿其纵向拉长、中空的金属管状材料。其壁厚和横截面均匀一致，以直线形或成卷状交货。广泛用于汽车、轮船、航天、航空、电器、农业、机电和家居等行业。按照生产工艺，铝及铝合金管可分为：有缝管、无缝管。按照其断面形状，可分为圆管、方管、矩形管和椭圆管等。铅及铅合金管是指，由压机挤压成型的无缝管。其特点为耐腐蚀性良好。能耐硫酸及 10% 以下的盐酸溶液腐蚀。最高容许温度为 140℃。不耐浓盐酸、硝酸和醋酸等腐蚀。也可以用于医疗设备上射线的屏蔽和核材料中射线的屏蔽。按其制造方法，钛及钛合金管可分为：无缝管、焊接管、焊接－轧制管。具有质量轻、强度高、力学性能优越等特点。目前，广泛应用于热交换设备、盘管式换热器、蛇形管式换热器、冷凝器、蒸发器和输送管道等。

按断面形状，金属管材可分为：简单断面管、复杂断面管。简单断面管可分为：圆形管、方形管、椭圆形管、三角形管、六角形管、菱形管、八角形管和半圆形钢管。复杂断面管可分为：不等边六角形管、五瓣梅花形管、双凸形管、双凹形管、瓜子形管、圆锥形管、波纹形管和表壳管等。在工业生产和生活中，以简单断面管中的圆形管为主。

圆形金属管样品的截面是圆的，并且中心是空的。如果选择截面作为分析面，不能完全覆盖激发孔（管壁厚度大于激发孔口径除外）。前面谈到，圆形管的侧面与平面接触方式是线接触。而线接触是物体和物体接触闭合时，其接触面为一根线。显而易见，这种接触方式也不能完全覆盖激发孔。因此，圆形管样品需要合适的加工方式，才能获得比较理想的分析面。管材样品的分析面，可以采用切割、切削或者磨制的方法获得。主要方法有以下五种：

（1）可在样品的外径圆弧相切面上，进行切削或者磨制。即将接触方式，由一根细线的线接触，加工成一根粗线。继续加工变成一个矩形平面（见图 12-10）。样品外径圆弧相切面上，切割量与管材样品的外径尺寸大小有关。即外径越大，其样品侧面所削去的深度越浅。反之，切削越深。该法适合各种热轧管和部分冷轧管。如果外径口径小于激发孔口径，或样品管壁厚度低于1mm，不适合采用此方法。

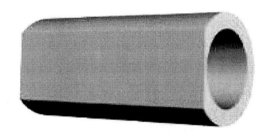

图 12-10　管材样品加工实物（一）

（2）可在样品的内径圆相切面，采用线切割车床，进行切割获得。该样品经线切割后，可获得一个较大分析平面（见图 12-11）。在砂轮机上，分析面磨制后，经无水乙醇擦洗干净，并晾干后即可上机分析。该法也同样要求管材样品外观具有一定的外径和壁厚尺寸。即样品外径尺寸要足够大。其管壁要有一定的厚度。如果管材样品的管壁有一定的厚度，但是由于其外径尺寸较小，样品经过切割，其宽度不能大于11mm，即获得的样品矩形平面不能完全覆盖激发孔（见图 12-12（b）），可以借助卧式光谱夹具（板底下为弹簧，见图 12-12（a）），以解决完全覆盖激发孔这个问题。具体操作过程：用卧式光谱夹具的弹簧底板将样品压住，并保证光谱夹具外罩和激发台接触，并完全闭合。通过卧式光谱夹具，为管材样品提供一个相对平面，以解决激发孔覆盖问题（见图 12-12（c））。此外，如果没有这个光谱夹具，可以在压样机上，采用压样法对样品进行挤压，以获得更大的宽度。若样品经过挤压后，其宽度仍然不能大于11mm，还可以用 UHPS 超高压压样机（瑞绅葆分析技术（上海）有限公司），将切割好的管材样品压入铝板（2.0mm×30mm×30mm，1 系列牌号，O 态）中，以增大其宽度。

图 12-11　管材样品加工实物（二）

（3）口径大于50mm 的管材样品，可以用线切割机床，在 1/4 圆处横切（见图 12-13）。在 UHPS 超高压压样机（瑞绅葆分析技术（上海）有限公司）（压力设置 2000kN）上，将切割好后的样品块压平。在 NB-800 型磨样机的砂轮片上，将压平后的样品磨至具有金属光泽的待检面。磨样完成后，用无水乙醇擦洗表面灰尘并晾干。注意：检测前，不得用手再接触待检面。

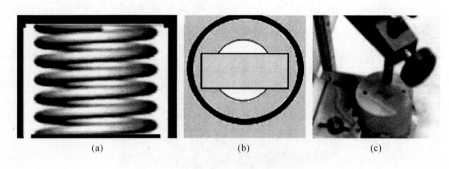

图 12-12　管件样品卧式夹具流程（一）

（a）卧式光谱夹具截面；（b）夹具、样品和激发台接触平面；（c）样品分析实物

（4）如果上述三种方法都无法对管材样品制样，可采用卧式光谱夹具（见图 12-14），以解决样品覆盖激发孔问题。一般来说，这类样品外径小于激发孔口径。下面以外径 6.0mm、壁厚 2.0mm 的钢管样品进行举例说明。其制样过程如下：将钢管样品，其表面用砂纸擦亮，用无水乙醇擦洗干净。以金相切割机，将样品切割成 40mm 左右节段。先用砂轮除去切割面上的毛刺。在 NB-800 型磨样机的砂轮片上，再将样品磨至粗条纹待检面。磨样完成后，用无水乙醇擦洗上面的污迹和灰尘，晾干后将样品放置在激发台上。其分析面对准电极，用光谱夹具（卧式夹具）放在管材样品上。此时，夹具外罩和激发台完全闭合。如果壁厚小于 0.5mm 的管材样品不适合此法。

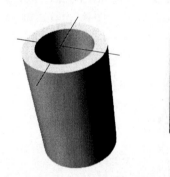

图 12-13　管材 1/4 处切割

图 12-14　管件样品卧式夹具流程（二）

（5）外径比较小及管壁较薄的管材样品，由于其壁厚较薄，在激发过程中，容易被击穿，导致分析中断。上述所有制样方法都不适宜该样品。前面已经谈到，在激发过程中，由于样品厚度不够，容易被击穿的样品，可以采用加厚处理。目前，这类壁厚较薄、口径较小的管材，其主要材料是紫铜、不锈钢。该类材料都具有良好的延展性，可以采用冷压法制备管材样品。以紫铜管为例，采用铝杯压样法制样，其具体制样过程如下：将直径 3.0mm、壁厚 0.25mm 空调铜管样品，用砂纸擦亮，用无水乙醇擦洗干净。用钳子将样品剪成长 30mm 左右节段。再放入铝杯中，并排放置，铺两层。将铝杯放入 UHPS 超高压压样机（瑞绅葆分析技术（上海）有限公司）中，将压力参数设置为 400kN，上好盖子，启动电钮，运行待 1min。取出样品（见图 12-15），即可上机分析。

其他形状的金属管材样品，比如方形管或矩形管样品，同样不能选择截面作为分析面，也只能选择样品侧面作为分析面。这类样品有四个面。若四个面的形状大小都是一样的，比如方形管，就任选一面作为分析面。若四个面的形状大小不一样，可以选择面积较大的一面作为分析面。如果最大面的面积都不能满足要求，就需要对管材样品截面按照对角线进行切割。在压样机上，将切割后的样块压平即可用于分析。如果样品经对剖及压平后，面积依然不能覆盖激发孔，或者管壁厚度低于极限击穿厚度，就需要采用铝杯压样法进行制样。在此，特别要注意，对于焊管样品来说，不能选择有焊缝的那一面作为分析面。对于复杂断

图12-15　空调铜管样品压片实物

面管材样品，也可参照上面的制样顺序，在壁厚大于极限击穿厚度的情况下，首先寻找合适的分析面。其次，采用截面切割的方式，以解决分析面制备问题。如果上述两种办法都不能解决，可直接采用铝杯制样法进行制样。

　　铸铁管及其管件样品，由灰铸铁或者球墨铸铁制作。由于材料中的一部分碳是游离的石墨碳，在光电直读光谱法中，无法准确测定。因此，就必须对样品进行白口化处理。这类样品的制样，不管外观形状如何，一律采用浇铸熔融法制样。另外，要注意：如果样品外观有涂层或者其他覆盖物，需要将这些涂层或覆盖物除去才可制样。除去方法，可采用砂轮磨去。如果是大件样品，可以先用合适的切割机将其切下，再同时进行处理。

12.4.5　标准紧固件

　　标准紧固件是生产中最重要的零部件之一，也是生产中常见的金属制品。现广泛应用于生产及生活各个领域。标准件是指结构、尺寸、画法和标记等各项指标，由专业厂，按照完全标准化生产的产品，如螺纹件、键、销和滚动轴承等。从广义上讲，标准件包括标准化的紧固件、联结件、传动件、密封件、液压元件、气动元件、轴承和弹簧等机械零件。从狭义上讲，只包括标准化紧固件。在我国，标准件是标准紧固件的简称，是狭义概念，但不能排除广义概念的存在。此外，还有行业标准件，如汽车标准件、模具标准件等，也属于广义标准件。

　　目前，市场上标准件材料主要是钢和铜。也有少部分是铝。其中钢主要是碳素钢和合金钢。碳素钢材料为低碳钢和中碳钢。其中低碳钢（碳含量≤0.25%），主要用于4.8级螺栓、4级螺母和小螺丝等无硬度要求的产品。其主要牌号为Q235碳素结构钢。中碳钢（0.25%＜碳含量≤0.60%），主要用于8级螺母、8.8级螺栓和8.8级内六角产品。国内牌号通常为35钢、45钢。合金钢是普碳钢中加入合金元素，增加钢材的一些特殊性能。其常用牌号为35CrMo、40CrMo。不锈钢是高合金钢，标准件采用的不锈钢材料主要是奥氏体不锈钢。其耐热性好、耐腐蚀性好、可焊性好。马氏体不锈钢耐腐蚀性较差、强度高、耐磨性好。含Cr18%的不锈钢材料，镦锻性较好，耐腐蚀性强于马氏体。目前，市场上进口紧固件主要是日本产品，主要牌号为SUS302、SUS304、SUS316。铜类常用材料为黄铜和锌铜合金，主要牌号为H62、H65、H68。

　　在光电直读光谱法中，样品外观最合适的形状是圆柱体、长方体和正方体。样品和激发台接触的最佳方式是面接触。激发面最佳图形为圆形、矩形或正方形。在标准紧固件

中，螺栓、螺柱、螺钉、木螺钉、自攻螺钉、销的外观与圆柱体有点接近。样品中间是实心，与棒材有点相似。该样品制样方法可以参照棒材。螺母和铆钉的外观，虽然也是近于圆柱体，但是由于样品中间是空心，与管材有点相似。样品制样方法可以参照管材。垫圈和挡圈的外观是片状，其外观与板材有点相似。其样品的制样方法可以参照板材。对于热处理过的样品，需要进行退火处理。退火后还需磨去表面的氧化物。另外，对于有镀层或者涂层的样品，也可直接采用光谱磨样机磨去表面的附着物。标准紧固件属于塑性加工金属制品。常用金属材料有：碳素钢、合金钢、铜及铜合金等。碳素钢的牌号有 Q215、10、15、20、35、45、ML10、ML15；合金钢的牌号有 35CrMo、40Cr、65Mn；不锈钢的牌号为 06Cr19Ni10；铜及铜合金和黄铜牌号有 T3、H62、HPb59-1；铝及铝合金的牌号有1035、1050A、2A01、2A11、5B05、3A21。上述金属材料的硬度及韧性适中，延展性好。在外力作用下，样品整体性不被破坏，适用冷压法制样。

螺栓由头部和带有圆柱体螺杆两部分组成。螺栓头部形状有：六角头、圆头、方形头和沉头等。其中六角头最常见，还有一部分螺栓头，如法兰。由于头部直径大于螺杆，在选择分析面时，应该选择头部截面作为分析平面。对于普通型螺栓，若分析面能完全覆盖激发孔，可以直接在 NB-800 型磨样机的粗砂轮片上，磨至粗条纹待检面。用无水乙醇擦洗干净晾干后，即可上机分析。若面积不能覆盖激发孔，可以采用立式光谱夹具。对于法兰型螺栓，可以选择头部截面作为分析面，也可以选择法兰截面作为分析面。若选择头部截面作为分析面，并且该分析面完全覆盖激发孔，只需要将头部截面，在磨样机上磨平，即磨出金属光泽。经无水乙醇擦洗干净晾干后即可分析。若头部截面分析面不能完全覆盖激发孔，就必须选择法兰面作为分析面。选择法兰面时，需要用金相切割机切掉圆柱体螺杆。将法兰面磨出金属光泽。经无水乙醇擦洗干净晾干后即可分析。若选择的分析面不能完全覆盖激发孔，可将分析平面磨出金属光泽后，采用冷压法进行制样。具体流程如下：将法兰螺栓样品（见图 12-16（a），法兰部位直径为 5.5mm），用金相切割机在法兰部位处进行切割（见图 12-16（b））。将切割掉的螺栓头部放入压样机样品槽中（见图 12-16（c））。盖上盖子，按"启动"键，1min 后取出样品。样品外径大于激发孔外径时（见图12-16（d）），将样品放在激发孔上待分析（见图 12-16（e））。若依然不能覆盖激发孔，可以镶嵌一块 30mm×30mm×0.2mm 铝片。

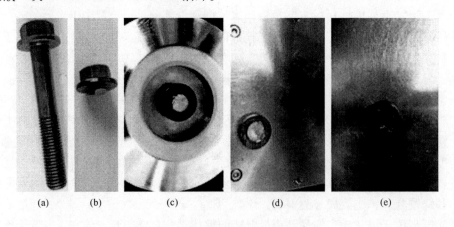

（a）　　　　（b）　　　　（c）　　　　（d）　　　　（e）

图 12-16　法兰型螺栓样品制备流程

如果螺栓尺寸较小，无法找到合适的分析面，可以直接采用冷压法进行制样。制样后直接上机分析。下面以黄铜铆钉（公称直径为 1.0mm）的制样为例说明其制样过程：先将铝杯放入 UHPS 超高压压样机（瑞绅葆分析技术（上海）有限公司）样品槽中铝杯里，并略高于铝杯高度。上好盖子，将压力调整到 2000kN，按"启动"键，1min 后，打开盖子，取出样品即可，见图 12-17。

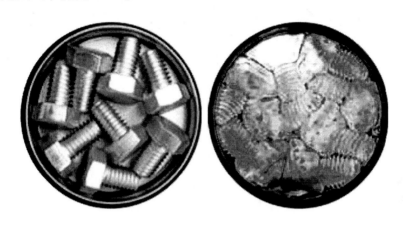

图 12-17　螺栓样品制备流程

螺柱外观为没有头部的圆柱体，可以直接采用截面作为分析面。如果截面直径大于10mm，在磨样机上，磨出金属光泽即可上机分析。如果直径在 10mm 以内，需使用立式光谱夹具。

螺母就是螺帽。其外观形状有：六角形、圆形、方形和其他形状。其中六角形最常见。螺母的截面与管材样品相似，都是中空的。因此，不能采用截面作为分析面。该样品只能在侧面选择分析面。六角形的螺母的侧面有六个面，每个面形状是矩形或者近似于矩形，其面积大小相同。分析面的长度可以取螺母外接圆的半径尺寸。其宽度可取螺母厚度尺寸。六角螺母的分析面可以在六个侧面中的任选择一个面。如果要想分析面完全覆盖激发孔，其螺母的厚度必须大于 10mm。对于这类样品，可以归纳到规则样品制样。其过程是任选一个侧面，将其磨出金属光泽。用无水乙醇擦洗干净晾干后即可分析。厚度小于10mm 螺母样品，如果其外接圆的半径大于 10mm，可以将几个样品用合适的螺柱连接。在样品的侧面形成一个较大的矩形分析面。该矩形的宽度是样品外接圆的半径。其制样过程是样品连接完毕后，在光谱磨样机上，将分析平面磨出金属光泽，经无水乙醇擦洗干净晾干后即可分析。如果样品的外接圆的半径在 10mm 以内，其宽度明显小于激发孔。因此，还需要通过外力将其宽度增大，才能解决分析平面覆盖激发孔问题。其制样过程：首先是，将几个样品用合适的螺柱连接。其次，在光谱磨样机上，将分析平面磨出金属光泽。无水乙醇擦洗干净晾干后，可采用压样法来增加其宽度。具体流程如下：将螺母样品放入 UHPS 超高压压样机（瑞绅葆分析技术（上海）有限公司）的样品槽中铝杯里。盖好盖子，设置 2000kN 压力。点击"启动"键，1min 后，样品压制完毕，待分析（见图12-18）。

在六角形螺母中，还存在法兰型螺母。对于这类样品，要想找到合适的分析平面是很困难的。如果法兰型螺母的法兰面可以覆盖其激发孔，只需在光谱磨样机上，将分析平面

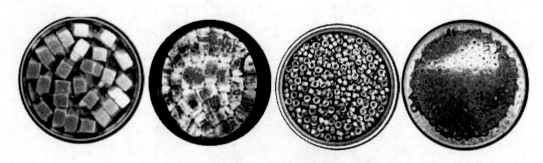

图 12-18　方形螺母制样流程

磨出金属光泽后，经无水乙醇擦洗干净晾干后即可分析。如果不能覆盖激发孔，也可以采用压样法来增加其表面积。经压制处理过的样品，中间依然存在一个小孔，可以镶嵌一块 $30mm \times 30mm \times 0.2mm$ 铝片。下面以 M1.6 的六角螺母制样流程进行说明，见图 12-19。

图 12-19　六角螺母制样流程

自攻螺钉及木螺钉外观和螺栓比较相似，可以采用螺栓的制样方法进行制样。但是，其尺寸较小无法找到合适的分析面。取一颗螺钉用锉刀锉去上面氧化物并抛光后，直立放入 UHPS 超高压压样机（瑞绅葆分析技术（上海）有限公司）样品槽中铝杯里。盖好盖子，设置 400kN 压力。启动设备，几分钟后即可制备完毕（见图 12-20）。

图 12-20　自攻螺钉及木螺钉制样流程

垫圈和挡圈都是薄型片状样品，其厚度是能否用直读光谱直接检测的关键指标。样品经过抛光后，如果其厚度大于极限击穿厚度，可以直接将样品放在样品台上，并对准电极。用卧式光谱夹具盖好即可进行分析。如果其厚度在其极限击穿厚度以内，在铝杯中，可以将几个样品叠加，采用铝杯压样法将其加厚。加厚完毕后，可以直接上机进行分析。也可以采用铝杯压样法进行制样，具体制样过程（图 12-21）如下：在砂轮上，将铜垫圈样品（其外径为 15.0mm，内径为 13.5mm）镀锌层磨去，用无水乙醇擦洗掉上面污迹，晾干。然后，在铝杯中，将样品排列好。盖上盖子，按"启动"键，1min 后，取出样品待分析。

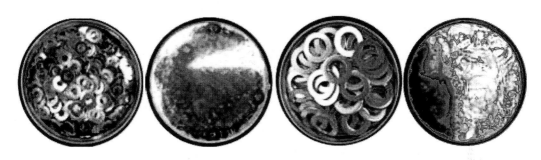

图 12-21　垫圈制样流程

销，其外观与螺栓和螺柱相似，但是没有螺纹。有的销是实心的，有的销是空心的。对于实心销，可以参照螺柱制样方法进行制样和分析；对于空心销，可以采用钢管制样方法进行制样分析。

铆钉由头部和钉杆两部分组成。除了抽芯铆钉外，大部分样品都是同种材料制作。该样品没有经过热处理，可以直接制样。由于其外观不规则，尺寸较小，无法找到合适的分析面进行分析。制作材料主要是：碳素钢、不锈钢、铜、铝及铝合金等硬度较小的材料。该样品可以直接采用铝杯压样法进行制样。制样后的样品可以直接上机分析。下面以黄铜铆钉（公称直径为 1.0mm）的制样为例，说明其制样过程：先将铝杯放入 UHPS 超高压压样机（瑞绅葆分析技术（上海）有限公司）样品槽中铝杯里。将样品放入铝杯中，并略高于铝杯高度。上好盖子，将压力调整到 400kN。按"启动"键，1min 后，打开盖子，取出样品即可，见图 12-22。

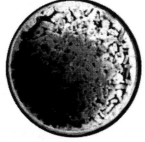

图 12-22　黄铜铆钉样品制备前后对比

对于抽芯铆钉，其外观由钉体和钉芯组成，而且两部分不是同种材料。其钉体为：碳素钢、不锈钢、铝及铝合金。钉芯为：铝、不锈钢、碳素钢。对于这类样品，需要将其进行分开后才能进行制样。由于所用材料都是硬度较低的材料，样品分开后，可以分别将钉体和钉芯材料采用铝杯压样法进行制样。制样完毕后，可以直接上机分析。先将抽芯铆钉样品中的钉体和钉芯分开。将样品分别摆放（见图 12-23（a）、（b））。然后，将样品放入压样机样品槽的铝杯中。盖上盖子，按"启动"键，1min 后钉芯样品制备完毕。将钉芯样品取出后，将放入好钉体的铝盖放入压样机样品槽中。盖上盖子，按"启动"键，1min 后钉体样品制备完毕。取出钉体样品和钉芯样品待分析（图 12-23（c））。

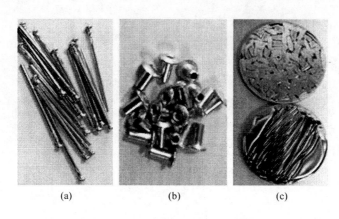

图 12-23　钉体和钉芯制样流程

12.5　金属原位分析

随着金属材料科学的发展，不仅要求了解它的化学成分含量，还要了解各种化学元素在材料中的分布状况，如成分偏析及非金属夹杂物等。目前，常规的化学分析手段，只能得到金属材料各元素的化学成分平均含量，对金属材料中化学成分含量的分布及非金属夹杂物形态的结构信息是无法得到的。为了满足上述需求，原位分析技术（Original Position Analysis，OPA）被北京钢铁研究总院成功研发。借助该项技术开发出金属原位分析仪，解决了金属材料中化学成分、元素成分分布、夹杂物分布、偏析度、疏松度的同时准确快速检测的难题，缩短了分析周期，降低了分析成本。它是一种同时具备宏观分析和微观统计能力的分析技术。

原位分析技术（Original Position Analysis，OPA）是利用单次放电数字解析技术，实现对被分析对象的原始状态的化学成分和结构进行分析，是通过无预燃、连续扫描激发的火花放电所产生的光谱信号，进行直接放大和高速数据采集，从而得到样品表面不同位置的原始状态下的化学成分和含量以及表面的结构信息，进而实现样品的成分分析、缺陷判别，以及由多通道联合解析，进行的夹杂物的定性和定量分析的一项新技术。单次放电数字解析（Single Discharge Analysis，SDA）分析，是在样品的扫描方式下完成的。火花激发过程没有预燃阶段。因此，可以得到样品原始状态的信息。这些信息包括元素的含量、基体的变化和夹杂物的异常火花激发。扫描过程通过计算机控制的扫描移动/定位装置来完成，还同时得到了每次激发时，样品定量的位置。因为扫描范围比较大，采集的数据量也非常大，所以能够对样品进行大范围的统计分析。通过对这些信息的多通道联合解析，SDA 可以得到样品成分的分布信息、样品表面的缺陷信息和夹杂物的含量与分布等铸坯生产过程、工艺控制、研究需要的数据。

金属原位分析仪的硬件部分，根据单次火花放电理论及信号分辨提取技术，出现了火花微束（探针）技术、无预燃连续激发同步扫描定位技术，它对传统的光电直读光谱仪进行了改进。其软件部分，是以统计分布分析技术为基础。借助与材料原位置相对应的各元素原始含量及状态信息，用统计解析的方法，定量表征材料的偏析度、疏松度、夹杂物分布等指标。在传统的光电直读光谱仪基础上，该仪器由北京钢铁研究总院研发，属于光电直读光谱仪的升级产品（见图12-24）。其结构由连续激发同步扫描定位系统、激发光源系统、分光系统、单次火花放电信号高速采集系统、分析软件与控制系统组成。该仪器的主要用途：元素成分分布分析、偏析度分析、样品成分统计分布分析、夹杂物定量及分布分析、疏松度分析。

图12-24　金属原位分析仪

（1）成分分布分析：成分分布分析是金属原位分析仪最基本的功能之一。通过对样品表面的扫描分析，可以得到整个表面各元素的平均成分、中位值成分、不同区域的局部成分以及成分的分布特点等信息，以及各元素的最高浓度值及其所在位置，并准确地计算出它们的最大偏析度。

（2）偏析分析和统计：金属原位分析仪可对成分分布的数据进行进一步的处理，可以得到样品表面的偏析度的分布和统计结果。分析结果同样以多种形式表达，它可以是面上成分符合样品所对应的牌号的成分控制范围的比例，也可以样品平均成分在一定区间内的比例来表示。

（3）疏松度分析：金属原位分析仪利用单次放电数字解析技术（SDA），能够根据元素谱线的强度变化，计算出钢铁材料表面的密度变化和缺陷的轮廓。结果以表征密度的形式和图示的形式表示。

（4）夹杂物统计分布分析：金属原位分析仪利用单次放电数字解析技术（SDA）的多通道联合解析功能，能够对金属材料中的主要夹杂物，进行定性和定量的分布统计分析，以获得夹杂物的粒度分布信息。

参 考 文 献

[1] 陈必友，李启华. 工厂分析化验手册 [M]. 2 版. 北京：化学工业出版社，2009.

[2] 周西林，李启华，胡德声. 实用等离子体发射光谱分析技术 [M]. 北京：国防工业出版社，2012.

[3] 周西林，韩宗才，叶建平，等. 原子光谱仪器操作入门 [M]. 北京：国防工业出版社，2015.

[4] 张和根，叶反修. 光电直读光谱仪技术 [M]. 北京：冶金工业出版社，2011.

[5] 周西林，姜远广，王永博. 光电直读光谱制样技术 [M]. 北京：化学工业出版社，2017.

[6] 周西林，杨培文，李启华. 化学实验室建设基础知识 [M]. 北京：冶金工业出版社，2017.

[7] 张应力，罗建祥，张梅. 金属切割实用技术 [M]. 北京：化学工业出版社，2005.

[8] 盛聚. 车削加工技术 [M]. 北京：人民交通出版社，2011.

[9] 肖龙，赵军华. 数控铣削加工技术 [M]. 北京：机械工业出版社，2010.

[10] 王先逵. 磨削加工 [M]. 北京：机械工业出版社，2008.

[11] 刘华鼐，刘培兴. 铜合金管棒材加工工艺 [M]. 北京：化学工业出版社，2010.

[12] 胡新，宋群玲. 金属塑性加工生产技术 [M]. 北京：冶金工业出版社，2011.

[13] 王盘鑫. 粉末冶金学 [M]. 北京：冶金工业出版社，1997.

[14] 虞烈，刘恒. 轴承 – 转子系统动力学 [M]. 西安：西安交通大学出版社，2011.

[15] 叶君. 实用紧固件手册 [M]. 2 版. 北京：机械工业出版社，2010.

[16] 刘丽霞. ARL 4460 型光电直读光谱仪的应用 [J]. 科技信息，2012 (2)：418.

[17] 徐向东，洪义麟，傅绍军，等. 全息离子束刻蚀衍射光栅 [J]. 物理，2004 (5)：340 ~ 344.

[18] 赵翠翠，倪争技，张大伟，等. 刻划光栅制造技术研究进展 [J]. 激光杂志，2010，31 (6)：1 ~ 3.

[19] 寿森钧，吕全超，顾海涛，等. 全光谱原子发射光谱技术的特点与应用 [J]. 理化检验 – 化学分册，2011，47 (8)：996 ~ 1000.

[20] 祝绍箕. 全息光栅的制造技术及其改进 [J]. 光子学报，1990，19 (1)：79 ~ 86.

[21] 余典，李笑，杨成龙，等. 光电直读光谱仪标定方法的研究 [J]. 光学与光电技术，2011，9 (4)：88 ~ 91.

[22] 赵强，郝陶雪. 直读光谱仪测量轴承钢中碳含量不确定度评定 [J]. 轴承，2010 (4)：40 ~ 41.

[23] 张艳，关予. 光电直读光谱仪测定 Mn 含量的不确定度评定 [J]. 金属制品，2007 (5)：53 ~ 54.

[24] YB/T 4144—2006 建立和控制光谱化学分析工作曲线规则 [S].

[25] 吕涛，冯奇，史利涛. 分析方法检出限的确定 [J]. 漯河职业技术学院学报，2007，6 (4)：191 ~ 192.

[26] 吴茅茅，张光. 分析方法评价指标的探讨 [J]. 阜阳师范学院学报 (自然科学版)，1999，16 (2)：27 ~ 29.

[27] 梁小丽，张征宇. 火花源原子发射光谱仪的误差分析 [J]. 山西冶金，2012 (1)：45 ~ 47.

[28] 钱晓东，俞耿华，陈旭光，等. 光电直读光谱测定非常规样品 [J]. 浙江冶金，2008 (4)：49 ~ 53.

[29] 苟小海. 光电直读光谱分析条件选择解析 [J]. 青海科技，2008 (1)：75 ~ 77.

[30] 刘燊楠. 控样法分析 3003 铝合金中的锰元素 [J]. 甘肃科技纵横，2011，40 (2)：46 ~ 48.

[31] 任维萍，张存贵，李大鹏. 块状样品的状态对火花源原子发射光谱仪分析准确度的影响 [J]. 冶金分析，2008，28 (Z1)：172 ~ 177.

[32] 吴金龙，晁小芳，赵挺，等. 样品形状对直读光谱分析结果的影响 [J]. 检验检疫学刊，2013，23 (3)：15 ~ 18.

[33] 贾云海，苑鹏飞. 冶金光电直读光谱分析的进展 [J]. 冶金分析，1999，19 (4)：30 ~ 35.

［34］袁晓静．标准物质在光谱分析中的分类和正确使用［J］．河南化工，2010，27（2 下）：45～46．

［35］张教赘，张忠和．低合金钢钻屑样品的直读光谱分析［J］．光谱实验室，2010，27（4）：1490～1494．

［36］苗国玉．硅铝铁合金粉末直接压片法荧光分析研究［J］．冶金标准化与质量，2005，43（4）：17～18．

［37］黄珍．X 射线荧光光谱分析粉末样品制备方法的改进［J］．农村经济与科技，2009，11：91．

［38］宋祖峰．不锈钢线材的火花源原子发射光谱分析［J］．安徽冶金，2015（1）：30～33．

［39］赵兰季．光电直读光谱法测定小规格线材样品中碳、硅、锰、磷和硫的含量［J］．理化检验—化学分册，2014，50（2）：169～171．

［40］宋祖峰，程坚平．火花激发原子发射光谱分析不锈钢线材［J］．理化检验—化学分册，2006，42（12）：1007～1009，1012．

［41］常东华，路非．线材夹具的研制与应用［J］．检验检疫科学，2003，13（1）：45～46．

［42］段军．小截面线材光谱分析的应用实验［J］．河南冶金，2002，53（6）：22～23．

［43］韩宗才，兰恩有，丁彦风，等．小直径不锈钢棒样品的火花源原子发射光谱分析［J］．2014，34（9）：24～28．

［44］蒋存林，郭亚平，陈铭舫．光电直读光谱持久曲线法分析低合金钢丝［J］．理化检验—化学分册，2005，41（11）：812～814，817．

［45］李治国，许鸿英，耿艳霞，等．光电直读光谱法测定低合金钢中碳、硅、锰、磷、硫的干扰校正［J］．理化检验—化学分册，2011，47（7）：853～854．

［46］李德雄，周西林，王娇娜．火花放电原子发射光谱多功能光谱夹具的研究与应用［J］．冶金分析，2017，37（10）：31～36．

［47］王娇娜，周西林，刘迪，等．光电直读原子发射光谱法测定钢球中碳、硅、锰、磷和硫的含量［J］．理化检验—化学分册，2018，54（3）：363～366．

［48］王娇娜，周西林，黄晴晴，等．板材棒材管材钢球综合光谱仪测量定位夹具：中国，CN205826507U［P］，2016－12－21．

［49］杨志军，王海舟．用原位分析方法研究连铸板坯的偏析和夹杂［J］．钢铁，2003，38（3）：61～63．

［50］杨忠梅，何田玉，李致清．金属原位分析仪的原理及性能［J］．冶金分析，2004，24（Z10）：26～33．

［51］陈吉文，杨新生，常莉丽，等．金属原位分析仪的研制［J］．现代科学仪器，2005（5）：11～14．

［52］王海舟，杨志军，陈吉文，等．金属原位分析系统［J］．中国冶金，2002（6）：20～22．

［53］朱明超，董阳，纪冬冬．铝合金热处理技术［J］．硅谷，2011（11）：7．

［54］赵步青．铜及铜合金的热处理［J］．五金科技，1999，27（3）：28～30．

［55］丁爱梅．火花源原子发射光谱法测定热镀铝锑锌合金中主次成分［J］．冶金分析，2014，34（6）：28～32．

［56］张永丰．火花源原子发射光谱单次火花放电行为探讨［J］．冶金分析，2016，36（1）：4～10．

［57］吴亚平．数字式火花激发光源系统的研究［D］．无锡：江南大学，2016．

［58］吴亚平，于力革．基于 STM32 数字式火花激发光源控制系统设计［J］．电子设计工程，2016，24（13）：136～139．

［59］张海，陈家新，肖爱萍，等．非白口铸铁的火花源原子发射光谱分析［J］．冶金分析，2009，29（1）：63～66．

［60］焦安源，沈树林，邓军伟．火花源原子发射光谱分析电炉生铁试样白口化问题的探讨［J］．冶金分析，2015，35（9）：14～19．

［61］陈中彦．光电直读光谱仪在铝及铝合金分析中的应用［J］．有色冶金节能，2004，21（4）：66～67.

［62］陈焕文，郑健，曹颜波，等．电荷耦合器件的选择［J］．现代科学仪器，2000（4）：21～24.

［63］张彦荣．样品铣削技术对火花源原子发射光谱法测定精度的影响研究［J］．冶金分析，2013，33（11）：54～58.

［64］周善佑．铜合金的热处理［J］．上海金属（有色分册），1985，6（2）：60～61，52.

［65］黄英，王大霞，宋影，等．光电直读光谱法测定铝合金中 La、Ce［J］．贵州科学，2015，33（5）：83～84，90.

［66］肖丽梅．光电直读光谱法测定高铜铸造铝合金中铜、钛、镉含量［J］．新疆有色金属，2015，38（5）：64～65.

［67］刘众宣，赵岩松．光电直读光谱法测定 7075 铝合金中多元素［J］．化学分析计量，2009，18（4）：28～30.

［68］王力．光电直读光谱法测定铝合金中合金及杂质元素［J］．兵器材料科学与工程，2006（4）：56～58.

［69］王力，乌云，李建舫．光电直读光谱法同时测定铝合金中的杂质元素［J］．光谱仪器与分析，2005（3）：34～37.

［70］李跃平．光电直读光谱法测定稀土铝合金中 La，Ce，Pr，Nd，Sm，Si，Fe，Cu［J］．光谱学与光谱分析，2002（2）：317～319.

［71］王丽艳．光电直读光谱法测定铝合金［J］．光谱实验室，2002（2）：273～275.

［72］陈军卫，陈永生．光电直读光谱法分析高硅铝合金［J］．山东机械，2000（3）：38～39.

［73］李跃萍，张元凯，华涤英．纯铝中微量镓、硼的光电直读光谱分析［J］．光谱实验室，1994（5）：27～32.

［74］蔡昆山，付大华．高温合金的加工方法［J］．光电对抗与无源干扰，2003（1）：54～56.

［75］YS/T 482—2005 铜及铜合金分析方法　光电发射光谱法［S］．

［76］YS/T 631—2007 锌分析方法　光电发射光谱法［S］．

［77］GB/T 11170—2008 不锈钢　多元素含量的测定　火花放电原子发射光谱法（常规法）［S］．

［78］SN/T 2083—2008 黄铜分析方法　火花原子发射光谱法［S］．

［79］GB/T 4103.16—2009 铅及铅合金化学分析方法　第 16 部分：铜、银、铋、砷、锑、锡、锌量的测定　光电直读发射光谱法［S］．

［80］GB/T 13748.21—2009 镁及镁合金化学分析方法　第 21 部分：光电直读原子发射光谱分析方法测定元素含量［S］．

［81］GB/T 24234—2009 铸铁　多元素含量的测定　火花放电原子发射光谱法（常规法）［S］．

［82］GB/T 26042—2010 锌及锌合金分析方法　光电发射光谱法［S］．

［83］SN/T 2260—2010 阴极铜化学成分的测定　光电发射光谱法［S］．

［84］SN/T 2489—2010 生铁中铬、锰、磷、硅的测定　光电发射光谱法［S］．

［85］SN/T 2785—2011 锌及锌合金光电发射光谱分析法［S］．

［86］SN/T 2786—2011 镁及镁合金光电发射光谱分析法［S］．

［87］GB/T 7999—2015 铝及铝合金光电直读发射光谱分析方法［S］．

［88］SN/T 4116—2015 锡铅焊料中锡、铅、锑、铋、银、铜、锌、镉和砷的测定　光电直读发射光谱法［S］．

［89］GB/T 4336—2016 碳素钢和中低合金钢　多元素含量的测定　火花放电原子发射光谱法（常规法）［S］．

［90］GB/T 10574.14—2017 锡铅焊料化学分析方法　第 14 部分：锡、铅、锑、铋、银、铜、锌、镉和

砷量的测定 光电发射光谱法（常规法）[S].

[91] GB/T 20066—2006 钢和铁 化学成分测定用试样的取样和制样方法 [S].

[92] SN/T 2412.3—2010 进出口钢材通用检验规程 第 3 部分：取样部位和尺寸 [S].

[93] GB/T 17373—1998 合质金化学分析取样方法 [S].

[94] GB/T 5678—2013 铸造合金光谱分析取样方法 [S].

[95] GB/T 17432—2012 变形铝及铝合金化学成分分析取样方法 [S].

[96] GB/T 31981—2015 钛及钛合金化学成分分析取制样方法 [S].

[97] YS/T 668—2008 铜及铜合金理化检测取样方法 [S].